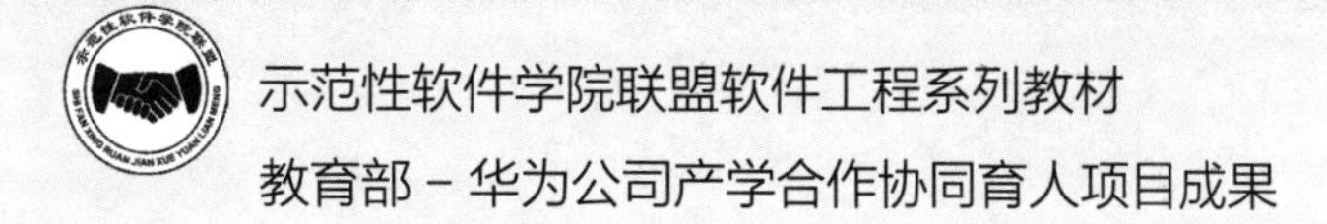

示范性软件学院联盟软件工程系列教材

教育部－华为公司产学合作协同育人项目成果

系统分析与设计

◎ 陈武　王晓蒙　刘波　邢薇薇　罗辛　编著

中国教育出版传媒集团
高等教育出版社·北京

内容提要

本书为示范性软件学院联盟建设的首批软件工程系列教材之一。本书作为一本介绍软件系统分析和设计的教材，融合了 DevOps 理念和华为系统工程方法，旨在为学生和软件开发人员提供有关软件开发过程的理论和实践方面的知识。全书共包含 7 章，分别讲授系统分析与设计基础、需求获取、需求描述与规约、系统设计原则、对象交互设计与类的设计、数据库设计、面向 DevOps 的系统开发。全书共有 4 个综合实验，分别在第三、五、六、七章。

本书的特色在于“模型”和“逻辑”，核心部分即分析与设计，在不断地构造模型(不限于形式化的模型)、精化模型、转换模型，直至出现最终的程序(亦是模型)。并非为了建模而建模，而是模型之间总能找到逻辑联系，最终服务于并汇聚到程序的生成。

本书可作为高等学校计算机类专业，尤其是软件工程专业本科生的教材；也可作为计算机类专业研究生和软件开发工程师的参考读物。

图书在版编目(CIP)数据

系统分析与设计/陈武等编著.--北京：高等教育出版社，2024.5

ISBN 978-7-04-062209-6

Ⅰ.①系… Ⅱ.①陈… Ⅲ.①系统分析-高等学校-教材 ②系统设计-高等学校-教材 Ⅳ.①N945.1 ②N945.23

中国国家版本馆 CIP 数据核字(2024)第 095734 号

Xitong Fenxi yu Sheji

策划编辑 赵冠群　责任编辑 赵冠群　封面设计 李小璐　版式设计 杨 树
责任绘图 邓 超　责任校对 张 然　责任印制 朱 琦

出版发行	高等教育出版社	网　　址	http://www.hep.edu.cn
社　　址	北京市西城区德外大街 4 号		http://www.hep.com.cn
邮政编码	100120	网上订购	http://www.hepmall.com.cn
印　　刷	天津鑫丰华印务有限公司		http://www.hepmall.com
开　　本	787mm×1092mm　1/16		http://www.hepmall.cn
印　　张	14.75		
字　　数	300 千字	版　　次	2024 年 5 月第 1 版
购书热线	010-58581118	印　　次	2024 年 5 月第 1 次印刷
咨询电话	400-810-0598	定　　价	32.40 元

物 料 号　62209-00

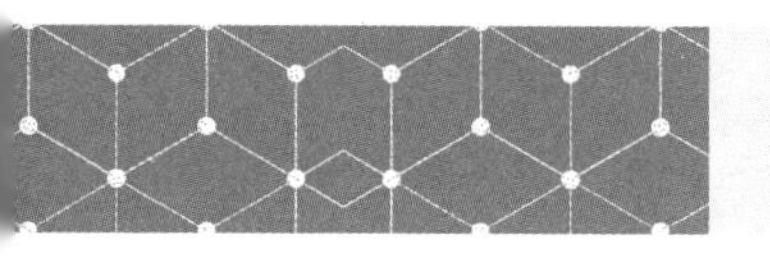

系统分析与设计

1 计算机访问https://abooks.hep.com.cn/1866356，或手机扫描二维码，访问新形态教材网小程序。

2 注册并登录，进入“个人中心”，点击“绑定防伪码”。

3 输入教材封底的防伪码（20位密码，刮开涂层可见），或通过新形态教材网小程序扫描封底防伪码，完成课程绑定。

4 点击“我的学习”找到相应课程即可“开始学习”。

系统分析与设计

陈武 王晓蒙 刘波 邢薇薇 罗辛 编著

出版单位 高等教育出版社

本课程与纸质教材一体化设计，紧密配合，内容完备，充分运用多种形式媒体资源，极大丰富了知识的呈现形式，拓展了教材内容，可有效帮助读者提升课程学习的效果，并为读者自主学习提供思维与探索的空间。

绑定成功后，课程使用有效期为一年。受硬件限制，部分内容无法在手机端显示，请按提示通过计算机访问学习。

如有使用问题，请发邮件至abook@hep.com.cn。

https://abooks.hep.com.cn/1866356

前　言

软件系统构建，从早期自研自用的个人编程艺术，发展为信息通信领域为其他各领域提供生产生活效率工具的系统工程，注定了其极具挑战性。其中，系统分析与设计作为软件系统构建过程中最重要的两个环节，明确其所涉及方法论中蕴含的理论、过程、技术与工具十分必要。软件系统的构建方法，历经面向过程、面向对象、基于构件、面向服务/基于微服务架构等阶段，其分析与设计所关注的焦点也相应地从函数（function）、类和对象（class/object）、构件（component）、服务（service），到如今事实上的工业标准微服务（microservice）。可以预见的是，未来软件系统的构成元素形态及其体系架构还将持续演化，而其中的不变量（除了面向过程的方法外）仍然以面向对象思想（万物皆对象）为基础，并在类和对象的分析与设计方法之上，发展构件、服务、微服务等新型系统架构模式。这也是我们在本书中依然坚持聚焦面向对象方法展开透彻论述的原因所在。

当前我们正处于“软件定义一切”的时代，但谁又来定义软件呢？相信培育可靠的软件生产者、开发可信的软件系统，对当前及未来而言是一件非常重要的事。本书作者均来自模型驱动形式化方法研究的大团队，对于软件系统各阶段制品的严格模型定义以及在此基础上产生正确的程序（程序本身也是严格的模型），有着非常强烈的坚持。尽管在实际软件系统工程中，因为时间、成本、技术等诸多因素，在严格模型与实用开发中人们总是倾向于取得某种平衡（trade-off），但我们仍希望这种平衡是分析师与设计师通过充分的考虑和权衡——而不是在缺乏对其中一方面的了解下取得的。这也是本书论述如何以模型为中心（模型驱动）规约用户需求、展现系统设计的原因。

本书描述了软件开发过程模型、模型驱动及基于统一建模语言（UML）的分析与设计、职责分配设计模式、基于华为 openGauss 的数据库设计，以及基于华为 CodeArts 平台的全流程软件项目分析与设计实践。各章主要内容如下。

第一章　系统分析与设计基础：简要介绍了软件工程的概念和软件系统的发展趋势，列举了瀑布模型、快速原型模型和螺旋模型等经典软件过程模型，介绍了面向对象开发、模型驱动开发、敏捷开发等现代工程方法，对比讨论了每种模型的优缺点，并说明如何针对性地选择合适的模型来适应项目的需求。

第二章　需求获取：介绍了需求获取的基本概念和交互式需求获取、非干扰式需求获取等方法，并以宠物网店 JPetStore 项目为案例探讨了需求获取的细节，阐述了各类需求获取方法的特征和适用场景。

第三章　需求描述与规约:介绍了需求分析的基本概念和方法,讨论了如何使用统一建模语言来描述和分析需求,包括如何识别和开发用例,对系统行为和结构进行建模,以得到需求分析阶段的关键制品——用例模型和领域模型。

第四章　系统设计原则:介绍了系统设计的概念、基本原则、模块化和抽象化等基本设计思想,以及面向对象设计的基本方法论——职责分配原则 GRASP,并细致阐述了创建者、控制器、信息专家等设计模式。

第五章　对象交互设计与类的设计:阐述了解析系统操作契约、初步构建对象序列图,并基于 GRASP 设计模式完成对象职责分配的过程,列举了使用专家模式、创建者模式等设计模式完善对象序列图的实际应用案例,最后阐述了从对象序列图生成设计类图再到代码骨架的过程。

第六章　数据库设计:介绍了数据库和数据模型的基本概念,以及关系数据库的设计原则和详细步骤,即从概念数据模型设计、逻辑数据模型设计到物理数据模型设计的过程,最后介绍了华为 openGauss 数据库的基本使用方法。

第七章　面向 DevOps 的系统开发:以华为软件开发生产线(CodeArts)为例介绍了支撑 DevOps 实践的工具链,以及 CodeArts 在软件开发流程各个环节的工作原理和操作方式,详细阐述了需求管理、开发与集成、测试管理和部署与交付的实施过程,并介绍了所涉及工具的具体操作方法。

教学建议:学习本课程原则上应先修读面向对象程序设计语言、数据库原理等课程,开课时间为大二下学期或大三上学期。全书配有基于工程认证要求的教学大纲、教学 PPT、重难点讲解视频、过程性考核材料等丰富的教学配套资源,授课教师可以方便地下载获取。本课程建议的理论教学为 32~48 学时,教师可以根据教学目标适当添加或删减内容,也可以开设相应的实验课程。课时安排建议如下。

章节	内容	学时数
第一章	系统分析与设计基础	3~5 学时
第二章	需求获取	3~6 学时
第三章	需求描述与规约	6 学时
第四章	系统设计原则	3~6 学时
第五章	对象交互设计与类的设计	9~13 学时
第六章	数据库设计	3~5 学时
第七章	面向 DevOps 的系统开发	5~7 学时

本书参考了多项国内外软件系统分析与设计资料,如 *Applying UML and Patterns*([美]Craig Larman 著)、《面向对象系统分析与设计》([美]Joey George 等著)、《系统分析与设计》([美]Kenneth E. Kendall 等著)、《DevOps 原理、方法与实践》(荣国平等著)等,从中汲取了经典的思想、方法与案例。本书作为 2022 年

示范性软件学院联盟与华为公司共建的首批教材之一，得到了联盟理事长卢苇教授等专家的指导以及华为公司的大力支持，在此深表谢意。四川大学洪玫教授和北京交通大学冀振燕副教授在百忙之中仔细审阅了初稿，并提出了许多宝贵的意见和建议，在此对他们表示衷心的感谢。同时参与本书编写的张杨、张元平、殷方言、闻晓、郑志强等老师也做了大量工作，在此一并感谢。关于本书的意见和建议，请反馈至作者邮箱 chenwu@ swu.edu.cn。

编　者

2023 年 11 月

目 录

第一章　系统分析与设计基础

系统的一般定义为:由若干相互作用和相互依赖的事物组合而成的具有特定功能的整体。在计算机科学与技术领域,计算机系统被分为硬件系统和软件系统,两者相辅相成,互为依托。硬件系统是计算机系统的物理基础,为软件的正常运行提供平台与支撑,而软件的正常运行又是硬件发挥作用的重要途径,简而言之,计算机系统就是硬件系统和软件系统的有机结合体。

作为本书的研究对象,软件系统随着硬件技术的迅速发展而发展,而软件系统的不断发展又促进硬件的更新,两者密切地交织协同发展。本章将阐述软件系统的基本概念、软件系统分析与设计的传统方法以及现代工程方法、软件项目管理的相关知识,以及以 DevOps 为核心的华为系统工程方法。

【学习目标】

(1) 理解软件系统的基本概念,了解软件系统的发展历史。

(2) 了解软件系统分析与设计所涉及的人员及其角色,理解软件系统分析与设计的基本过程。

(3) 理解“软件危机”的产生原因与应对方法。

(4) 了解经典软件过程模型,分析各模型的特征,评价各模型之间的优缺点。

(5) 理解面向对象开发方法、模型驱动开发方法、敏捷开发方法等软件系统的现代工程方法,分析使用统一建模语言进行软件系统分析与设计的核心优势;理解软件项目管理的实施过程。

(6) 了解以 DevOps 为核心的华为系统工程方法,以及华为 CodeArts 软件开发一体化平台。

【学习导图】

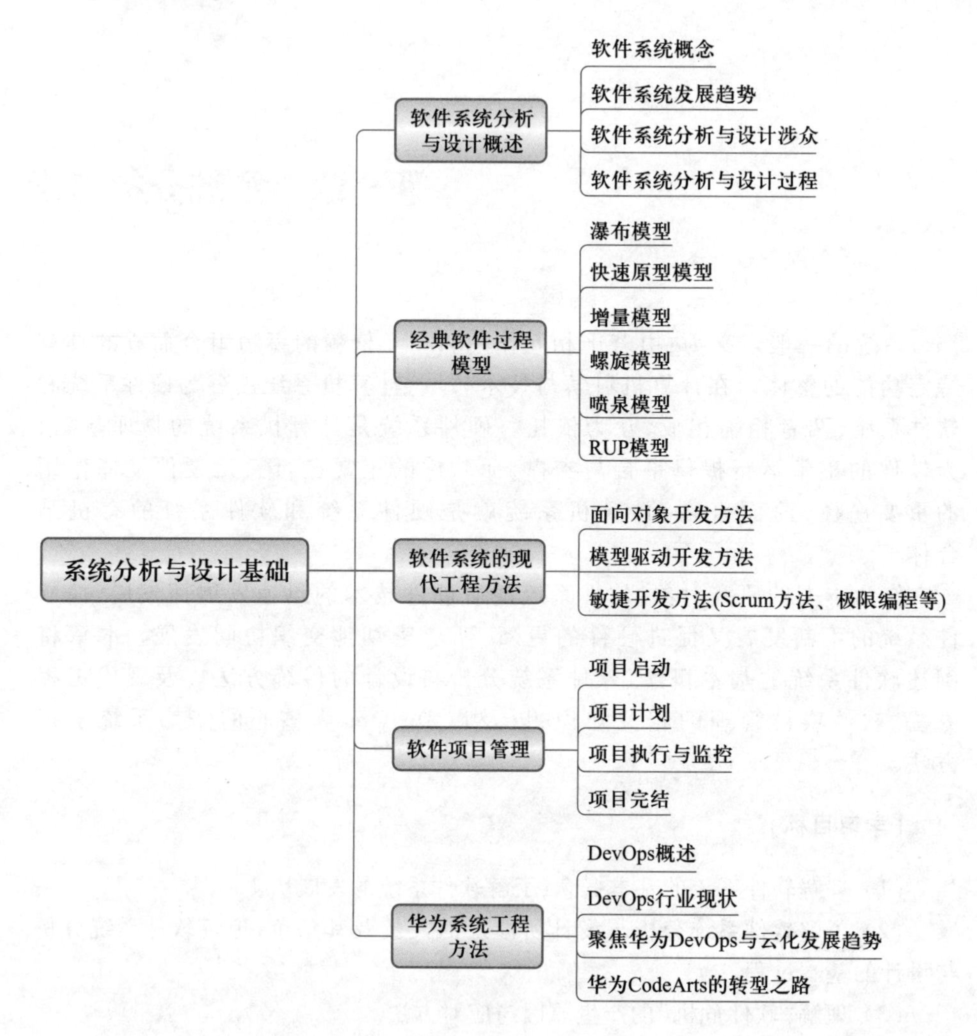

1.1 软件系统分析与设计概述

软件(software)是一系列按照特定顺序组织的计算机数据和指令的集合,是一种逻辑实体,具有抽象性而不具有物理形态。简而言之,软件就是可以在计算机上运行的程序、数据和与之相关的文档的集合。

1.1.1 软件系统概念

软件系统通常包括系统软件和应用软件。系统软件指控制和协调计算机及其外部设备、支持应用软件开发和运行的软件,是无须用户干预的各种程序的集合。系统软件通常可使计算机使用者和其他软件将计算机看作一个整体而不必考虑底层硬件的工作模式,最典型的系统软件是操作系统,而其他的诸如编译程序、数据库管理系统等系统软件和驱动管理、网络连接等方面的工具都依赖于操作系统的支持[1]。应用软件是为某种特定用途而开发的软件,它可以是一个功能简单的音乐播放器,也可以是一组功能联系紧密、支持互相协作的程序的集合,比如微软的 Office 软件套装,还可以是一个由众多独立程序组成的庞大的软件系统,比如数据库管理系统[2]。

1.1.2 软件系统发展趋势

1. 程序设计与"软件作坊"阶段

第一个开发"软件"的人是埃达·洛芙莱斯(Ada Lovelace,Ada),她的父亲是英国著名的浪漫主义诗人——拜伦(Byron)。19 世纪 40 年代,埃达·洛芙莱斯为英国数学家、发明家兼机械工程师查尔斯·巴贝奇(Charles Babbage)的分析机编写了历史上首款"程序",详细说明用分析机计算伯努利数的运算方式,而巴贝奇分析机后来被认为是最早的计算机雏形,埃达的算法则被认为是最早的计算机"程序"(或"软件"),埃达则是世界上第一位程序员,她曾预言:"这个机器(分析机)未来可以用来排版、编曲或实现各种更复杂的用途"[3]。

尽管由于当时技术的局限性,分析机无法实现,埃达的程序也无法被测试,但他们的名字被永远载入了计算机发展的史册。埃达提出的循环和子程序的编程概念以及她对计算的理解,对日后编程界产生了巨大的影响,后来美国国防部门为了纪念埃达的杰出贡献,将历时 20 余年开发的一种新型的高级编程语言命名为"Ada",以纪念这位"世界上第一位软件工程师"[4]。2021 年,英伟达将下一代图形处理器架构取名为"埃达·洛芙莱斯",应用此架构的 NVIDIA GeForce 40 系列显卡则于 2022 年 9 月发布,并于同年 10 月上市。

20 世纪 50 年代早期,程序伴随着第一台电子计算机的问世而诞生,该时期是计算机系统发展的初期,程序设计围绕硬件进行,使用机器语言和汇编语言,程序可读性差且容易出错,只有少数专业人员能够编写程序,其主要目的为科学计算。

随着微电子学技术的不断进步,计算机硬件的性能和质量有了持续稳定的提高,这也推动了程序设计的进步。20 世纪 50 年代中期,FORTRAN 的出现标志着高级程序设计语言的到来,这是第一个完全脱离机器硬件的高级语言,使书写程序变得更加容易。到了 20 世纪 60 年代,在教育和科技等领域对高性能计算工具的迫切需求下,FORTRAN(FORTRAN 语言、FORTRAN 编译器)蓬勃发展,十分流行。与此同时,美国的大学里开始出现授予计算机专业的学位,指导人们设计开发程序,软件行业也进入了一个高速发展的时期。

20 世纪 60 年代中期到 70 年代中期是计算机系统发展的第二个时期,业界出现了"软件作坊",但随着软件数量的急剧膨胀,软件维护的难度越来越大,失败的软件项目也屡见不鲜,而个体化、自由的软件开发方式无法适应急剧膨胀的软件规模和日趋复杂的需求,软件开发工程方法的滞后发展成为了限制计算机技术在工业生产和国民生活中更广泛应用的关键因素,"软件危机"就这样开始了。

“软件危机”使人们开始对软件及其特性进行更深一步的研究,同时改变了人们对软件的错误看法。早期被认为是优秀的程序常常很难看懂,通篇充满了编程技巧,而现在人们普遍认为优秀的程序除了功能正确、性能优良之外,还应该容易看懂、容易修改和扩充。

2. 软件工程与面向对象技术阶段

1968 年,北大西洋公约组织的诸多计算机科学家在联邦德国召开的国际学术会议上第一次正式提出了“软件危机”(software crisis)这个名词。软件危机泛指软件开发和维护过程中遇到的一系列严重问题。通常而言,软件危机包含两方面问题:一是如何开发软件,以满足不断增长、日趋复杂的需求;二是如何维护数量不断膨胀的软件产品。为了讨论和制定摆脱“软件危机”的对策,计算机科学家和业界巨头们共同提出了软件工程(software engineering)这个概念[5]。

软件工程是一门研究如何用系统化、规范化、数量化等工程原则和方法开发和维护软件的学科,主要包括两方面内容:软件开发技术和软件项目管理。软件开发技术包括软件开发方法学、软件工具和软件工程环境等,软件项目管理包括软件度量、进度控制、人员组织等。软件工程的目标是生产具有良好的质量和费用合算的软件产品,费用合算是指软件开发运行的整个开销达到用户要求,软件质量描述软件与明确地和隐含地定义的需求相一致的程度,评价一款软件的质量最通用的做法是参照 ISO/IEC 25010 国际标准,该标准包括功能适合性、性能效率、兼容性、易用性、可靠性、安全性、可维护性、可移植性八大质量特性。总的来说,软件工程是软件开发领域对工程方法的系统应用。

软件开发领域的核心知识包括软件需求工程和软件系统设计等。软件需求工程是进行需求分析的过程,该阶段的产出物会作为软件系统设计环节的输入,为成功编码实现打下基础,做好上述两项工作可以从根本上减少整个软件开发过程中耗费的时间及相应的开发成本,因为设计阶段的失误通常需要开发人员付出大量时间和金钱成本进行弥补,甚至会导致项目进入“死亡行军”,最终不得不完全推翻重新进行。当然,软件开发不只包含上述两项内容,成功完成软件需求工程和软件系统设计还不够,为迎接软件开发存在的诸多挑战,人们进行了不懈努力,这些努力大致是沿以下两个方向同时进行的。

一是从管理的角度。人们希望实现软件开发过程的工程化。这方面最为著名的成果就是大家所熟悉的“瀑布式”生命周期模型。它是在 20 世纪 60 年代末“软件危机”产生后第一个出现的生命周期模型,覆盖从软件分析、设计、编码、测试到维护的全过程。后来,又有人针对该模型的不足,提出了快速原型法、螺旋模型等对其进行补充,此外,在管理方面的努力还使业界认识到了文档的重要性,以及开发者之间、开发者与用户之间交流方式的重要性,这些都对开发、维护和管理软件项目有十足的意义。

二是从技术的角度。软件工程发展的第二个方向,侧重于对软件开发过程中分析、设计方法的研究。这方面最重要的成果是面向对象的分析和设计方法。面向对象的分析和设计方法和面向对象建模语言(以统一建模语言为代表)的出现使软件开发发生了翻天覆地的变化,与之相应的是从企业管理的角度提出的软件过程管理方法(以CMMI能力成熟度模型为代表),即关注软件生存周期中所实施的一系列活动并通过过程度量、过程评价和过程改进等对所建立的软件过程及其实例进行不断优化,使得软件工程过程循环往复、螺旋上升式地发展。

3. 人工智能应用与智能软件工程阶段

在过去,软件系统的发展与硬件的发展关系十分紧密,摩尔定律强调使用增加晶体管的方式来提升芯片性能,但该方式效率已经越来越低。摩尔定律的出现让人们在很长一段时间内不再担心算力问题,但历史的车轮已经开始了转动。

随着后摩尔定律时代的开启和人工智能应用的普及,未来将迎来计算机硬件与软件架构、算法深层次协同发展的黄金时代。

云原生(CloudNative)的出现无疑是“黄金时代”最好的开端,它极大地提高了软件开发资源利用效率。云原生的基础是云计算,它被具体划分为基础设施即服务(infrastructure as a service,IaaS)、平台即服务(platform as a service,PaaS)、软件即服务(software as a service,SaaS)三层,均为云原生提供了技术基础和方向指引。而随着虚拟化技术的成熟和分布式框架的普及,在容器技术、可持续交付、编排系统等开源社区的推动下,云上应用已经是不可逆转的趋势,但真正的云化不仅仅是基础设施和平台的变化,应用开发也需要在架构设计、开发方式、部署维护等各个阶段和方面都基于云的特点重新设计,建立完全的云原生应用。与传统软件开发方式相比,云原生的最大优势是为软件开发提供了更好的弹性、灵活性和扩展性,可支持各类企业数字化的软件开发与业务交付,还可实现传统应用与创新应用的连接,让企业获得更好的数字化竞争优势,助力企业实际落地敏捷开发和DevOps。同时,云原生应用也提升了应用程序接口管理效率,实现人与软件公司、合作伙伴、用户之间的安全交付与策略服务。

事物的发展是螺旋式上升的,人工智能(artificial intelligence,AI)也不例外,从1956年美国达特茅斯学院的夏季研讨会至今,人工智能的发展史经历了跌宕起伏的60余年,也经历了数次热潮和寒冬。而当计算机硬件算力不再成为掣肘,移动互联网的快速发展提供了训练模型所需的“养料”——海量数据、机器学习算法,尤其是深度学习算法(深度神经网络、卷积神经网络等)在计算机视觉、自然语言处理等领域取得了突破性进展,算力、算法和数据成为拉动人工智能发展的“三驾马车”。曾经人们对人工智能的那些期望正逐渐成为现实,人工智能发展由此进入“快车道”:AlphaGo展现出了无与伦比的高超“棋艺”,自动驾驶也已不再是空中楼阁,无人车、无人机走进了人们的生活,人工智能绘画效果惊艳,在人们引以为傲的艺术创作领域引起了不小的反响……如今的人们正处在一个人工智能高速发展的时代,每个人都不知不觉地享受着人工智能发展的红利。人工智能早已被列入国家战略。2017年,国务院印发《新一代人工智能发展规划》(以下简称《规划》),提出了面向2030年我国新一代人工智能发展的指导思想、战略目标、重点任务和保障措施，部署构筑我国人工智能发展的先发优势，加快建设创新型国家和世界科技强国。

战略目标从不是脱离现实基础的空想，尽管有着重重阻碍。在芯片产业方面，我国已逐步实现自主化。国内寒武纪、地平线等厂商自研的AI芯片已经在性能、功耗、稳定性等方面取得了十足的进展，可满足大部分AI应用的计算需求，中高端AI芯片国产替代指日可待，而AI芯片的发展又将进一步推动AI应用的设计理念、算法和模型架构的创新。此外，我国在网络基础设施建设方面全球领先，4G、5G基础网络通信设施的广泛覆盖使万物互联成为可能，移动互联网渗透人们的生产生活最为彻底，庞大的用户基数将产生海量数据，算力、算法、数据"三驾马车"并驾齐驱，人工智能技术将释放更大的红利，从而造福整个社会。

未来，人工智能技术将与更多软件系统融合创新，帮助搜索引擎更好地推荐答案，使购物软件更好地理解用户需求。而AI应用不仅仅是在数量上增长，更是在智能程度上突飞猛进，2022年底，由OpenAI发布的对话式大型语言模型ChatGPT因为突出的智能对话能力更是掀起了一阵热潮并火遍全球，甚至能完成撰写论文、视频文案和写代码等任务。此外，将有更多的研究者进入由人工智能与软件工程深度融合而成的智能软件工程领域，研究如何更好地运用人工智能（特别是深度学习技术）解决大数据和云计算时代面临的软件工程新问题，满足智能化软件开发、运维的需求，进行智能化软件缺陷预测、定位与修复，减少软件开发和维护成本，提高云原生软件开发效率，使智能软件工程真正融入工业界，助力智能化软件和AI产业蓬勃发展，使国民生产生活因AI变得更美好。

1.1.3　软件系统分析与设计涉众

系统由一组交互的部件组成，这些相互联系的部件在系统中一起发挥作用，人也是系统组成的重要部分之一，软件系统分析与设计的第一步是明确所涉及人员以及人员职责。通常，主要参与人员为软件系统分析人员和软件系统设计人员，典型的系统关联人员有系统所有者、系统用户、外部服务提供者及项目经理等。

系统分析人员与系统设计人员都代表软件系统的技术专家角色。系统分析人员在团队中属于中高级的基层管理者或领导者，要求具备较高水平的专业技术知识，熟悉如何建立软件系统，具备解决复杂问题的业务知识与技能，还应当具备丰富的用户知识和与用户沟通的技能。

系统分析人员关注的是开发系统的各种事务之间的交互，需要同其他关联人员交互工作。对于系统所有者和用户来说，系统分析人员确定并验证他们的业务问题和需求。对于系统设计和构造人员来说，系统分析人员应确保技术方案实现了业务需求，并将技术方案集成到业务中。系统分析人员通过与其他管理人员的交互推动软件系统的开发。

系统设计人员是软件系统的技术专家,主要关注技术的选择和如何使用所选技术设计系统。如今的系统设计人员往往专注于某一项技术领域,常见的人员专业分类有数据库技术专家(负责设计系统数据库及协调对系统数据库的修改)和网络架构师(负责设计、安装、配置、优化及维护网络)等。

系统关联人员包括系统所有者、系统用户、外部服务提供者及项目经理等。

(1) 系统所有者

每一个软件系统,无论规模大小,都必然有一个或几个系统所有者,系统所有者一般来自管理层。对于大中型软件系统,系统所有者通常是中层或高层经理。对于小型系统,系统所有者可能是中层经理或主管。系统所有者一般只对系统结果感兴趣,即更关注系统的建造成本和系统给企业带来的价值利益。为了获得更好的价值和收益,从系统所有者的角度来看,实际是从降低研发费用、提高效率、优化决策、改善用户关系、减少错误、提高安全性、扩大系统容量等方面来提高系统的效益。

(2) 系统用户

软件系统中人数最多的信息工作者一般是系统用户。与系统所有者不同,系统用户不关心系统的成本和收益,他们只关心系统提供的功能是否易学易用。根据使用功能的不同,系统用户可分为内部系统用户和外部系统用户。

内部系统用户主要是指系统实际操作人员。例如电子政务系统中的业务员,他们通常处理大部分的日常事务,如处理用户请求、发布招商引资和就业信息等具体事务,这些人员往往专注于软件系统的处理速度和处理事务的正确性。外部系统用户主要是指系统的直接或间接使用人员。例如企业的顾客和企业的供应商,他们都是软件系统的直接用户。顾客可直接通过软件系统下订单或者执行销售业务,供应商可以直接同企业的软件系统进行交互,确定供货需求,然后自动生成订单。外部系统用户普遍最关注系统的使用体验,比如服务和操作是否简单易学、方便快捷。

(3) 外部服务提供者

若开发和具体业务相关联的软件系统,一些外部服务提供者也是必不可少的参与人员,如业务顾问、系统顾问等。业务顾问是一类重要的外部服务提供者,他们提供关于系统支撑的具体业务的专业咨询。实际上,大多数外部服务提供者都是签约的系统分析与设计人员,如技术工程师、系统顾问,他们为软件项目提供特殊的专业知识和经验。

(4) 项目经理

在实际的软件系统开发中,项目管理是一项重要任务,由项目经理承担。项目经理是一个专业的角色,需要专门的技能和经验,是系统开发的重要管理者,需时刻关注系统的项目组织结构、项目推行进度、项目协作与结果等。

作为团队的领导者,项目经理需组织和指导其他人员按事先确定的进度和预算实现预期的目标,管控软件项目风险,确保系统的进度与质量。因此,项目经理必须严格执行项目管理任务。一般情况下,项目经理可由拥有管理经验的系统分析人员担任，但在某些项目中，项目经理也会从“系统所有者”中挑选。

1.1.4　软件系统分析与设计过程

在软件项目管理知识体系下，项目的初始阶段需要初步定义项目的范围，并进行可行性分析，产出的文档需要说明项目的背景、业务目标、潜在风险和初步需求等，同时作为分析软件需求的依据。

软件项目正式启动后，首先需要获取软件需求，以便进行需求分析和制定项目的详细范围。需求获取包含交互式需求获取、非干扰式需求获取和非传统需求获取等方法。交互式需求获取指通过与用户直接或间接的交互获取需求，一般包含问卷调查法、访(面)谈法、联合应用开发(JAD)等。非干扰式需求获取侧重于观察，一般不与用户直接接触，而是采用观察法、体验法、单据和报表分析法等方法获取需求。非传统需求获取包含原型法、敏捷法等。通过与用户之间的有效沟通，项目人员可达成需求获取阶段的目标——产出用自然语言描述的原始需求文档，为构造领域模型打下坚实的基础。

需求描述与规约是软件系统构建过程的重要环节。在这一阶段，将基于原始需求文档得到需求分析的关键制品——用例模型与领域(概念)模型，用例模型则包含用例图和序列图等。用例模型主要描述待构建的目标系统的业务需求，而如何发现、识别和确定目标系统包含的用例是绘制用例图、构建用例模型的关键，其主要方法包含参与者目标法、事件分析法等。用例模型构建完成以后，可通过对用例的行为建模进行序列图绘制，刻画用例所蕴含的参与者与系统之间的交互过程。概念模型包含概念类的识别、类属性及其职责描述、类之间关系的定义等，在面向对象的软件工程方法中，概念模型主要描述系统架构的静态结构。此外，需求分析阶段最后一个重要的产出物是系统操作契约。系统操作契约定义了系统操作执行前后导致系统状态的变化，更详细和精确地描述系统行为。

在正式开始系统设计之前，需要掌握抽象、模块化、GRASP 等基本的软件设计原则和模式，软件设计原则和模式是无数工程师在系统设计实践过程中宝贵经验的总结，可帮助寻求软件设计“最优解”。

系统设计环节需要以需求分析阶段构造的系统操作契约和对应的概念类图为输入，构造对象序列图，完成对象职责分配，这时可以参考 GRASP 提供的创建者模式、控制器模式等，以满足“高内聚、低耦合”和“提高模块独立性，降低复杂度”等软件设计目标。当成功得到对象序列图以后，将其与概念类图结合，就可以推导出设计类图，进而转换成代码骨架。

数据库是系统的另一核心要素，而数据库设计在某种意义上是系统设计的基石，对构建可伸缩、高并发、高负载的系统尤其重要。本书后续章节将详细阐述数据库基本概念和数据库设计方法，并以华为公司 openGauss 开源数据库为基础，讲解数据库设计的具体过程。

1.2 经典软件过程模型

1.2.1 瀑布模型

1970年,温斯顿·罗伊斯(Winston Royce)提出了著名的“瀑布模型”,直到20世纪80年代早期,它一直是唯一被广泛采用的软件开发模型[6]。瀑布模型(waterfall model)将软件生命周期的各项活动规定为按固定顺序连接的若干阶段性工作,从系统需求分析开始直到产品发布和维护,其严格规定了每个阶段的任务、交付产物和必须提交的文档,后一个阶段的开始取决于前一个阶段的成果的交付,各阶段之间无重叠,从一个阶段“流动”到下一个阶段,形如瀑布流水(如图1.1所示)。

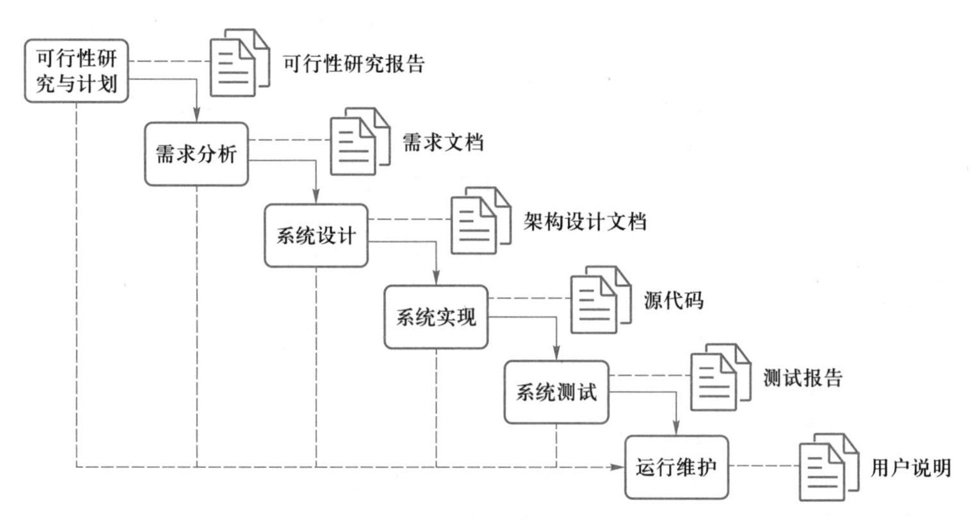

图1.1 瀑布模型

瀑布模型的主要优点表现为:(1) 模型易于理解,各个阶段定义明确,互不重叠,容易安排任务,简单易用;(2) 开发进程严格,易于管理和控制,每个阶段都有特定的可交付成果和审查过程;(3) 质量有保障,过程、行动和结果都采用严格的记录和报告机制。

瀑布模型的缺点具体表现为:(1) 开发过程缺少反馈和纠错机制,无法对每个阶段可能产生的错误进行修正;(2) 开发过程的末期才能见到开发成果,增加了开发风险和不确定性;(3) 模型需要完整、正确地定义所有用户需求,一旦需求规格说明阶段完成,很难适应任何变更请求。因此,该模型通常适合规模较小、产品定义稳定、需求明确的项目。

1.2.2 快速原型模型

经典瀑布模型通常难以应用到实际软件开发项目中,为了适应需求的变化,减少因软件需求不明确带来的开发风险,业界出现了快速原型模型(rapid prototype model)。

快速原型模型强调快速建立起可以在计算机上运行的程序,该程序实现的功能往往是最终产品的功能的一个子集。快速原型模型是增量模型的另一种形式,在开发真实系统之前,迅速建立一个可以运行的软件系统原型,交由用户试用,以便更好地沟通需求,理解问题。更具体地讲,由于在需求分析阶段得到完全、一致、准确、合理的需求说明十分困难,因此,快速原型模型允许在需求分析阶段对软件的需求进行初步而非完全的分析和定义,然后由开发人员快速设计并开发出软件系统的原型,该原型需实现待开发软件的全部或部分功能,并由用户进行测试评定,给出具体的反馈和改进意见以丰富、细化软件需求。开发人员需基于用户反馈对原型进行修改、完善,直至用户满意,最后在确定的用户需求的基础上完成软件系统的开发、测试和维护(如图 1.2 所示)。

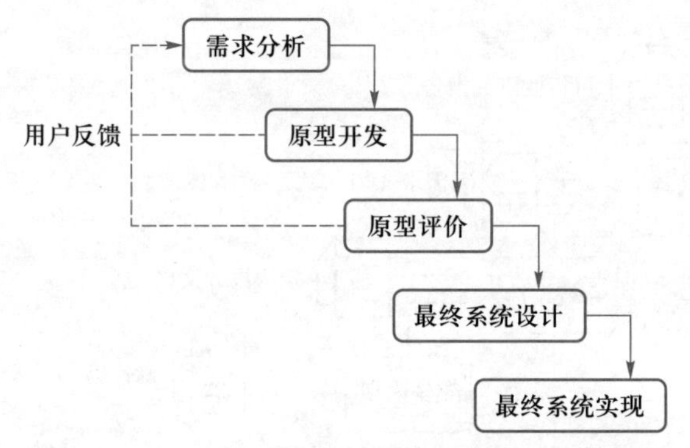

图 1.2　快速原型模型

快速原型模型的主要优点为:(1) 相较于完整功能开发,管理开发风险更容易,可及时通过用户评估和反馈修改系统,快速应对需求变化;(2) 可节约软件开发成本,适合预先不能确切定义需求的软件系统的开发。

快速原型模型的明显缺点为:(1) 缺乏项目标准,原型迭代的周期难以控制;(2) 需要与用户频繁地直接对接,但有时是不可能的,例如外包软件开发。

1.2.3　增量模型

增量模型(incremental model)延续了迭代开发方式,不同的是该模型强调将软件分解为多个独立模块,每个模块作为一个增量产品都要经历分析、设计、编程和测试等阶段。具体而言,首先构造系统的核心功能形成初级版本,然后逐步采用迭代方式增加功能和完善性能,直到产品完成,当产品满足其所有要求时,该产品被定义为成品。增量模型实行分阶段交付,允许先交付和使用部分功能,避免过高的前期投入和过长的开发周期,还能降低用户和系统的磨合难度,及时收集用户反馈并应用到后续版本完善过程中(如图 1.3 所示)。

增量模型的优点为:(1) 使用分而治之来分解任务,错误很容易被识别,测试和调试更加灵活便捷;(2) 降低了初始交付成本,避免一次性投资太多带来的风险,支持资源增量部署,更适合大型和关键任务项目。

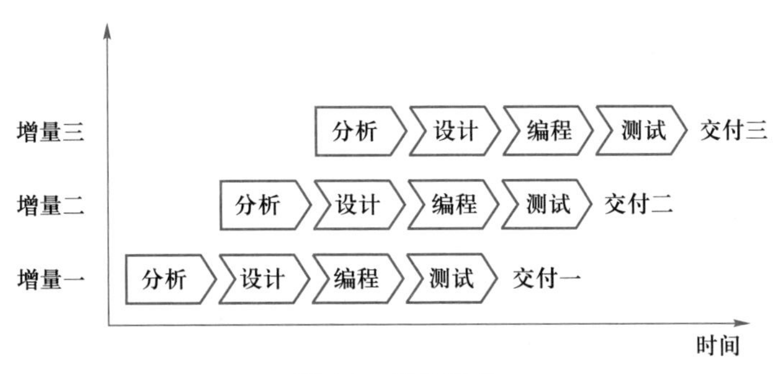

图 1.3 增量模型

增量模型的缺点为:需要良好的规划和设计,以及明确定义的模块接口,项目开发总成本较高。

1.2.4 螺旋模型

螺旋模型最初由巴利·玻姆(Barry Boehm)提出,是最重要的软件开发生命周期模型之一,它将瀑布模型和快速原型模型结合起来,强调了其他模型所忽略的风险分析。螺旋模型的核心意图是将系统建设的生命周期分解为多个周期,多次开发完善系统"原型",通过每个周期的风险分析来实现整个系统的风险控制[7](如图 1.4 所示)。

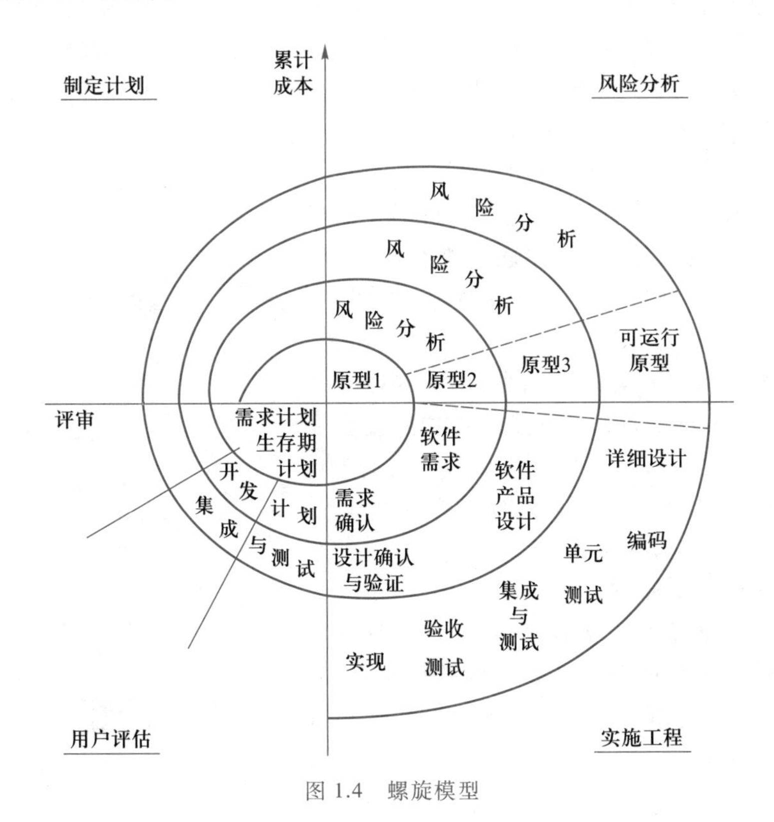

图 1.4 螺旋模型

螺旋模型沿着螺线进行若干次迭代，每个周期都包括如下四个阶段：

(1) 制定计划——确定软件目标、需求和选定实施方案，弄清项目开发的限制条件，确定下一步可选的方案；

(2) 风险分析——评估所选方案，考虑如何识别和消除风险，进行原型开发；

(3) 实施工程——实施软件开发、编码、测试等；

(4) 用户评估——评价开发工作，提出修正建议，规划下一阶段的任务。

螺旋模型的主要优点为：(1) 可以将每个阶段进行更细的划分并进行灵活设计，方便团队做出适应性改变，以便更好地完成项目目标；(2) 以小分段构建大型项目，项目的投资不用一次性投入，成本计算变得简单容易；(3) 每个阶段都有用户参与，用户可以更早看到产品并不断对产品进行评估，以确保最终产品符合自身预期。

螺旋模型的主要缺点为：(1) 需要更多的资源和时间来管理风险，可能会增加项目的复杂性和成本；(2) 需要团队具有丰富的风险评估的经验和知识，较依赖于专业人士的决策。因此，螺旋模型更适用于大型的、复杂的、风险敏感的项目，或者涉及新技术、新概念，需要频繁验证的项目。

1.2.5　喷泉模型

喷泉模型是一种以用户需求为动力、以对象为驱动的模型，主要用于描述面向对象的软件开发过程。该模型认为软件开发过程自下而上周期的各阶段是相互迭代和无间隙的，无间隙是指开发活动（如分析、设计、编码）之间无明显的边界和次序，各阶段可相互重叠，同步进行，这是因为面向对象方法在概念描述上的一致性保证了这种重叠不会产生歧义。迭代意味着某些阶段的工作会被反复进行，并逐步细化求精，而"喷泉"一词很好地体现了上述特征（如图 1.5 所示）。

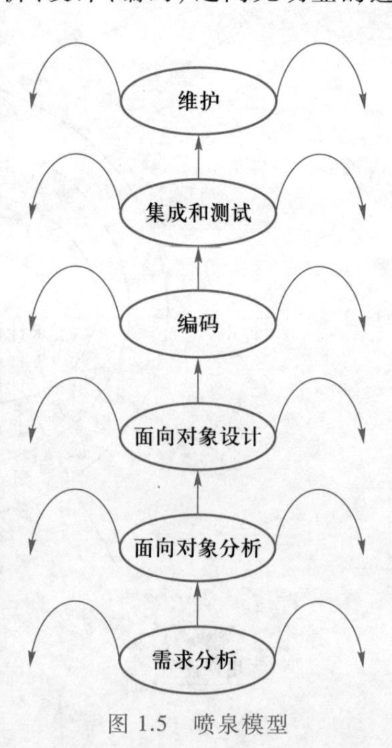

图 1.5　喷泉模型

喷泉模型主要有以下优点：(1) 与瀑布模型相比，软件开发的各个阶段允许相互重叠和多次反复，可提高软件项目的开发效率，缩短项目开发周期；(2) 支持用户逐步完善需求，可适应用户需求的变更。

喷泉模型主要有以下缺点：(1) 由于喷泉模型的主要活动均围绕对象展开，因此该模型主要适用于采用面向对象方法的软件项目，其适用范围较为有限；(2) 由于该模型在各个开发阶段是重叠的，因此在整个开发过程中需要大量的开发人员，这对项目的管理提出了挑战。

1.2.6 RUP 模型

统一软件开发过程（rational unified process，RUP）是一套软件工程方法，由 Rational Software 公司开发，使用统一建模语言设计和记录[8]，有三大特点：(1) 由用例（use case）驱动；(2) 以体系结构为中心，围绕确立的可执行、便于复用的软件体系架构，使用组件构造软件系统；(3) 使用迭代和增量的方式开发软件。

具体而言，RUP 是一个二维的软件开发模型，横坐标表示软件产品所处的四个阶段状态，纵坐标表示软件产品在每个阶段的核心工作流（如图 1.6 所示）。

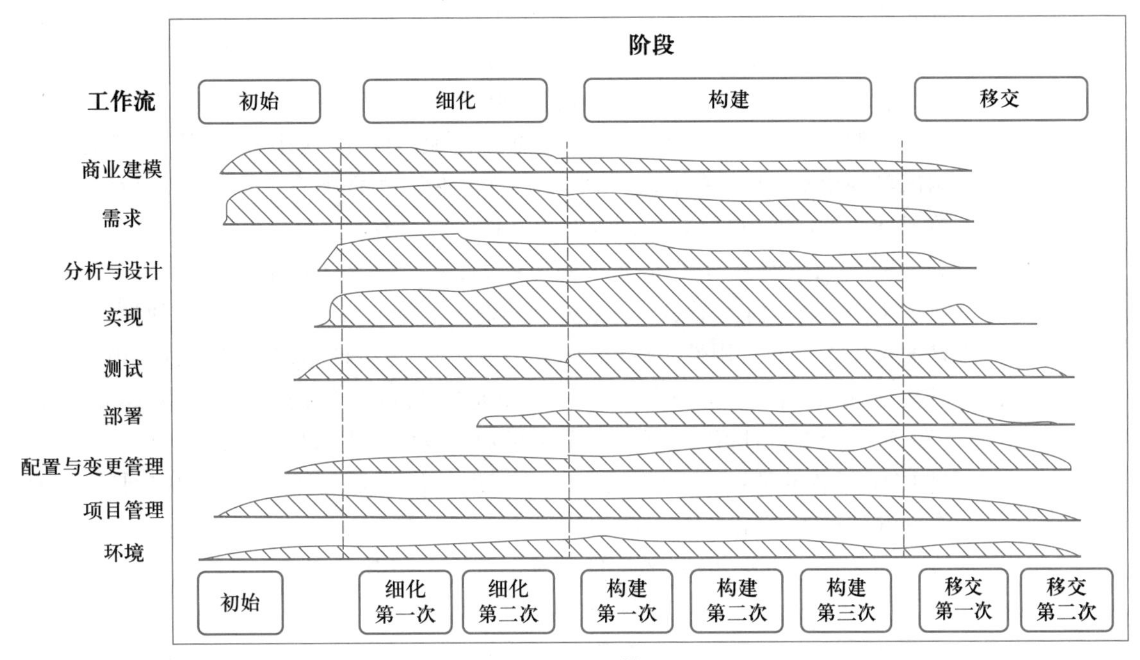

图 1.6 RUP 模型

项目团队开发系统需要经历一个多步骤的过程，从建立系统需求到设计、实施和最终维护新版本的软件，这就是软件生命周期。RUP 将软件生命周期分解为多个循环（cycle），每个循环都由四个阶段组成，每个阶段完成确定的任务。

(1) 初始阶段：建立业务模型，定义最终产品视图，确定系统范围。

(2) 细化阶段：设计并确定系统的体系结构，制定工作计划。

(3) 构建阶段：反复地开发，详尽地测试，构造产品并继续演进需求、体系结构、计划直至产品提交。

(4) 移交阶段：将产品交付给用户使用。

每个阶段都包括一个明确定义的里程碑，换言之，每个阶段本质上是两个里程碑之间的时间跨度，而在每个阶段结束前，如果所有关键目标都已实现，也通过了该阶段里程碑的评估，那么项目将进入下一阶段，直至移交阶段成功结束，完成产品发布里程碑，生成产品的一个新版本（如图 1.7 所示）。

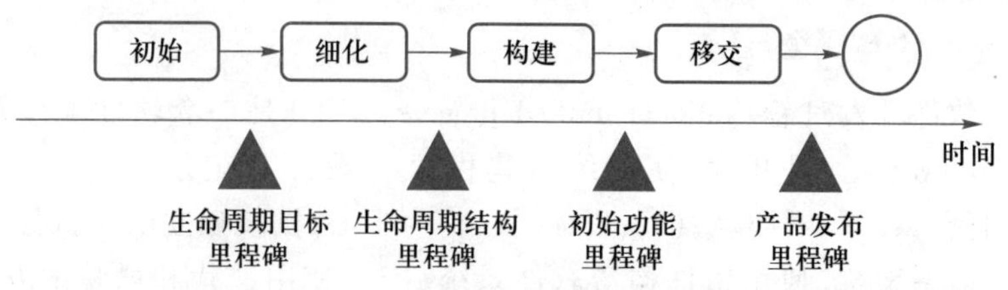

图 1.7 RUP 中的阶段和里程碑

视线移至阶段的内部,根据项目的不同,每一个阶段都由一个或多个连续的迭代(iteration)组成,都有可能经历 9 个工作流,但迭代并不是重复做相同的事,而是需要根据当前迭代所处的阶段和上次迭代的结果,适当地对核心工作流中的行为进行优化,并以不同的重点和强度重复优化后的工作流。

RUP 模型作为一个通用的过程模板,包含了很多关于开发指南、开发过程中产生的制品和涉及角色的说明,体系非常庞大。因此,使用者需要根据项目实际情况和规模对 RUP 进行裁剪,如移除项目不需要的核心工作流,精减每个工作流所产生的制品,最终定制所需要的软件工程过程。

RUP 以用例驱动,以体系结构为中心,强调迭代和增量式开发软件,同时集成了 UML,整体描述了如何有效地利用商业的可靠方法开发和部署软件,具有很好的可操作性和实用性,有以下突出优势:(1) 可灵活地应对开发过程中需求的变化,降低软件开发风险;(2) 可较早地得到可运行的系统,增强团队信心;(3) 通过定制软件开发过程,RUP 可更加高效地实现迭代和增量式开发;(4) 通过 UML 对软件可视化建模,可更好地管理软件的复杂性。但是,RUP 只是一种软件开发过程,并没有涵盖软件过程的全部内容,如缺少关于软件运行和支持等方面的内容。此外,RUP 的重量级属性也决定了其较适用于大型软件团队和大型软件项目,适用项目范围较为有限。

1.3 软件系统的现代工程方法

软件工程方法为计算机的软件开发提供了一种有组织和系统的方法。对于整个软件项目团队来说,为软件项目选择一种或几种合适的方法是很重要的,这种选择会对软件项目的成功产生巨大的影响。合理地使用软件工程方法和各类软件开发工具可以使软件工程师能够可视化软件开发的细节,并最终将表示转换为代码和数据的工作集,还可以使团队成员沟通更简明,降低软件项目的开发风险。

结构化方法是一种传统的软件开发方法,因其提出的如分解与抽象、模块独立性、信息隐蔽等提高软件结构合理性的准则仍为现在所用,影响深远,所以在此对结构化方法作必要的阐述。

结构化方法由结构化分析(structured analysis,SA)、结构化设计(structured design,SD)、结构化程序设计(structured programming,SP)三部分有机组合而成,

其指导思想是自顶向下,逐层分解,分阶段求解复杂问题。

结构化分析是面向数据流进行需求分析的方法,以数据字典和数据流图为主要工具,采用自顶向下、逐层分解的方式建立系统的处理流程,产出满足用户需求的逻辑模型和目标系统的需求规格说明。结构化设计通常在结构化分析之后进行,以结构图和伪代码为工具,以数据流图为基础,从高层模块设计开始,自顶向下地设计系统的模块结构,产出系统结构图,该过程遵循一个核心设计准则——模块独立性,即要求模块高内聚,模块间低耦合,目的是设计出由相对独立的、功能单一的模块组成的系统结构。结构化程序设计是进行以模块功能和处理过程设计为主的详细设计的基本原则,也是一种编程范式。其主要思想是:任何程序的编写都只需要使用顺序、选择、循环三种基本控制结构,开发者根据此规定可以很容易地编写出结构清晰、可读性高、易于调试和维护的程序。

结构化方法曾被广泛用于各种软件项目的开发,并成功支持了一些大型项目的开发,对软件危机的缓解起到了一定作用,但远未充分解决软件危机。其原因如下:(1) 以功能为主的系统结构不能适应系统需求的变化;(2) 传统的手工作业编程方法和面向过程的软件结构已无法适应现代日益复杂的软件开发要求,从数据流图映射到系统结构图时会不可避免地出现误差;(3) 面向过程的软件结构缺乏对开发技术的支持和可重用性,使软件开发成本变高,开发周期变长。但通过对结构化方法更深入地研究和发展,人们更加清楚地认识了软件开发的本质,这促使着新的软件开发方法的诞生。

1.3.1 面向对象开发方法

在 20 世纪后期,大批实用的面向对象编程语言(C++、Objective C 等)的涌现促使面向对象(object oriented,OO)技术走向繁荣,并逐渐发展到软件开发的各个方面,如面向对象分析(object oriented analysis,OOA)、面向对象设计(object oriented design,OOD)。UML 正是该繁荣阶段最重要的成果之一,其极大地推动了面向对象技术的发展,使之日益流行并成为主流软件开发方法。而实际上,面向对象的思想和应用已超越了程序设计和应用软件开发,扩展到数据库系统、交互式界面、分布式系统和人工智能等领域。

1. UML 概述

统一建模语言(unified modeling language,UML)统一了 Booch、OMT 等面向对象方法中的图形表示方法,UML 1.1 于 1997 年被对象管理组织(Object Management Group,OMG)正式采纳为面向对象技术领域的建模语言的标准,并在此之后受该组织管理。随着 UML 的不断修订和改进,UML 被更广泛地应用于各种领域、各种类型系统的建模(如通信与控制系统、嵌入式实时系统),取得了更大范围的成功。

UML 独立于任何编程语言,使用统一的、标准化的图形符号和文本语法,可为软件系统开发的各个阶段提供可视化建模支持,而基于 UML 的工程实践已被证明在大型软件系统的建模中是成功的。具体而言,大型软件系统的开发涉及产品人员、程序员、测试人员等,不同角色的关注点不同,对系统建模时需要考虑不同的细节层次,而 UML 包含的类图、序列图等多种不同类型的图可满足软件开发各阶段、各类角色的需要,帮助产品人员、业务人员了解系统的基本需求、功能和操作。此外,使用 UML 还有以下原因:(1) 大型、复杂软件系统的开发需要各个团队的协作和统一规划,这要求各团队之间有清晰和直接的沟通方式;(2) 团队可以通过 UML 可视化软件开发过程、系统静态结构和与用户交互的细节,可节省大量的时间成本,缩短项目周期。

UML 规范定义了两类主要的 UML 图:结构图和行为图。结构图描述了系统及其部件的静态特征、结构和它们之间的关联方式,主要包括类图、对象图、组件图等。其中,类图是面向对象系统建模中最常用和最重要的图,主要用来显示系统中的类、接口以及它们之间的静态结构和关系,在第三章中,概念类图将通过 UML 类图的形式呈现。行为图描述系统的动态特征或行为,主要包括用例图、序列图等。用例图用于描述系统或系统组件的功能,以及用户和参与者的交互。序列图是一种 UML 交互图,通过描述对象之间发送消息的时间顺序显示多个对象之间的动态协作,在第三章中,将使用 UML 序列图的形式呈现用例序列图,通过表达参与者与系统之间的交互对系统行为进行建模。

2. 面向对象方法概述

面向对象方法涵盖了对象、类、抽象、封装、继承、多态等核心概念,是一种基于对象模型的程序设计方法。其之所以能快速成为主流软件开发方法,是因为软件开发过程是反复迭代的演化过程,而面向对象方法在概念和表示方法上的一致性保证了各项开发活动之间的平滑过渡,因此,对于开发大型的、复杂的及交互性较强的系统,使用面向对象方法无疑是最优选择。实际上,面向对象思想已经成为现代软件工程方法的基础,许多新领域都以面向对象思想为基础或作为主要技术,如智能代理、领域工程、人机交互与用户体验,而理解面向对象思想、掌握面向对象的开发方法自然成为软件工程师的基本要求。

3. 面向对象分析

面向对象分析是一种以对象为中心,以建模和分析实体、对象、对象和对象之间的关系为主要任务的分析方法。面向对象分析强调使用对象的概念对问题域的事物的性质与行为进行完整的描述,建立问题域模型。

对象一般是对真实世界中事物的描述,由属性和行为组成。属性描述对象的内部状态,行为描述对象如何处理消息。例如,一个电子政务系统的对象有很多类型,包括管理员、组织、任务、公文、统计报表等。以管理员为例,所有管理员对象都有姓名、性别等属性,有发布公告、删除公告等行为,因此将其抽象为管理员类,管理员类的定义包括了所有管理员都拥有的属性与行为,任何一个具体的管理员对象都是管理员类的实例。由此可见,应用面向对象的思想来封装与刻画这些事物比较符合人们的思维习惯。此外,在进行面向对象分析时,还需要分析不同对象(类)之间可能存在的继承、关联、聚合等关系。

面向对象分析需要区分系统的静态视图与动态视图。系统的静态视图通常可以通过 UML 中的类图、对象图等结构图呈现，而在清晰、完整地刻画了系统对象和对象间的关系后，还需要让这些对象在实际业务中“动起来”。企业和组织均涉及若干业务流程，这些业务流程体现了企业和组织的业务的运行模式，而业务流程实际上是不同对象在一个具体业务中的动态配合过程。因此，面向对象分析还需要描述业务流程，得到系统的动态视图，这通常通过 UML 中的序列图、活动图等行为图呈现。

4. 面向对象设计

面向对象分析和设计的边界是模糊的，但关注的重点不同。分析时关注的重点是问题域，从问题域中发现类和对象，对真实世界进行建模，只需说明系统“做什么”，不关注与系统具体实现有关的因素，而设计更关注“如何做”的问题。事实上，面向对象设计的主要任务是将分析阶段得到的结果进一步规范化整理，转换成系统实现方案，而从面向对象分析到面向对象设计，是一个逐渐完善、优化模型和求精的过程。因为面向对象设计与面向对象分析均采用面向对象的思想，有一致的概念、原则和表示方法，不像结构化方法那样从分析到设计需要从数据流图转换到系统模块结构图，面向对象设计与面向对象分析的紧密衔接可大大降低开发实现的难度与出错率，所以面向对象分析与设计方法在很多场景下优于其他软件工程方法。

面向对象设计主要可以分为两个步骤。第一个步骤是系统架构设计（概要设计，从宏观角度描述系统的整体结构），确定系统是层次结构还是流式结构、子系统如何划分等。以典型且常用的模型—视图—控制器（model-view-controller，MVC）三层层次结构的设计为例，则设计阶段需要输出的是系统分层结果、层次内的模块和模块之间的关系。系统架构设计完成后，下一步是对系统进行详细设计，对模块和模块之间的关系进行细化。一个模块往往包含多个相互作用的类，详细设计的任务是要将这些类和类之间的关系描述出来，得到完整的类结构。类设计所参考的原则可参考本书系统设计原则一章的内容。除了上述步骤之外，通常还需要考虑保存对象的属性和状态、持久化对象，数据库可以很好地完成这一任务，而良好的数据库设计则是高效持久化对象的关键。

面向对象设计输出的是系统的蓝图，在具体实现时通常使用面向对象语言（也可以使用非面向对象语言实现），因为面向对象语言本身就完整地支持面向对象概念的实现，这会极大地降低系统开发的难度，减少系统开发的工作量，缩短系统的开发周期。

5. 面向对象实现

C++和 Java 是业界普遍应用的面向对象语言，这两种语言的设计均遵循了面向对象思想，都是以对象（类）为基本构成单元，C++、Java 中的类和面向对象设计阶段输出的类具有一致性。事实上，主流的面向对象建模工具（如 Rational Rose）均可将类模型直接转换输出为 C++、Java 中的类。当然，类模型只定义了类行为的名称、输入参数、输出参数和可见性等，无法定义其具体实现。如果面向对象设计是足够完整与准确的，在面向对象编程阶段只需要完成对类操作的具体实现,再结合开发平台和配套工具进行编译与打包。

在实际软件开发过程中,面向过程的方法和面向对象的方法可以相互融合,借鉴对方的工具来完成某些阶段的活动。例如,在用面向过程的方法开发软件的过程中,需求分析阶段一般通过建立功能模型来分析系统功能,但面向过程的方法中提供的建模工具是数据流图,如果在这一阶段引入面向对象方法中的用例图来建模,效果会更好。另外,在用面向对象的方法开发软件的详细设计阶段,要确定类中服务的算法及类之间关联的算法,此时可借鉴面向过程的方法中所提供的图形工具(流程图、N-S 图)、表格工具(判定表)、语言工具(PDL 语言)来进行算法的设计,使实现的算法具有更好的可读性和可维护性。

1.3.2 模型驱动开发方法

模型驱动开发(model driven development,MDD)方法是一种面向模型、以模型作为主要工件的高级别抽象的开发方法[9],与模型驱动体系架构(model driven architecture,MDA)一并受对象管理组织所驱动。模型驱动工程(model driven engineering,MDE)是软件开发领域中各种围绕模型与建模的技术的一种自然聚集或综合,有着更广阔、全面的范围,是更被业界普遍使用的术语,模型驱动开发可被看作模型驱动工程的一种具体实现途径。模型驱动开发主要为了解决软件的两个根本危机:复杂性和变更能力,使软件生产工业化。

模型驱动开发的指导思想是让开发活动的中心从编程转移至高级别抽象中去,这种高级别抽象体现为不同层次的模型,并通过模型之间的层层转换,以及从模型生成代码或其他工件来驱动整个软件开发过程。模型驱动开发方法通常以可视化的方式分析问题,定义业务需求和设计软件系统,同时产出一系列可重用的模型,最大限度地提高系统之间的兼容性。

领域模型(domain model)是不同的领域内的用户业务需求的抽象,描述了用户业务中涉及的实体及其相互之间的关系,可指导软件系统后续的分析与设计。与其他软件开发方法相比,模型驱动开发方法通常首先关注领域模型。模型驱动开发方法通常的具体做法是:从系统开始立项就确立领域模型,以领域模型为中心驱动系统分析和设计,将核心业务逻辑作为待构建应用的核心,使业务逻辑和技术(平台)分离,对技术细节没有任何依赖,如果有,也应该通过依赖倒置(dependence inversion)反转依赖的方向,最终让这两个维度的复杂度被解开,从而分而治之。在模型驱动开发的流程中,领域模型是平台无关模型,通常也可以使用 UML 描述,下一步则是将其转化为平台特定模型(如 Java、.NET),再由平台特定模型中的开发框架直接驱动生成应用。以 Java 平台的 Spring 框架为例,其分层架构允许使用者根据自身需求选择要使用的功能模块,如使用 Spring MVC 框架快速、高效构建 Web 应用。

模型驱动开发方法的核心要义是抽象、自动化和低代码。模型提供了更高的抽象层次以简化软件开发的复杂性,自动化使模型无须人工干预,可直接转换生成代码,使 IT 人员和业务领域专家的协作效率更高,可快速将想法转化为具有可交付价值的应用程序。低代码以最大限度减少手工的硬编码为目的,这正是模型驱动工程的目标和最佳领域,与传统手工编码相比,使用低代码平台开发应用的速度、效率与生产力提升显著,这正是低代码的优势和力量。

MDD 方法在生产力方面优于其他开发方法,因为该模型简化了工程过程,围绕更高层次的抽象(模型)组织工作。模型驱动方法具有以下优点:(1) 可扩展性和可重用性更高,业务逻辑高度抽象为标准化模型,同时与技术实现分离,可选取多种平台或框架开发系统;(2) 系统设计更合理、更稳定、更灵活,因为它们是由模型驱动的,并且在构建前被全面地分析过;(3) 与传统软件开发方法相比,使用模型驱动开发方法同时开发多个应用程序时,项目进度可以更快,成本更低。

1.3.3 敏捷开发方法

20 世纪 60 年代后期,软件危机的爆发使业界开始寻求降低软件开发风险、提高软件质量和生产力的办法。虽然瀑布模型的出现和应用缓解了部分问题,但与交付可用软件相比,该方法更加注重计划和文档编制,而且无法应对变化和实现预期结果,问题变得日益突出。在该时期,许多企业的业务需求与可工作软件的交付之间存在巨大的脱节,业务需求和市场常常会发生天翻地覆的变化,从而导致大量软件尚未交付便被取消,这种时间和资源的双重浪费促使业界开始寻求替代方案。

在西方民间传说中的所有恐怖妖怪中,最可怕的是人狼,因为它们可以出乎意料地从熟悉的面孔变成可怕的怪物,而只有银弹才可以杀死它们。为了对付人狼,人们在寻找可以消灭它们的银弹。1986 年,F.P.Brooks 发表了论文《没有银弹:软件工程的根本和次要问题》,预言十年内没有任何编程技巧能够给软件的生产率带来数量级上的提高,即对于软件开发这类具有一些“人狼”特征的项目来说,没有克敌制胜的“银弹”[10]。在这篇文章中,F.P.Brooks 用自己的经验证实了 Mills 很久以前就提出的一种观点,即不应当“构建”一个软件系统,而应当在可运行系统上进行增量开发,此方法可以比采用严格的软件工程方法更加方便地构建复杂的软件系统。这个观点也被后来的敏捷开发方法所采用[11]。

20 世纪 90 年代中期,个人计算机的普及、互联网技术的蓬勃发展使人们对软件的需求都有所增加,他们期望以更低的成本,更快地得到软件,这促成了一些更加简单、快速、易用的软件开发方法的出现,并且引起了业界的广泛注意。作为严格的软件开发方法的替代方法,这类方法从原型方法进化而来,其共同特点是:面向高频变化的需求,通过面对面的交流和频繁的交付,来促成程序员团队与业务专家之间的紧密协作。同传统的软件开发方法相比,这类方法没有烦琐、沉重的过程管理负担,因此被统称为“轻量级方法”,而这些“轻量级方法”之所以行之有效,不是因为其过程简单,而是因其共同的“敏捷”特征(如迭代式开发、增量交付)。2001 年初,Martin Fowler、Jim Highsmith 等多位著名软件开发专家(轻量级软件开发方法的代表)正式提出了敏捷开发(agile development)这个概念，并共同签署发表了《敏捷宣言》，以传递这套全新的软件开发价值观：① 个体和互动高于流程和工具；② 工作的软件高于详尽的文档；③ 客户合作高于合同谈判；④ 响应变化高于遵循计划。下文将介绍主要的敏捷开发方法。

（1）Scrum 方法

软件工程领域的学者和业界为了获得可接受的软件产品质量，对软件开发的理论方法进行着持续改进，但由于软件开发活动具有十足的复杂性，或许无法根据理论方法预定义软件开发过程，而是需要借助一种“经验方法”的手段，从需求、技术和人来分析软件开发的复杂度。软件开发项目复杂度评估如图 1.8 所示，横轴表示技术复杂度，技术复杂度主要由技术的确定性来表征，技术确定性越低，则技术复杂度越高。纵轴表示需求复杂度，需求复杂度主要由不同涉众及开发团队之间是否就需求达成共识来表征，各团队离共识越远，则需求复杂度越高。

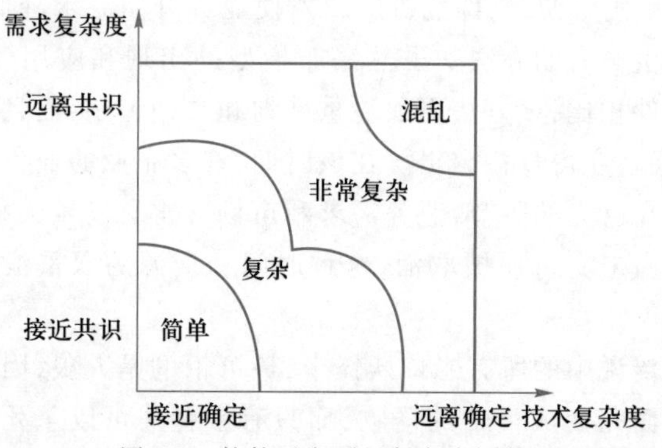

图 1.8　软件开发项目复杂度评估

对于复杂的软件开发项目，完全采用预定义软件开发过程的方法显然不合适，且无法适应需求变化，难以把控软件项目进度，而 Scrum 方法的出现缓解了此类问题。

Scrum 是由 K.Schwaber 所提出的一种经验主义软件开发方法。Scrum 一词起源于橄榄球运动，指两支比赛队伍通过争球重新开始比赛。Scrum 项目中有三种角色参与到实施过程之中：产品负责人、Scrum 管理员和 Scrum 团队。产品负责人负责收集和规整来自所有系统涉众的需求，确定这些需求的优先级，并对项目最终交付的软件系统负责。Scrum 管理员与传统的项目经理有些类似，但其主要职责是保证项目和团队按照正确的 Scrum 流程运转，保护团队在每个 Sprint 执行期间不受外界干扰。Scrum 团队包括所有其他直接参与到项目实施过程的项目组成员，是一个具备混合技能（如设计、开发、测试等技能）的组织，负责交付产品。

Scrum 经验式过程框架如图 1.9 所示[12]。产品 Backlog 是按优先顺序排列的系统的需求列表，Sprint Backlog 为当前 Sprint 期间需要完成的任务清单，由 Sprint 计划会议选出。Sprint 是“冲刺”的意思，表示 Scrum 中的一次迭代，每次 Sprint 的周期一般不超过一个月，结束前会进行一次 Sprint 评审会，Scrum 团队将在此会上展示 Sprint 期间取得的进展,演示增量并收集反馈意见,最后再进行 Sprint 回顾会议,讨论并总结需要改进的地方。每日会议是一个超短例会,每个 Scrum 团队成员可以在会议上汇报昨天完成的工作内容,并说出遇到的障碍(如果存在),同时制定未来 24 小时的计划。

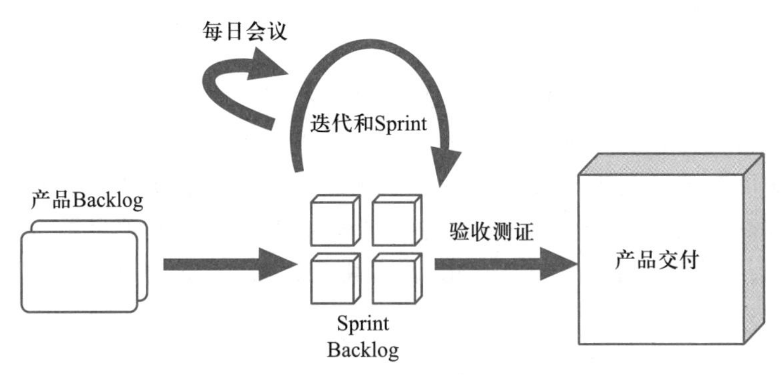

图 1.9 Scrum 经验式过程框架

Scrum 团队人数一般控制在 5~9 人,从经验上讲,7 人是较为合适的人数。如果超过 7 人,则最好分成若干小组进行工作,每个小组是一个采用 Scrum 的小团队,每个小团队的成员代表再组成上一级 Scrum 团队。这种通过组合多个小团队再形成大的 Scrum 项目团队的方式,被称为多级 Scrum(Scrum of Scrums)。

Scrum 作为一种敏捷开发方法,本质上也是一种迭代式增量软件开发的方法。Scrum 强调"拥抱变化"和"充分发挥灵活性",这是 Scrum 的关键思想和优势。相较于侧重预定义过程控制的传统软件项目管理模型,Scrum 是一种依赖于经验性过程控制的方法,强调"检查""调整""沟通"和尽量减少书面流程,相对于大型项目来说,Scrum 或许更适合中小型项目。

(2) 极限编程(extreme programming,XP)

XP 是由 Kent Beck 在其多年的 Smalltalk 编程经验的基础上所发展起来的一种以开发人员为中心的适应性开发方法[13]。1996 年,此方法成功应用于克莱斯勒的 C3 项目,成为了最流行的敏捷开发方法之一。对于许多人来说,XP 方法就等同于敏捷开发方法。

极限编程理念的拥护者认为软件需求的不断变化是软件项目开发中不可避免的,也是自然的现象,和传统的在项目起始阶段定义好所有需求的预定义过程控制方法相比,有能力在项目周期的任何阶段去适应变化,将是更现实和更有效的方法。而和 Scrum 方法强调团队协作和管理实践相比,XP 更关注技术和工程实践,而在各种敏捷开发方法中,极限编程也最为重视工程实践。

极限编程的核心是测试驱动开发、持续集成、用户故事等一系列落地的实践,使软件随时处于可工作、可交付的状态,力求不断迭代交付高质量软件。

XP 使用故事(story)作为用户可见、有意义的功能单元进行任务计划,故事也被称为用户故事(user story)。用户故事由用户编写,是用户视角下产品需要实现的功能或目标(用户需求),可用于创建验收测试。

如图 1.10 所示,极限编程方法的过程从收集用户故事开始。用户故事的描述要非常简单,能够写在一张很小的卡片上,每个需求都要面向业务,可测试,且工作量可估计。用户从所有故事中挑选出一些最有业务价值的故事,组成一次迭代中的需求并被首先实现。一次迭代通常持续 1~2 周,一次迭代中的所有故事通过测试后被放进最终产品,每次迭代的目标就是将一些经过测试、已可发布的故事加入产品。图 1.10 中还引入了一个 Spike 的概念,Spike 是指当项目需要探索一种技术方案所进行的小型的、独立的技术试验或研究。系统隐喻指用通俗易懂的语言将原本晦涩难懂的抽象概念或开发过程简明扼要地阐释出来,系统隐喻可缩减各类人员交互时的沟通成本,提高沟通效率。一个合格的隐喻要遵循以下规则:① 建立在团队的共同认知的基础上,是项目参与人所统一的、广泛认可的;② 需考虑如日常化、普遍化等因素,不能适得其反引入更多的误解。

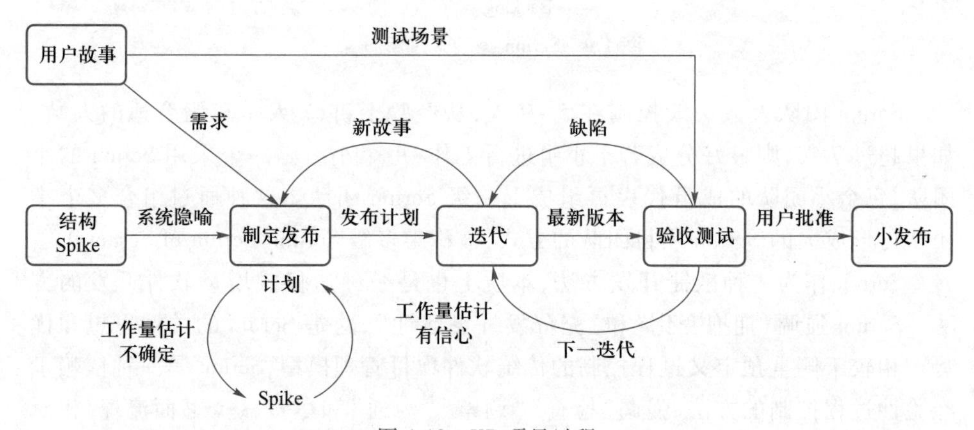

图 1.10　XP 项目过程

XP 中迭代是整个过程的核心,一次迭代中的工作流程如图 1.11 所示,循环往复地进行该流程直到项目中的所有故事都完成,项目便随之结束。以短迭代为单位进行工作,可以快速获取反馈,项目也能够适应在开发周期内所发生的需求变化,而团队工作的焦点永远放在当前迭代上,无须为将来迭代中的需求做任何预测和设计工作。测试在 XP 中扮演了重要的角色,通过日常性、经常性的单元级和系统级测试,项目团队可以获取反馈,提振信心,保证系统正在按照用户的需求被构建,不断进展。测试的详情如下:① 单元测试。每次迭代都必须进行单元测试,而且所有单元的测试代码都必须在产品代码之前完成;一次迭代中所有故事的实现代码都必须通过单元测试后才能进入最终产品。② 验收测试。由用户决定系统级的测试,验证应用程序是否符合预期,以及系统如何能够让他们满意。将测试做到"极限"很重要,XP 要求项目团队在一天中进行多次集成,并且反复进行回归测试。

(3) 敏捷统一过程(agile unified process,AUP)

AUP 由 S.W.Ambler 开发,是 IBM Rational 统一过程(RUP)的一个简化版本,采用与 RUP 兼容的一些敏捷开发技术和概念来开发应用软件[16]。

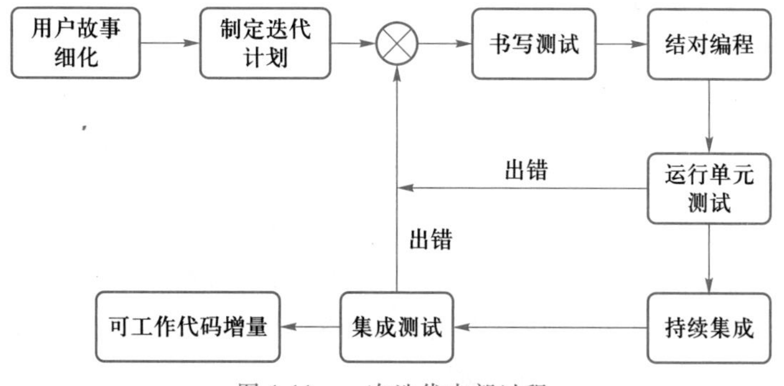

图 1.11 一次迭代内部过程

敏捷开发方法可以在 RUP 中使用,这些轻量级的方法可以很好地应用在新系统的构建阶段,但是事先需要考虑决定做什么(需求)以及操作环境将受到什么影响(发布管理)等问题。RUP 并不关注初始阶段、细化阶段和构建阶段所有业务原则的使用,它只是为这些活动提供了一个最佳框架;而敏捷统一过程侧重于迅速和紧密的迭代,减少开销,并且确保开发人员与客户之间的紧密联系。

图 1.12 描述了 AUP 的生命周期。与 RUP 一样, AUP 的生命周期总体上由先启阶段(inception)、精化阶段(elaboration)、构建阶段(construction)和产品化阶段(transition)四个连续的阶段组成(图中横轴),而各种规程(图中纵轴)按照迭代的方式实施。

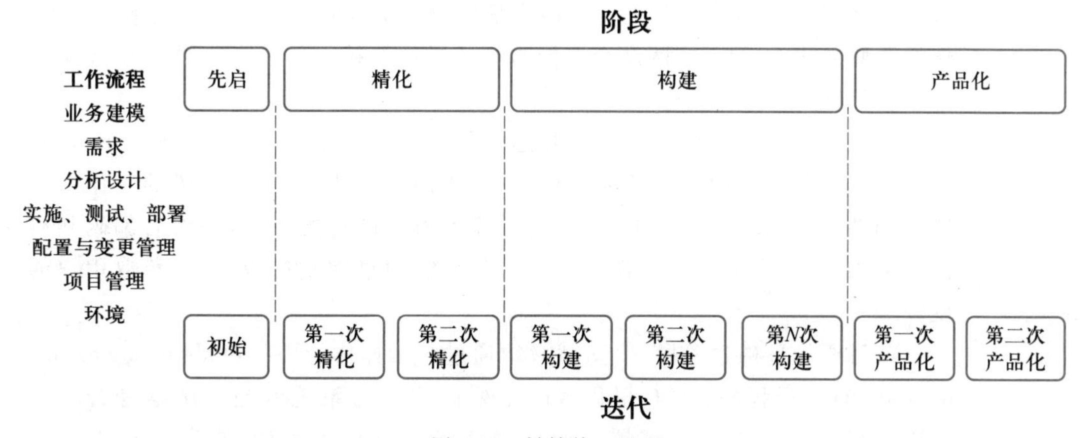

图 1.12 敏捷统一过程

先启阶段的目标是识别项目的初始范围和目标系统的潜在体系架构,并获得项目涉众对项目目标的肯定。先启阶段的主要活动包括:① 定义项目范围,建立项目团队的工作边界,往往用高层功能特性列表和用例列表来表示。② 估计成本和时间计划。在较高层次上估计项目的成本和时间进度,估计结果一般会用于后续各个阶段中的每次迭代。③ 定义风险。此时第一次定义项目的风险,AUP 中风险管理十分重要。定义的风险是一个不断变化的动态列表。风险驱动着项目的管理,而高优先级的风险将比低优先级的风险在更早的迭代中处理。

④ 确定项目可行性。项目必须在技术上、操作上和业务上具有可行性。换句话说，项目团队必须有能力构建系统，系统部署后必须有人能够运营，运营该系统必须有经济价值。没有可行性的项目应当终止。⑤ 准备项目环境。项目环境包括项目团队的工作空间、所需的人力资源、项目近期和未来所需要的软硬件资源等。

项目要想跨过先启阶段，团队就必须通过生命周期目标（life cycle objective，LCO）这一里程碑。LCO 的主要内容是团队是否充分理解了项目的工作范围，项目是否具有充分的可行性。如果团队通过 LCO 里程碑，则项目进入精化阶段；否则，项目必须重新制定目标或被取消。

精化阶段的主要目标是验证待开发系统的架构，确保团队能够实际开发出满足需求的系统。最好的办法是构建一个端到端的系统骨架（“架构原型”），这个“原型”不是抛弃型原型，而是高质量的可工作软件，其已经实现了一些高技术风险的用例，并能够证明系统在技术上可行。值得注意的是，在这个阶段，系统需求尚未完全确定，需求的详细程度仅够理解架构风险。因此，开发团队需要识别架构风险并对风险排定优先级，但只处理重要的风险。此外，开发团队还要为后续的构建阶段作准备。当团队把握系统架构后，即可购买软硬件和工具并开始搭建构建环境。从项目管理的角度来说，所有的项目成员都要到位，沟通确定协作计划。

项目要越过精化阶段，团队就必须通过生命周期架构（life cycle architecture，LCA）里程碑。LCA 里程碑的主要内容是看团队是否展示出了一个端到端、可工作的原型系统，以判断团队是否有能力构建最终系统。如果团队通过 LCA 里程碑，则项目进入构建阶段。

构建阶段的焦点是开发系统并达到可进行产品发布前（pre-production）测试的程度。前阶段中需求已经识别，系统架构已经建立，这一阶段的工作重点转移到理解需求和排定需求优先级，对业务需求进行集中建模，然后编码和测试。如果需要，也可以在内部或外部部署系统的早期发布版本，以获取用户的反馈。

项目要越过构建阶段，团队就必须通过初始操作能力（initial operational capability，IOC）里程碑。IOC 里程碑的主要内容是看系统的当前版本是否已经可以在测试环境中进行部署。如果团队通过 IOC 里程碑，则项目进入移交阶段。

移交阶段的重点是将系统部署到生产环境，确保软件对最终用户是可用的。这一阶段可能要进行广泛的产品测试，制作并分发产品文档，对产品进行改错和调优，移交阶段所需的时间和工作量因项目不同而不同。内部系统的部署一般要比外部系统简单一些，耗时也更少，全新的系统可能需要采购和安装硬件，既有系统的升级往往需要数据转换和与现有用户的沟通协调，每个系统都有所不同。项目要越过移交阶段，团队就必须通过产品发布（product release，PR）里程碑。PR 里程碑的主要内容是看系统能否安全、有效地部署到生产环境。

1.4 软件项目管理

项目是指在一定约束条件下具有特定目标的一项一次性任务，有明确的开始日期和终止日期。项目管理就是在项目的活动中运用一系列的知识、技能、工具和技术，以满足或超过相关利益者对项目的要求。软件是一种无形产品，用户需求的个性化、多样化，外部商业环境的多变性，以及软件开发技术的快速更迭都会给软件开发带来风险，因此有效地管理软件项目至关重要。时间、成本和质量是软件项目管理的三重约束，这意味着项目团队必须将成本控制在用户预算限制内，并按约定的计划交付满足功能、性能要求的高质量产品，而从项目启动、计划细节到处理用户不断变化的需求，再到按时交付可交付成果，有很多地方可能会出错。因此，为便于对项目过程进行控制和管理，一般将项目划分为几个可管理的阶段，并确定每个阶段的目标和可交付成果。

美国项目管理协会(Project Management Institute，PMI)的《项目管理知识体系指南》(*A Guide to the Project Management Body of Knowledge*，PMBOK)将项目管理活动归结为启动、计划、执行、监控和关闭五个基本过程组，将项目管理知识分为十个领域：集成管理、范围管理、时间管理、成本管理、质量管理、人力资源管理、沟通管理、风险管理、采购管理和干系人管理。PMBOK 提供的是通用的项目管理知识，不是具体的方法论，不针对任何具体行业[17]。本节将以 PMBOK 的内容体系作为软件项目管理的指南，软件项目过程如图 1.13 所示。

项目启动 〉项目计划 〉项目执行 〉项目监控 〉项目关闭

图 1.13 软件项目过程

1.4.1 项目启动

软件项目的启动阶段的主要活动包括：① 项目可行性分析，即根据市场、技术、人员等各资源分析项目的可行性，对分析结果进行认证讨论；② 明确项目范围和目标，考虑可能的解决方案以及技术和管理上的要求，制定项目章程和指派项目经理等；③ 项目干系人分析，即确定项目相关人员，如项目发起人、开发人员、测试人员、维护人员、客户等。

撰写一份业务示例有助于更好地对项目范围和目标进行说明，其内容包括项目背景、情况假设清单、项目的初步需求以及一些其他内容。以在线宠物商店 JPetStore 系统①为例，业务示例如表 1.1 所示。

① JPetStore 是一个在线宠物商店系统，其核心业务包括用户账号管理、购物车管理、商品(宠物)管理、订单管理等。需要特别说明的是：为了更好地展现所使用的基于模型的需求分析方法，本书不会拘泥于开源 JPetStore 项目的现有功能，而是会根据需要进行合理的扩展和细化。

表 1.1 JPetStore 网站系统业务示例

项目背景：
业务目标：
形势、问题与机会：
关键的假设条件和制约因素：
选择和建议分析：
项目的初步需求：
预算估计和财务分析：
进度估计：
潜在风险：
其他：

制定项目章程是编写一份正式批准项目，并授权项目经理在项目活动中使用组织资源的文件的过程。其主要作用是明确项目与组织战略目标之间的直接联系，确立项目的正式地位，并展示组织对项目的承诺，如表 1.2 所示。一旦项目章程获得批准，项目也就正式立项，同时，项目经理就有权将组织资源用于项目活动。

表 1.2 项目章程

项目名称： 项目开始日期： 年 月 日 预计完成日期： 年 月 日
预算信息：
项目经理：
项目目标：
实施计划：
角色与职责：
其他：

1.4.2 项目计划

软件项目一旦启动，就必须制定项目计划。制定项目计划是定义清晰、离散的活动以及在单个项目中完成每项活动所需工作的过程。该过程涉及的内容具体如下。

(1) 集成管理

在项目计划阶段中，集成管理的主要活动为制定项目管理计划。定义、准备和协调项目计划的所有组成部分，生成一份综合项目管理计划文件，用于确定所有项目工作的基础及其执行方式。

（2）范围管理

范围管理的主要活动包括定义项目范围、生成项目范围说明书、创建工作分解结构（work breakdown structure，WBS）。通过创建工作分解结构将项目可交付成果和项目工作分解为较小的、更易于管理的任务，每向下分解一层代表对项目工作的更详细定义，WBS是制定进度计划、资源需求、成本预算、风险管理计划和采购计划等的重要基础。在本书第七章面向DevOps的系统开发的需求分解一节，用户需求被分解为一个或多个任务，而CodeArts平台在形式上也以工作项为基本单元管理开发流程。

（3）资源管理

用于开发软件产品的所有元素都可以假定为该项目的资源，包括人力资源、生产工具和软件库。资源管理的主要活动是估算资源并创建一份资源计划。

估算资源指估算执行项目所需的人力资源，以及材料、设备和用品的类型和数量，明确完成项目所需的资源种类、数量和特性，而资源计划有助于以最有效的方式集中和部署资源。如果资源短缺，项目发展将受到阻碍，进而导致进度落后，而分配额外资源又会增加开发成本。因此，有必要进行项目资源估算，以便分配足够的资源。人力是软件项目中最重要的资源之一，合理分配开发任务会起到事半功倍的效果，一种典型的任务分派方法是单独将一种类型的任务分派给各个开发人员。例如，指派一个开发人员专门负责程序的图形显示功能。

（4）进度管理

进行进度管理是为了确保软件项目按期完成，这也是项目经理面临的最大挑战之一。在范围管理阶段，使用WBS可将软件项目任务分解为更小的任务、活动或事件，这是进行进度计划、估算、执行、控制等活动的基础。一旦软件范围被定义，工作任务被分解，便能进行时间估计，生成工作计划日期表。

进度管理的基本过程为：① 活动排序。根据需求规范和软件各个组件的相互依赖性，确定开发活动之间的关系和顺序，以便在既定的所有项目制约因素下获得最高的效率；② 活动历时估计。首先估算完成单项活动所需花费的时间量，一般而言，单个开发任务时间按日（或周）进行估计。在本书第七章需求分解一节，用户需求被分解为任务后，便可交由具体人员负责，并由负责人员估计所需工时，而一旦估计了每个任务历时，就可以估计项目总历时，进而得到生产软件所需的大致时间。不得不提的是，进度问题往往是项目受挫的主要原因，尤其在项目的后期，许多软件都因此被迫延期交付。

（5）沟通管理

有效的沟通对项目的开展起着至关重要的作用。该活动的目的是建立管理方、项目组成员和用户之间的沟通程序，一般包括计划、共享、反馈和关闭等过程。首先，编制一个沟通计划，包括识别项目相关人员以及他们之间的沟通方式，沟通方式可以是口头的或书面的。其次，通过共享的方式使参与项目的每个人都能及时了解项目进度及其状态，而项目经理负责确保正确的人在正确的时间以正确的格式获得了正确的信息。然后，建立反馈机制，确保各方利益相关者的反馈信息能及时被项目经理获取。最后,在每个重大事件结束或项目本身结束时,需要宣布关闭当前的沟通程序。

(6) 质量管理

制定项目标准、评审验收程序和测试方案以确保开发高质量的系统,但是对于具体的软件项目而言,确保软件高质量不是追求"完美的质量",因为这会付出巨大的代价,还可能导致软件项目的成本超支、进度拖延,所以对于软件的各种质量属性,不需要以同等方式对待,而是将关注点放在用户最关心、对软件整体质量影响最大的质量属性上,如可靠性、功能适合性。此外,代码质量也是需要重点关注的内容,尤其对于项目团队(以开发人员为主)而言,高质量的代码使软件缺陷更少,更易于理解、修改和扩展。本书第七章将介绍华为 CodeArts 平台提供的基于云端的代码质量管理服务,其一站式支持代码质量、代码风格和安全性检查,并生成改进缺陷的建议。

(7) 风险管理

风险管理的基本过程分为风险识别、风险估测、风险评价、风险控制等环节。软件开发项目风险主要体现在需求、技术、成本和进度四个方面,例如使用新技术、用户需求变化、关键资源的可获得性发生变化、人员对技术或业务缺乏经验等。项目经理有责任持续跟进项目并识别和评估项目风险。

(8) 成本管理

成本管理就是确保在批准的项目预算内完成项目,成本管理是一项系统性的工程,涉及项目的各个环节,伴随着项目的开发同步进行。

一般情况下,成本管理与项目范围成正比,对软件项目需求的控制就直接影响成本的管理。如果用户的需求经常停留在笼统的概念上,没有明确需求细节,并且不断提出新的要求,就会导致项目范围不确定,为成本管理带来很大的隐患,因此,成本管理需基于明确的项目范围,制定成本管理计划。

以成本估算为例,成本估算既要符合科学理性,也需要借助逻辑判断和以往的经验,需要尽可能多地搜集信息、经验和意见,同时参考类似软件项目的预算及决算,但再精确的项目成本估算都存在偏差,因为实际成本随着环境的变化和软件开发过程的进行而变化,如果软件需求产生了不小的变更,实际成本则会产生剧烈的变化。

(9) 建立项目基准

项目基准是项目计划经过确认和审批后形成的文件,是项目的初始拟定计划(原始计划),用于指导项目执行,一般包括范围基准、进度基准、成本基准等内容,不可随意变更。

在项目管理过程中,项目基准可用来与实际进展计划进行比较,对照参考,便于对项目中的变更进行管理与控制,确保项目计划能顺利实施。

1.4.3 项目执行与项目监控

在项目执行与项目监控阶段,根据项目基准中描述的任务及进度安排实施项目,同时对实施过程进行监控,检查各类风险的概率,报告各种任务的状态,确保一切按项目基准进行。该阶段所包括的具体工作如下。

(1) 软件配置管理。软件配置由一组相互关联的对象(软件配置项)组成,记录软件产品的演化过程。软件配置项通常包括需求规格说明书、软件源代码、设计规格说明书、测试规格说明书等,对于开发团队而言,其主要关注软件源代码的版本控制,本书第七章将以华为代码托管服务(CodeArts Repo)为例介绍代码托管和版本管理流程。实施软件配置管理的目的是确保项目团队在整个软件开发生命周期的各阶段均能得到准确的产品配置,保证软件产品的一致性、完整性、可追溯性、可控性。

(2) 基准计划实施。开始执行项目活动,获取和分配相关资源,培训和训练团队成员,使项目按进度进行,并确保项目交付产品的质量。

(3) 实施监控。① 进展监控:项目经理应该监控各项任务的进度,根据进度情况对资源、活动和预算进行合理调整;对于延误的任务,项目经理应及时与任务负责人沟通,找出延误的原因,适当修改计划或要求任务负责人加快进度。② 开支监控:将项目实际开支与项目基准中的开支进行对比,如果超出原有预算,则要明确具体的超支项,分析超支原因并采取相应的措施,确保项目的实际开支在预算范围之内。③ 人员效能监控:项目负责人应关注项目成员的工作表现,帮助表现欠佳的成员排除疑难,使其调整工作状态,确保项目按预期进行。

(4) 工作手册维护。维护项目各项事件的记录文档,为团队成员理解项目提供所需的文档资料。工作手册是产生项目报告的主要信息来源。

(5) 项目状况沟通。项目经理通过项目状态报告让所有相关方及时了解项目状况,同时接收并处理项目利益相关方的信息反馈。

1.4.4 项目关闭

在项目正常进行的情况下,项目关闭的条件是已完成项目计划中确定的可交付的成果,此时可执行结束计划,完成收尾工作。收尾工作具体包括范围确认、质量验收、费用决算、合同终结、资料验收等活动。

范围确认指项目接收前重新审核工作成果,检查项目的各项工作范围是否完成;质量验收是控制项目最终质量的重要手段,需要依据质量计划和相关的质量标准进行验收;费用决算指对从项目开始到项目结束全过程所支付的全部费用进行核算,编制项目决算表;合同终结指整理和存档各类合同文件;资料验收指检查项目过程中的所有文档是否齐全,然后进行归档。

1.5 华为系统工程方法

今天,华为成为了全球领先的信息与通信技术(information and communication technology,ICT)基础设施和智能终端提供商,这得益于华为不断进化的软件研发理念和思想,从最初的自动化工厂、持续集成、交付到敏捷,直到最新的进化状态

DevOps,华为软件研发能力不断提高,向万物互联的智能世界迈进了更大的一步。

DevOps 是 Development 和 Operations 的组合词,是一组过程、方法与系统的统称,用于促进开发、技术运营和质量保障部门之间的沟通、协作与整合。DevOps 是一种重视“软件开发人员(Dev)”和“IT 运维人员(Ops)”之间沟通合作的文化、运动或惯例。通过实施自动化“软件交付”和“架构变更”的流程,DevOps 使构建、测试、发布软件更快捷、频繁和可靠。DevOps 的出现是由于软件行业日益清晰地认识到:为了按时交付软件产品和服务,开发和运营工作必须紧密合作。

1.5.1　DevOps 概述

1. 敏捷开发方法和 DevOps 之“争”

当读者面对敏捷开发方法和 DevOps 时,总会不可避免地思考下面这些问题:敏捷和 DevOps 两者有什么区别?持续集成属于极限编程(XP)的范畴,为何 DevOps 也包含持续集成?华为 CodeArts 背后的研发团队曾向敏捷转型,现在又开始向 DevOps 转型,对上述问题不必过多纠结,因为敏捷和 DevOps 两者都在不断演进,两者的相似程度也越来越高,这个问题也很难得出确切的答案。本节也仅从方法论和实践的角度,为读者简单论述敏捷与 DevOps,希望每位读者都能从中得到启发,在敏捷与 DevOps 这两条路上走得更远。

敏捷与 DevOps 的初衷和目的是解决问题,而不是树碑立牌,两者并没有确切的界限。业界讨论敏捷与 DevOps,目的是了解两者之间的内在联系,而不是划清界限。经常被讨论的是狭义的敏捷与 DevOps,而广义的敏捷与 DevOps 已经趋同,两者均试图解决相同或相近的问题,只是还未出现一招解决所有问题的方法。

从狭义的角度看,传统的敏捷是为了解决业务与开发之间的鸿沟。敏捷宣言强调个体和互动、可工作的软件、客户合作、响应变化,以及 12 条原则中的尽早、连续地高价值交付、自组织团队、小批量交付、团队节奏、可改善可持续的流程、保持沟通等,还强调包括 Scrum、Kanban、XP 在内的众多管理和工程实践方法,其目的是实现开发与业务之间的频繁沟通,快速响应变化。而 DevOps 的出现是为了解决开发与运维之间的鸿沟,因为前端的“敏捷”的确更快了,但由于 Dev 与 Ops 之间存在的隔阂,团队仍无法真正将价值持续地交付给客户。敏捷的好处是,由敏捷软件开发宣言宣告其诞生。敏捷的缺点,也许也是因为敏捷软件开发宣言,该宣言并不应该约束和限制敏捷的范围,因为宣言中强调拥抱变化。敏捷软件开发宣言诞生于 2001 年,时至今日,也在与时俱进,在实践中继续扩充自身的内涵。

2. DevOps,为解决问题而“生”

开发侧强调快,快速迭代增量开发;运维侧强调稳,要求软件在实际生产环境运行稳定。开发部门期望频繁交付新功能,是产品文化;运维部门监管软件运行并提供支持,保障软件的稳定性,是服务文化。这就是开发与运维之间固有的、根因的冲突。开发的目标是快速响应变化,运维的目标是提供稳定、安全和可靠的服务。更现实的是,两者的关键绩效指标(key performance indicator,KPI)和绩效考核激励机制不同,决定了如果两个部门为达成各自的局部目标,则势必存在无法调和的根因冲突。

DevOps 的出现,就是为了解决开发与运维之间的根因冲突,换言之,DevOps 在某种程度上是敏捷在运维侧的延伸,但敏捷与 DevOps 都已焕然一新,软件工程领域变化太快,问题域发生了变化,解决方案域自然也要随之变化。

DevOps 的缺陷是没有一个明确的定义。DevOps 的优势却也正是没有一个明确的定义作限制,所以业界内行可以做“拿来主义”者,一切外来事物的长处都可以为之所用。DevOps 是个筐,什么都可以向内装,敏捷又何尝不是呢?

通常人们对 DevOps 的理解有两方面,即 D2O 和 E2E。D2O 是 Dev to Ops,即经典、狭义的 DevOps 概念,逾越的是 Dev 到 Ops 的鸿沟。E2E 是 End to End,即端到端、广义的 DevOps 概念,是以精益和敏捷为核心的,解决从业务到开发再到运维,进而到客户的完整闭环。DevOps 的 6C 概念,即 Continuous Planning、Continuous Integration、Continuous Testing、Continuous Deploy、Continuous Release、Continuous Feedback,也是端到端、广义的 DevOps 概念。

维基百科中总结到,DevOps 的出现有四个关键驱动力:① 互联网冲击要求业务的敏捷;② 虚拟化和云计算基础设施日益普遍;③ 数据中心自动化技术;④ 敏捷开发的普及。从种种概念可以看出,业务敏捷、开发敏捷、运维侧自动化,以及云计算等技术的普及,几乎贯穿了从业务到开发再到运维(包括测试)的全过程,因此,虽然字面上是 Dev 到 Ops,但事实上已经从狭义的 D2O 前后延伸到 E2E,变为端到端、广义的 DevOps 了。

多位 DevOps 大师曾汇聚出一个 DevOps 能力成长模型,该模型包括了持续交付、精益领导力、精益产品开发、精益管理、组织文化与学习氛围等要素,而该模型的最终目标是提升组织效能、运维效能和软件交付效率,这也是敏捷与 DevOps 的共同目标。

持续交付是狭义 DevOps 的核心理念,横跨了架构、开发、测试、运维等角色。持续交付的开发实践也涵盖了架构管理、版本管理、分支策略、测试自动化、部署发布、运维监控、信息安全、团队授权、数据库管理等多个维度,其中不乏包含传统的敏捷相关实践,尤其是极限编程的很多实践,半数以上在 DevOps 中都能找到。现在的 DevOps 已远远不是持续集成、持续交付那么简单,CALMS(Culture、Automation、Lean、Metrics、Sharing)原则也横跨了文化、管理、精益与技术。

敏捷宣言的十二条原则、SAFe 精益敏捷的九大原则,以及 DevOps 的 CALMS 原则,也是彼此相互融合的。SAFe 借鉴了 DevOps 的理念和方法,DevOps 又采纳了敏捷的思想和实践,三者又都以精益为思想核心。那么谁包含谁,谁比谁大,彼此的界限在哪里呢? 由此可见,无论是方式还是实践,其价值应该由客户价值来体现。对客户而言,需要解决的问题是端到端的,是全局而不是局部优化的。

因此,是什么不重要,而能解决、要解决什么问题很重要。

3. DevOps 与敏捷,殊途同“归”

DevOps 是各种好的原则和实践的融合,敏捷又何尝不是如此。

2001 年,在美国雪鸟滑雪场,17 位软件大师聚到一起提出敏捷软件开发宣言,又各自在践行着不同的敏捷框架和实践,敏捷软件开发宣言和原则本身就是一次融合。2003 年,Mary Poppendieck 和 Tom Poppendieck 提出的精益软件开发方法,即便在已经有敏捷宣言的前提下,也一样纳入敏捷开发的范畴。敏捷也在不断前行,DevOps 与敏捷殊途同归,是同一问题的不同分支,最终为了实现同一个目标。

一个好的方法论应该是与时俱进、兼容并蓄的,应该是开放的和逐步演进的。方法论如此,学习和实践方法论的人更应该如此,以一颗开放的心态,接纳一切合理的存在。回到具体实践,读者要明确 DevOps 在工具链上的要求。DevOps 要实现自动化、标准化和配置化,就意味着一定要有能够打通端到端的自动化研发工具链。

理论为众多开发(读)者指明实践的方向,工具则是落地实践的基础。

华为 CodeArts 提供软件开发全生命周期的云端 DevOps 工具链,帮助个人开发者和开发团队真正实现自动化、标准化和配置化。CodeArts 提供基于 Git 的版本控制系统,不只将代码版本化,而是版本化管理一切与环境有关的配置,可便捷地实现自动化部署流水线,设置提交代码自动触发,帮助用户实现持续交付,为用户带来自动化、标准化的流程,提高软件的发布效率与质量,持续不断地为用户创造业务价值。

1.5.2　DevOps 行业现状

DevOps 是企业迈向“敏捷”之匙。

在传统模式下,开发和运维在组织上的分离会造成管理混乱的问题,开发要不断地迭代,上线新功能,但是运维关注的是稳定,这两种需求实际上是矛盾的。DevOps 旨在逾越这道鸿沟,让开发、运维、测试协同作战,提高研发效率,实现高效交付,解决传统模式下的运维之痛。

事实证明,DevOps 确实能够较好地解决开发和运维之间的混乱问题,提升研发效率,实现高效交付。中国信息通信研究院(CAICT)发布的《中国 DevOps 现状调查报告(2023 年)》(以下简称《报告》)中,国内企业 DevOps 落地成熟度稳步提升,六成受访企业达到 DevOps 成熟度全面级,九成左右受访企业已通过持续集成系统实现了部署发布自动化,稳定提升了组织级交付能力,而近两成企业已具备完善的事件与变更管理流程并与其他系统平台体系打通,应用自动化、可视化和智能化技术显著提升了运维效率和风险控制能力。此外,62.52%的受访者认为 DevOps 改变了团队人员的开发模式,提升了研发效能。

虽然众多企业都期望 DevOps 能够带来更高效的交付效率,提升客户满意度和创造更多的商业价值,但完美实践 DevOps 依然是一个难题。特别是对开源安全风险的管理，仅六成左右企业具备完善的开源管理要求和流程，虽然过半数企业已达到 DevOps 成熟度全面级，但基础设施安全、源码安全、开源组件安全及合规检查等安全内容还有待得到进一步关注。

在 DevOps 的细分领域，例如 DevOps 的敏捷开发管理中，尽管大多数企业普遍采取了敏捷开发方法以提升研发效率，但还需加强研发管理流程的严谨性。同样地，在应用设计方面和安全风险管理方面，多数企业也位于初始级和基础级，不到四成企业具备自动处理和修复应用故障的能力；在容量管理与成本管控方面，不到两成企业具备业务容量与基础设施容量关联分析能力、柔性服务能力和灵活成本管控能力。

要实现企业 DevOps 从初始级、基础级向全面级、优秀级、卓越级转变，除了企业要增强对于 DevOps 的重视度之外，选择合适的 DevOps 工具和技术显得至关重要。而云计算是 DevOps 的天然盟友，在云计算的支撑下，企业能够立即获取开发和部署过程中涉及的各种环境所需的资源以快捷实施 DevOps。

同时，微服务成为了企业软件开发较受欢迎的架构，其在易用性、可伸缩性和性能方面有着卓越的表现，而微服务和 DevOps 有着非常密切的联系，但微服务也带来了实施上的复杂性，因为整个系统由单一应用拆分为多个服务，微服务之间存在较强的依赖关系，服务之间的协作和处理变得非常复杂。由于微服务呈网状分布，有很多服务需要维护和管理，对其进行部署维护和监控管理也比较复杂。因此，使用微服务的最佳实践是构建一个一体化的 DevOps 平台，因为 DevOps 包含了持续集成与持续发布、服务依赖关系管理、负载均衡和集中化监控管理，这些都是微服务生态系统所必不可少的工具和实践。

最近几年，容器技术的出现也推动了 DevOps 的快速发展，容器技术使 DevOps 落地实践更便捷，而保持跨环境的一致性和灵活的可移植性是企业选择容器的主要因素。

这些调查结果表明，因为云计算、微服务、容器技术的诸多优势，大多数企业在具体落地 DevOps 的过程中都会利用这些技术。在具体的工具选择上，国内厂商占据了一席之地，在软件开发一体化管理领域，排名前两位的分别是华为 CodeArts 与阿里云效，而华为 CodeArts 是《报告》中占据首位的 DevOps 工具，这得益于华为 30 多年软件研发的沉淀所积累的丰富经验，华为深知开发者到底需要怎样的 DevOps 工具，基于上述理念，华为推出的 CodeArts 受到企业和开发者的青睐自然就是水到渠成。华为 CodeArts 提供的云端代码检查、自动化测试管理和 App 测试功能，能够显著避免代码出错，分布式代码托管功能使托管代码更加可靠。此外，华为 CodeArts 解决了需求变动频繁、开发测试环境复杂、多版本分支维护困难、无法有效监控进度和质量等普遍痛点，实现了软件研发过程可视、可控、可度量和一键式部署，帮助开发者更快部署应用。更重要的是，华为 CodeArts 本身就孵化于华为内部的软件研发能力中心，至今还在为内部所有软件研发人员服务，在可用、可靠、安全性方面都经过了实践应用的检验，这些优点使得华为 CodeArts 能够在国产 DevOps 一体化平台中脱颖而出。

从未来发展的趋势来看,会有更多企业选择云、云计算、容器技术和与云计算有着紧密联系的微服务架构实施 DevOps,与云结合的软件开发一体化的 DevOps 平台将是 DevOps 发展的一个重要方向,外部竞争将更加激烈。

从本质上讲,DevOps 不只是一种技术或方案,它更多的是文化,它重视"软件开发人员(Dev)"和"IT 运维人员(Ops)"之间的沟通合作,以提高整个软件开发生命周期的效率以及质量。因此,谁拥有更多的开发者,谁更加了解开发者,谁就能更加准确地掌握开发者的需求,引领软件工程的趋势,也能做出更加完美的产品。谁更新迭代的速度更快,谁就越有可能在未来的长跑中获胜。

展望未来,在以华为云为代表的国内厂商的共同努力下,我国的软件工程能力将会得到显著提升,各类 DevOps 软件开发一体化产品将帮助中国企业实际落地 DevOps,推动中国企业从 DevOps 的初始级和基础级的阶段向全面级、优秀级、卓越级转变,打造软件产业发展新模式,全方位推动中国软件产业不断向前发展。

1.5.3 聚焦华为 DevOps 与云化发展趋势

《科技想要什么》一书中,将科技比作生物。生物在不断进化,伴随着科技生物的进化,科技生物的研发方法也在不断进化。华为公司在过去 30 年,从小型做硬件、做通信技术产品的公司,成为 ICT 公司,其研发理念和思想也在不断变化。图 1.14 是华为公司在过去 30 年研发能力、研发方法和研发工具进化的历程。

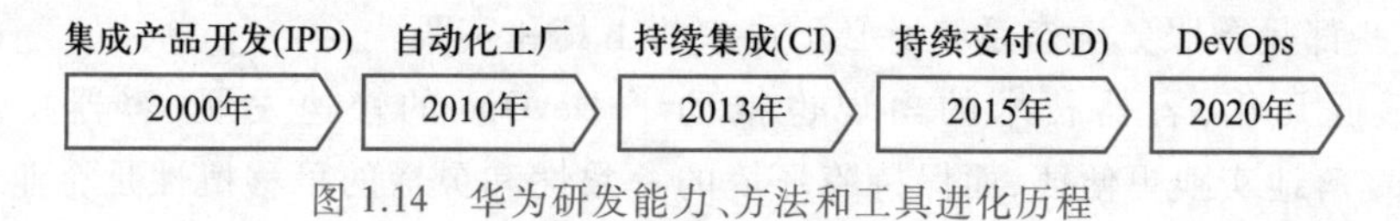

图 1.14 华为研发能力、方法和工具进化历程

和 DevOps 类似,云原生(CloudNative)同样是一个组合词,Cloud 表示软件应用位于云中,而非传统的数据中心,Native 表示软件应用从设计之初就预期部署至云环境,原生为云而设计,充分发挥云平台的弹性和分布式优势。云原生涵盖 DevOps、持续交付、微服务、容器四个要点,而今天的 DevOps 实际涵盖了持续交付、微服务、容器三个要点,因此,DevOps 与云原生是共通的,二者不仅是华为的工作内容,更是工作方法,同时也在形成一种工作文化。

华为向云原生的转型之路,也是将 DevOps 文化赋予华为的过程,因为今天的 DevOps 已经包含了微服务、容器技术等核心要点。

华为在云端领域实施 DevOps 构建了云的基座,云渗透在 ICT 的很多领域,目前华为云推出了100 余个云上的服务。TATO 建立在云的基座上,TATO 所代表的内容是:T 代表 team(团队),A 代表 architecture(架构),T 代表 tool(工具),O 代表 operation(运维)。具体如图 1.15 所示。

DevOps 实践的第一步来自人的思想和观念的转变、也印证了企业变革的背后是思想和理论的变化。华为最初以生产"盒子"类的通信设备为主,"盒子"中

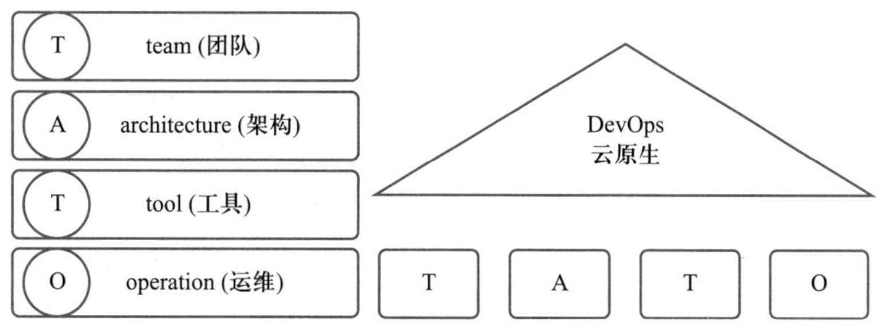

图 1.15 华为云原生和 DevOps

运行的软件都包含上亿行代码，用户又要求该类软件可靠性高，能长期稳定运行，因此每一款通信设备都有很长的研发周期，而华为内部最开始使用的工程方法更经典和传统，像工厂的管理过程——矩阵式模式，通过矩阵职能性的分工去划分不同的功能模块和团队，把分散的单元组织起来进行交付。实践证明，这是低效且落后的生产方式，华为必须寻求生产方式的革新。

T 是 team(团队)，“旧”团队向 DevOps 团队转型，实现全功能团队是第一步。全功能团队是指可实现从开发、测试到设计，可高效管理开发过程的团队。而伴随着云基础设施的兴起、云的基座和新的生产力手段的诞生，华为现在就基于云原生组织起大量的云服务，以实现很多自主的开发、运维、测试的过程，从而建立跨功能域的全功能团队。以前能力沉淀需要靠资源组织、职能组织完成。在新的技术条件下，云服务技术手段天然提供了平台，将能力、经验沉淀在云服务中，通过云服务使用和访问。全功能团队是华为关注端到端产品的经营的缩影，而不仅仅聚焦开发的过程，因为 DevOps 已经不是纯粹的开发行为，而是商业行为，团队需要迎接变化，加快转型。

A 是 architecture(架构)，正如康威定律所言，组织结构、业务结构之间互相促进、互相影响。如果仅有新的组织结构而没有新的业务结构，组织运作则不流畅。管理者必须对现有的业务进行调整，调整的思路随着 IT 基础设施的变化而变化。

在过去，华为内部开发的软件架构十分简单，业务软件是单体软件，软件运行在物理服务器或某一台、某几台主机上，硬件环境、软件以及软件之间各个模块都耦合在一起。这种开发方式是矩阵式的环节开发，无法匹配小团队和微服务的开发，虽然之后又将数据库服务等基础服务迁移至云，避免硬件环境、软件和软件之间模块的耦合，也不必烦琐地准备和获取环境，但仅有这种变化还不够，软件本身还是高度耦合的单元。于是，华为的研发团队将软件拆分成云原生服务架构，将软件中每个功能模块和依赖的中间件资源、依赖的数据库资源和依据健全的服务全部拆开，各归其位，在开发自有服务时先开发依赖的华为云的基础服务，实现环境和业务的解耦，创造一种新的微服务开发模式，和微服务团队进行匹配。

T 是 tool(工具)，生产工具和生产力是互相作用、互相反作用的，新的设备结构、组织结构的演进，其基础都是生产力的变革，生产力的变革基础又是生产工具的提升。回顾过去一百年发生的变化，从蒸汽机、电力机到计算机，新的生产工具迭代和诞生，出现了新的行业、新的发展模式、新的思想和理论。

软件行业从最初的 CMM、敏捷到 DevOps，不断进化，推动该过程的是背后的技术和工具，是新的编程语言和新的工具链支撑了生产力的变革，而生产力的变革同时支撑新的生产关系，加快了微服务的团队、全功能团队的诞生。

图 1.16 是华为基于 CodeArts 的研发体系，包含从软件的需求到代码托管、编译构建再到发布的全过程。在十年前，所有的过程都分散在不同的团队，由不同的开发人员去完成，十年后，一个 DevOps 的深度践行者就可以完成，因为新的工具、新的 IT 系统给所有开发者提供这样的变化，云的最大特点就是自服务，可以通过自服务提供方方面面的能力。

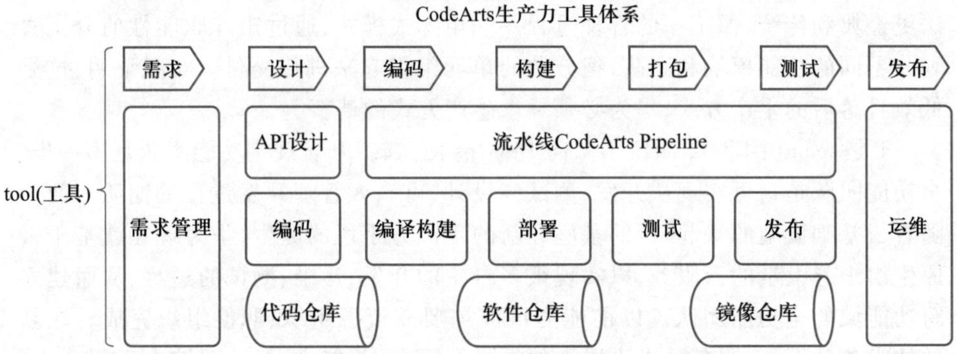

图 1.16　华为基于 CodeArts 的研发体系

图 1.16 也是 CodeArts 研发的自实践过程。从代码提交到代码生产环境上线的端到端全过程，在十年前是不同的团队、不同的角色分时间点完成的，现在可以在几分钟内完成，因为所有的软件系统都高度集合和整合，新的开发平台也提供给开发人员一种模式，也提供了这样的能力，让团队可以实现整个价值流的串接。而最重要的是流水线技术的应用，因为流水线技术背后的思想理论就是加快软件生产的价值流以实现快速迭代，流水线技术的成功也表明软件开发团队可以将碎片化的时间整合起来，提高团队的软件开发生产力。

O 是 operation（运维），新的生产工具带来新的生产关系。《科技想要什么》一书中说道，生物在不断地演进和发展，也有生命的存续。运维和运营就是维护生物不断存续的过程。

在华为的定义中，5G 叫作万物连接，2G、3G、4G 完成人和人之间的连接，通过多媒体的信息手段完成人和人之间的联系，5G 的带宽和快速响应可完成物和人、物和物之间的连接，未来的软件如果是不联网、不连接和不在线的软件，这个软件将没有生命力。如何让软件一直在线并保证其生存，是众多运维人员的核心任务，而基于华为云的基础设施提供了众多集成化运维服务，使运维人员有了更便捷的技术手段，个人、小团队、大团队也都能轻松地完成软件运维，这是运维的变化。

运维、运营不应局限于现有的状况。在《DevOps 理论》一书中，业务的原意是 business,连接到客户。业务表面上是技术,实际上是 business,运营需要依赖平台和平台的支撑才能高效完成连接客户这个过程,让服务更好地生存,而 DevOps 就成为了最佳实践,运营通过 DevOps 高效连接客户,快速形成商业的闭环,让业务持续为客户创造价值。

1.5.4 华为 CodeArts 的转型之路

今天,华为大多数产品线都实施了精益开发,并打造了内部精益开发平台,以及对外的商业化 DevOps 平台产品,但华为内部大规模向 DevOps 转型的路程却有诸多坎坷。

回顾华为研发历程,软件工程经历了三代:第一代是软件作坊时代,没有规范的流程作指导;第二代是过程控制时代;第三代从 2001 年开始,随即进入了敏捷、精益和 DevOps 时代。这三个时代每个时代历时 20 年。

华为也经历了三个时代历程。1998 年之前,华为采用小作坊模式,那时称为“游击队”,没有流程,靠人力资源堆砌。八年之后,华为认识到和业界相比,华为的人均产出较低,决策层意识到必须要引入先进的流程,因此引入了集成产品开发(integrated product development,IPD)流程,于是从 1999 年开始,华为进入了重型控制时代。从 2008 年开始,华为引入敏捷,这是第三个时代,被称为特种兵时代,到 2015 年时,华为已经在绝大多数产品线部署了持续交付流水线,并实施 DevOps。

DevOps 没有标准化的定义,业界对 DevOps 有很多种定义。华为对 DevOps 的定义写入了 2014 年的年报:DevOps 是 Development 和 Operations 的组合,起源于软件开发的一种方法,以促进软件开发、技术运营和质量保证等部门间的沟通和协作为目标,具有 5~10 倍的产品上市周期(time to marketing,TTM)和效率优势。但随着 DevOps 理念的发展,DevOps 已经超越了一种研发模式的范畴,更侧重商业模式的变革,而很多行业也会走向 DevOps 模式。比如,装备制造业可以从卖制造设备走向卖制造服务,如同云服务的客户从购买产品走向购买服务一样,种种大服务的模式将重新构建客户和供应商之间的商业关系。

DevOps 对华为来说不只是覆盖软件研发,尽管 DevOps 是从软件研发模式开始发展起来的。DevOps 会超越软件行业,成为很多传统制造业的商业模式的变革方向。很多传统行业的厂商希望从做设备向做服务转型,如果没有 DevOps 就很难做到,DevOps 能够赋能这些传统企业实施这样的转型,从而实现商业模式的变革。华为想做 ICT 转型、云化转型,没有 DevOps 是无法实施的,所以从 2014—2015 年开始,DevOps 在华为全公司范围内发展。目前大部分产品线都应用了 DevOps,尤其是云产品。

华为 CodeArts 向 DevOps 转型也经历了漫长的过程。

华为 CodeArts 是一个 DevOps 一站式平台,是典型的云化互联网产品。CodeArts 是从华为内部孵化出来的创业产品,生存过程像创业公司一样艰难:团队一开始只有部门负责人和一位开发者,没有其他资源和团队,因为在华为,只有证明商业价值才能得到资源和团队。而随着 DevOps 的深入实施,两年后,CodeArts 发展成为了百人以上的团队。

华为 CodeArts 作为一个互联网创业团队,并非从第一天开始引入 DevOps 做工程能力的建设,整个创业历程非常艰辛,一步一步推进。很多创业公司都是在错误的阶段做错误的事情,导致现金流断裂而“死亡”,CodeArts 也是按照这些步骤,一开始只有两个成员,进而慢慢地获取资源。而 CodeArts 是从内部孵化的对外产品,具有一定的技术基础而非从零开始。华为内部本身就有 DevOps 平台,但是内部和对外产品不同,内部的业务场景非常复杂,因为内部的产品线都是数百人甚至更大的规模,而外部所面临的目标客户群体都是小公司或中型企业,一个项目只有几个或几十个人,因此对内的平台不能直接对外发布,需要进行简化以适应目标客户群体。

何时开始做对外的 DevOps 产品是个重要问题,过早投资 DevOps 会造成很大的浪费,因为产品和市场尚不匹配,还需要探索商业模式,但也不能过晚,如果达到这个产品与市场适配点之后很长时间还没有投资 DevOps,就没有办法规模化扩张团队,也就没有办法满足正在爆发的市场。因此,CodeArts 在达到产品和市场适配之前,就投入了微服务和 DevOps 的建设,以现在的视角回望过去,这是十分正确的决定。

DevOps 是华为构建一体化平台的框架,框架并不只是平台本身,其既包括理念又包括管理流程,工具只是 DevOps 的一部分,但只有工具还远远不够,最终还是人去工作。华为的管理流程应用了 Scrum、看板,在内部产品线还用了规模化敏捷,在华为叫作产品级敏捷。华为并没有完全复制标准的 Scrum,而是结合自身进行取舍,在组织结构上,华为所有产品线都在做全功能团队,端到端覆盖全部流程环节。将华为 CodeArts 构建为 DevOps 一站式平台面临许多挑战,正如康威定律所言:系统架构受制于组织结构的沟通方式,而很多公司的实际情况是组织结构决定了系统架构,但系统架构又很难改变,试图改变组织结构时又发现组织结构受制于系统架构。因此很多公司尝试做 DevOps 转型时,最后总是因为架构的原因很难持续推进。DevOps 与 CodeArts 的关系如图 1.17 所示。

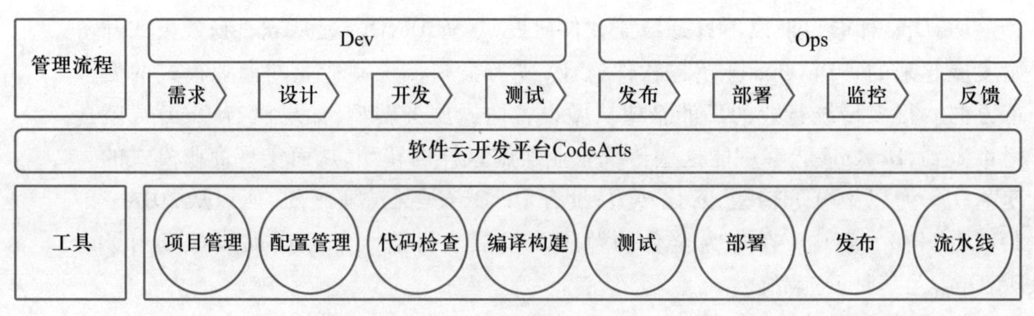

图 1.17 DevOps 与 CodeArts 的关系

以华为 CodeArts 团队为例,在达到产品和市场适配之前采取微服务架构恰如其分,因为其不需要建设复杂的组织结构,微服务架构完全能支持组织的规模化,但是对于很多传统企业来说,有很多层次化、职能化分工的组织结构。如果能将架构服务化,就会逐渐发现很多层次的决策人员和管理人员的价值被淡化了。在华为,很多产品线都采取微服务,至少做架构服务化。原先很多经理做团队之间的对齐、计划、协调,召集所有的 Scrum 团队一周开几次会以对齐节奏。采取微服务后,这些活动变得不必要,甚至这些角色的价值也被淡化了,因为每个团队都非常独立,无须再找中间人拉通对齐。现有的传统组织结构,其存在有必然的历史原因,但并非存在即合理。本质上如果将架构做服务化,现有的组织结构中的很多层级实际上就渐渐不再需要了。此外,华为的另一个侧重点是构建全功能团队,华为对全功能团队有自己的定义。华为有这样的特点:任何一个方法论,在华为有自己的定义,这个定义和业界的定义可能不完全一致。总的来说,全功能团队在华为的定义是:能够对特性、部件或者架构完整地实施规划、需求、设计、开发、测试并独立交付、运维的项目型团队。华为所有产品都在向这个方向发展。

在华为 CodeArts 团队引领下,CodeArts 实现了迭代三重奏实践:产品经理计划两周的需求,用户体验设计(user experience design,UED)人员设计一周,开发人员开发一周。团队实施迭代三重奏的本质原因是受制于一个约束:UED。根据约束理论,一个系统的效率受制于这个系统的约束环节,约束环节可能不止一个,约束环节决定整个系统的产出效率。团队的 UED 设计师属于公共资源,不专属于为一个服务工作。当团队实施了 DevOps,交付效率提升之后,但是其他环节没有提升,而没有提升的环节自然就成为约束环节,比如 UED 设计师的设计速度不能像开发人员每周上线特性一样迅速,因而设计人员的效率无法跟上团队的脚步。在这种情况下,将设计人员和开发人员的节奏错开。设计师需要专注,设计是一个创造性的过程,尤其是大特性的设计需要给予专注的时间。UED 有一周的时间专注设计,设计产出隔一周给开发人员作输入,从而解决了瓶颈,同时没有额外添加设计师。

CodeArts 迭代过程中的管理流程是全价值流看板,由于每个服务都是全功能团队,不依赖其他团队,每个服务都建立自己的看板,设计、开发、测试、上线所有流程,因此所有人都可以非常清楚项目进展,产品经理也可以便捷地监控需求的流转。当实施了微服务和全功能团队之后,服务之间偶尔会有依赖,会需要另一个服务提供接口,如果完全没有依赖就不能成为一个产品,这时只需要点对点沟通即可,比如编译构建服务团队需要项目管理服务团队提供接口,无须将所有服务的人员召集起来开会,只需要做点对点的对齐即可。

在介绍华为 CodeArts 团队和 CodeArts 产品的迭代过程后,可以得到实施 DevOps"三步走"中的第一步:从左到右建立价值流。不仅从管理流程上建立,还要从技术实践上建立。实施 DevOps 的第二步是:从右到左建立快速的持续反馈。由于每个服务都以全功能团队为单位组建,因此每个团队都可以建立自己的持续交付流水线以快速获得反馈。实施 DevOps 的第三步是:建立高度信任的持续学习和实验的文化。文化看似虚无缥缈,实则非常重要。实际上文化并不是做

DevOps 转型就能建立的，文化是这个企业自带的基因，文化是企业创始人个人价值观的放大和延展。每天的工作实际上都在渗透价值观，如果想将文化固化在企业里，则必须在每天的工作中得以渗透，否则文化就只能停留在纸面。华为有两个重要的关于“长期坚持自我批判”的文化的实践。其一是质量回溯：当发现质量问题时立即召开质量回溯会议，团队一起讨论，深究问题出现的本质原因，以及如何避免再次产生同样的问题。其二是事后回顾：回顾迭代过程中的改进点，不断进行学习和实践。

华为如何实施规模化的精益 DevOps 转型呢？

在华为，所有的项目都在尝试着某些能力提升的实践。华为十年前就开始做敏捷，过去十年一直在尝试各种能力提升的实践，到现在全面实施 DevOps，是因为华为从诞生之初就有自上而下的危机感，有不断创新和变革的勇气，而让华为变得更卓越的是过去三十年所凝练的变革策略：① 将危机感和紧迫感植入组织。华为本身就有很强的危机感和紧迫感，需要不断植入，时刻唤醒团队的危机感和紧迫感，以更高的目标要求团队，牵引团队做得更好。② 自上向下设定能力提升目标，利用明确的量化目标牵引得到团队成员的支持。③ 固化实践形成文化，让文化在华为传播，成为每个团队的内生驱动力。

本章小结

本章首先介绍了系统的概念、分类和软件系统发展趋势，为软件系统分析与设计作铺垫。软件系统分析与设计是一项复杂的工程，持续周期长，在这样的艰巨任务中，系统所有者、用户、分析设计人员等作为软件系统的重要参与人员，各自承担着不同的任务，需要有清晰而明确的工作职责，这是推动后续工作的基础。在早期，作为经典软件过程模型的典型，瀑布模型广为人知，覆盖了软件分析、设计到维护的全过程；后续出现的增量模型、迭代模型等对其不足之处做了修改；而真正影响了软件工程领域的是面向对象的思想，从设计到实现，以及统一建模语言和敏捷开发这一软件过程管理方法，它们使软件开发过程变得有组织、更系统、更适应需求的变化。

在一个软件系统的生命周期中，首先是需求分析与可行性分析，其次是系统开发过程中的分析、设计和实现部署，最后是形成产品并用于支持实际的业务，为用户提供各类服务。而在现实业务的运营过程中，系统不断频繁变更，发布新特性，为保证系统的稳定性和可靠性，运维的重要性不言而喻，这引发了业界对软件系统研究的新的侧重点——软件系统开发和运维必须配合得更紧密。

华为 CodeArts 是集华为多年积累的前沿研发理念、先进研发工具为一体的一站式云端 DevOps 平台，开发者可随时随地在云端进行项目管理、编译构建、测试、发布等，管理了软件开发全过程，实现了整个过程的可视、可控、可度量，提供了端到端支持，全面支撑个人开发者和企业落地 DevOps，帮助各类用户建立软件开发一站式生产线，助力中小企业完成数字化转型。在后续章节中，读者可以跟随本书的指引，利用华为 CodeArts 平台开发自己的软件项目，并完成测试和发布。

本章习题

一、判断题

1. 软件系统是程序和文档的集合。(　　)

2. 软件工程由软件需求工程和软件系统设计组成。(　　)

3. 面向对象方法和面向对象建模语言的出现极大地促进了软件系统分析与设计的发展。(　　)

4. 软件系统分析人员和设计人员都代表软件系统的技术专家角色。(　　)

5. 系统所有者就是项目经理。(　　)

6. 瀑布模型是线性顺序的软件生命周期模型，各阶段没有任何重叠。(　　)

7. 快速原型模型的主要优势是可以很好地适应需求变化，降低需求不明确带来的风险。(　　)

8. 喷泉模型是一种以用户需求为动力、以对象为驱动的模型。(　　)

9. 面向对象方法由 OOA 和 OOD 组成。(　　)

10. 敏捷开发方法一般也被称为“轻量级方法”。(　　)

二、填空题

1. 1968 年，北大西洋公约组织的诸多计算机科学家在联邦德国召开的国际学术会议上第一次正式提出了(　　)。

2. 为了解决“软件危机”，计算机科学家和业界联合提出了(　　)。

3. (　　)模型是“软件危机”产生后第一个出现的生命周期模型，覆盖从软件分析、设计、编码、测试到维护的全过程。

4. (　　)模型侧重于快速开发软件系统的原型，并基于用户反馈不断修改完善原型系统，细化软件需求。

5. (　　)模型表现为将每个阶段进行更细的划分和灵活设计，通过风险管理进行驱动，整体形式上表现为瀑布模型的多次迭代。

6. (　　)模型表现为分析和设计没有严格的边界，允许有一定的相交，也允许从设计回到分析。

7. (　　)模型提供了可定制的软件工程的过程框架，支持过程定制、过程创作和多种类型的开发过程。

8. 20 世纪后期，(　　)方法和技术变得流行，逐渐成为主流软件开发方法。

9. (　　)方法是一种面向模型的分析设计方法，侧重于构建软件模型，以可视化的方式分析问题。

10. Scrum 开发流程中的三大角色是(　　)、(　　)、(　　)。

11. (　　)的核心是用户故事、持续集成、(　　)等一系列落地的实践，该方法尤其重视工程实践。

12. 敏捷统一过程总体上由先启阶段、精化阶段、(　　)和(　　)四个连续的阶段组成。

三、思考与实践

1. DevOps 理念的提出是为了解决怎样的问题？请进入华为云官网，初步体验软件开发生产线(CodeArts)。

2. 阅读 UML 相关著作，分析 UML 在软件系统分析与设计中的核心优势，并思考其有何不足。

3. 什么是敏捷开发方法？请选择一种你最了解的敏捷开发方法，并分析其优势和劣势。

4. 模型驱动开发方法的核心优势是什么？请选择一款低代码平台，并创建一个简单的应用。

5. 调研如腾讯、百度等互联网企业所使用的软件开发方法，并撰写一份简要的调研报告。

6. 收集各大互联网企业或知名科技公司关于软件工程师岗位的招聘信息，分析该岗位的核心要求，并结合自身情况拟一份学习计划。

7. 阅读一本软件工程领域的经典著作(如《敏捷软件开发：原则、模式与实践》《人月神话》《领域驱动设计：软件核心复杂性应对之道》《软件建模与设计：UML、用例、模式和软件体系架构》)，提交一份学习心得。

第二章　需求获取

需求获取是软件系统进入实际开发的第一步,是需求分析的前提。在这一阶段,开发者、用户之间为了定义新系统而进行深入交流,以获得系统必要的特征或用户能接受的、系统必须满足的约束。

由于用户对新系统已有总体考虑,但通常不具备软件开发的技术和经验,而开发者对用户及其相关领域知识了解较少,如果双方对新系统的理解出现较大偏差,通常在开发后期才会被发现,导致系统交付延迟或难以使用。因此,需求获取的目标是提高开发者与用户之间沟通的能力,建立软件设计人员与用户之间的有效沟通,进而构造应用系统的领域模型,得到一系列用自然语言描述的原始需求文档。

本章主要以 Web 应用开源项目 JPetStore 为案例,同时穿插使用了日常生活中常见的软件案例,以方便读者理解。

【学习目标】

(1) 记忆常见的传统需求获取方法,如问卷调查法、访谈法、观察法、体验法等。
(2) 理解各种交互式需求获取方法,应用交互式方法收集需求。
(3) 应用非干扰式方法独立地收集需求,尤其在客观条件不理想的情况下。
(4) 分析交互式方法与非干扰式方法在需求获取中各自的侧重点。
(5) 理解非传统需求获取方法,并加以应用。

【学习导图】

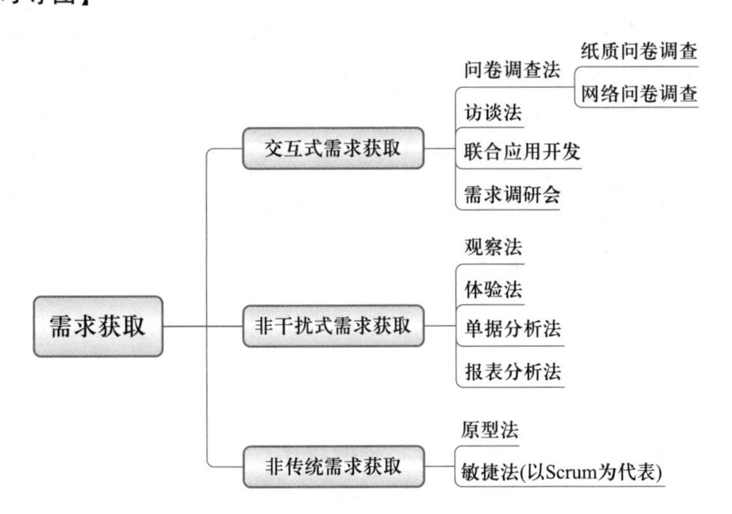

2.1　交互式需求获取

开发新产品或新项目时，首先需要思考的就是如何高效获取足够多的原始需求。作为需求工程的核心要素，需求获取自然是项目经理高度重视的环节之一[18]。闭门造车显然是不行的，那么一般常见的需求获取方法都有哪些呢？

需求获取技术主要分为"交互式方法"和"非交互式方法"两类，本章将在2.1和2.2两节分别对这两类需求获取技术中的重要方法进行详细阐述。

2.1.1　问卷调查法

采用间接式的问卷调查法进行需求收集，调查者与被调查者不必直接见面，只需被调查者自己填答问卷，因此需求分析师不需要亲临工作现场，也不需要与每位用户不断地沟通，是一种高效的需求获取方法。

问卷（又称调查表）以问题的形式系统地记载调查内容，其核心是收集涉众对于某个特定问题的态度行为、特征价值观点或信念等信息而设计的一系列问题。问卷调查法（又称问卷法）是调查者运用统一设计的问卷向被选取的调查对象了解情况或征询意见的调查方法。

根据载体的不同，问卷调查可分为纸质问卷调查和网络问卷调查。纸质问卷调查就是传统的问卷调查，调查公司通过雇佣工人来分发这些纸质问卷以回收答卷。这种形式的问卷存在一些缺点，即分析与统计结果比较麻烦，成本较高。网络问卷调查就是用户依靠一些在线调查问卷网站，这些网站提供设计问卷、发放问卷、分析结果等一系列服务。这种方式的优点是无地域限制，成本相对低廉；缺点是答卷质量无法保证。目前，国外的调查网站SurveyMonkey和国内的问卷网、问卷星、调查派等都可以提供这种方式。

按照问卷填答者的不同，问卷调查可分为自填式问卷调查和代填式问卷调查。自填式问卷调查按照问卷传递方式的不同，可分为报刊问卷调查、邮政问卷调查和送发问卷调查；代填式问卷调查按照与被调查者交谈方式的不同，可分为访问问卷调查和电话问卷调查。相较于面对面调查、电话调查、邮寄调查、电子邮件调查等传统方式，二维码调查方法打破了传统的被动式调查方法在设备、时间和环境上的限制，受访者可以随时随地使用随身携带的移动终端设备扫码参与调查，大大减少了调查对象参与调查的阻力与成本，而且通过断点续答功能（回答部分内容退出后下次登录可继续回答），还能有效地利用调查对象的碎片化时间。

问卷调查的类型有：

（1）书面调查，即调查者用书面的形式提出问题，被调查者也用书面的形式回答问题；

（2）抽样调查，即被调查者通过抽样方法选取，且调查对象一般较多；

（3）定量调查，即通过样本统计量推断总体；

(4) 标准化调查,即按照统一设计的有一定结构的问卷所进行的调查。

【案例 2.1】 在宠物网店 JPetStore 案例中,需求分析师小春将问题细分为个人基本情况、爱宠信息、购买渠道等模块,进而设计如下问题。

(1) 您的性别、年龄、职业、目前生活的城市?(目的:了解涉众的基本数据)

(2) 您目前的家庭月收入或月生活费是多少?(目的:判断目标用户)

(3) 您喜欢哪类宠物?(目的:在网站中设置有针对性的推广模块)

(4) 您养宠物的原因是什么?(目的:判断使用本网站的主要目的)

(5) 您最关心哪些与宠物相关的方面?(目的:确定本网站的需求)

(6) 您是否使用过宠物网站?(目的:竞品分析)

(7) 您通常通过哪些渠道了解各类宠物信息?(目的:判断网站推广的有效渠道)

(8) 您一般采用何种方式完成宠物交易?(目的:明确最佳交易方式)

(9) 对于宠物网站,您最想要的五项功能有哪些?请按需求重要性排序。(目的:获得用户核心需求列表)

在需求获取中,问卷调查法的具体步骤是:(1) 根据前期的系统目标,通过必要的现场调查,详细地采集与目标达成有关的各种要素和指标相关的数据和资料;(2) 列出所有相关的影响和制约工作绩效的要素及具体的指标,并进行初步筛选;(3) 用简洁精练的语言或计算公式,对每个相关要素(指标)概念的内涵和外延做出准确的界定;(4) 根据调查的目的和单位的具体情况,确定调查问卷的具体形式、所调查对象和范围,以及具体的实施步骤和方法;(5) 设计调查问卷;(6) 发放调查问卷;(7) 回收调查问卷。

【案例 2.2】 在宠物网店 JPetStore 案例中,需求分析师小春参考以下步骤完成需求获取的问卷调查。

(1) 基础信息采集:本系统为宠物网店,核心目标在于达成尽可能多的宠物成交量和尽可能高的用户评价,影响该目标达成的主要元素为宠主与宠物,因此软件需求分析师需要采集尽可能多的宠主与宠物的相关信息。

(2) 获取用户:由于现阶段并无真实产品,无法通过真实用户获取用户信息,因此可以通过添加养宠微信(或 QQ)群、问卷广场公共平台等渠道来寻找目标用户。

(3) 设计调查问卷:基于如案例 2.1 中的调研问题,完成相应的调查问卷。

(4) 发放问卷:制作宠物网站的线上问卷,将相应链接发放到目标用户群。

(5) 回收问卷并总结以下问题。

① 多数用户没用过宠物类 App,可以看出宠物类 App 的开发存在一定的市场需求缺口,但市场中也存在一些公众号或小程序可以实现宠物购买等相似功能,而且相对于 App 来说,公众号或小程序有更轻量化、简单易用、不占用手机空间等优势。

② 爱宠人士大多喜欢通过晒宠进行社交,但微信朋友圈因为既面向朋友,也面向同事和上司,并不能满足爱宠人士的晒宠热情;进入一个特定的晒宠圈子,

可以发布多余的爱宠信息，让更多爱宠人士看到并购买，这是大多数爱宠人士喜闻乐见的。同时，爱宠人士还关心以下问题：希望有专业的医师进行线上指导，协助签署购买协议、进行安全担保；希望平台能鉴别哪些人是宠物贩子等。

③ 目前大多数爱宠人士主要的宠物获取渠道首先是朋友赠送，其次是在宠物店购买、通过线下宠物活动或咸鱼购买、公众号推荐，也有的在朋友圈、豆瓣小组等购买宠物。

④ 爱宠人士购买宠物最关心的是疫苗是否齐全、宠物是否绝育、宠物的健康保障期；其次是配送方式，大多更希望同城自取；也有用户提出：如果是购买，则应该了解购买所需的条件、方式和流程。

⑤ 多数爱宠人士购买宠物主要是觉得宠物可爱，找个陪伴或精神寄托；有强烈爱心、只想收养流浪宠物的占比较少。

⑥ 问卷结果显示女生养宠较多，最喜欢猫，其次是狗，其他宠物主要还有鱼。

问卷调查法的优点有：① 以设计好的问卷工具进行调查，标准化的问卷和低成本的实施方式可以进行大规模调查，节省时间、经费和人力；② 问卷的设计要求规范化并可计量，使得调查结果容易量化，便于统计处理与分析，也便于进行数据挖掘；③ 现有的相关统计分析软件有助于数据分析，有些甚至能直接用于设计问卷。

问卷调查法的缺点有：① 需求获取是立足现在、服务未来的，需要了解用户的意图、动机和思维过程，这类问卷调查往往效果不佳或问题设计难；② 问卷多包含开放式问题，采用由用户自己填答问卷的方式，调查结果广而不深，其质量和回收率常常得不到保证，分析和统计等工作也会受影响。

2.1.2　访谈法

作为最容易入手、使用最多的需求获取方法，访谈法以口头形式，根据被询问者的答复搜集客观、不带偏见的事实材料。

根据是否有定向标准化程序，访谈法分为结构式访谈和非结构式访谈。结构式访谈（又称标准化访谈）是一种对访谈过程高度控制的访谈，严格按定向的标准程序进行，访谈对象必须按照统一的标准和方法选取（一般采用概率抽样），访谈过程也高度标准化（即对所有被访者提出的问题、提问的次序和方式以及对被访者回答的记录方式等是完全统一的），通常采用统一设计、有一定结构的问卷以保证这种统一性。非结构式访谈是没有定向标准化程序、半控制或无控制的自由交谈。

正式的访谈过程一般包括访谈对象确认、访谈准备、访谈实施、访谈结果整理、访谈结果确认等过程。

（1）访谈对象确认

在正式访谈之前，选择和谁访谈是访谈的第一步。比如，面比较广的访谈需要选择何种访谈群体，面比较窄的个体访谈需要选择何种访谈个体，这些都会影响其后访谈的内容和效果。

（2）访谈准备

① 为了对访谈的主要目标和主要内容有明确的认识，访谈前要准备一组“访谈提纲”（如表2.1所示），以保证每次访谈能覆盖调查的主要内容。“访谈提纲”一般采用简练明确的词语或短句的形式写在卡片或笔记本上，用作在访谈过程中指导提问和检查遗漏的依据。但“访谈提纲”不是一成不变的，需要根据实际访谈过程中所认识到的问题进行适当的调整和增删。

表2.1 访谈提纲

1. 简要的用户画像	
姓名：	行业：
性别：	单位：
职位（职责）：	主要业务/产品：
2. 访谈主题和要点	
这个需求现在是如何完成的？	
这个需求现在有什么问题？	
对上述每个问题：为什么会出现？现在是如何解决的？希望怎么解决？	
3. 用户环境描述	
涉众有哪些？	
这些涉众的知识背景是怎样的？	
这些涉众的计算机知识背景和操作技能如何？	
这些涉众使用过目标系统这种类型的应用软件系统吗？	
用户现在使用的是什么平台？	
用户是否打算更换平台？如果是，则用户计划采用什么平台？	
用户对软件系统操作培训有什么期待？	
4. 非功能性需求的评估	
用户在什么时间使用待开发系统？	
用户对软件系统的用户友好性有什么要求？	
用户对软件系统的维护有什么要求？	
用户对软件系统的安全性有什么要求？	
用户对软件系统在正常运行和使用方面有没有特别的要求？	
5. 收集需求信息的扼要复述和确认	
对用户说：“您刚刚告诉我的是这些……”	
对用户说：“我有没有遗漏的需求信息？”	
对用户说：“您还有没有需要补充的？”	
对用户说：“对于待开发的软件，还有没有我们没谈到的其他方面？”	

续表

6. 总结性提问
再次对用户说:"您还有没有需要补充的?"
对用户说:"如果我后面想到其他问题,可以打电话或发邮件给您吗?"
对用户说:"我将本次访谈获得的需求信息整理后,可以请您确认吗?"

② 访谈前应尽可能详细了解被访者的基本情况和主要特征,比如年龄、性别、职业、文化程度、家庭背景、兴趣爱好等,以便于访谈员根据实际情况采取适当的角色姿态,增加与被访者的共同语言,缩小与被访者的心理距离,建立融洽轻松的访谈关系,也可以使访谈员对被访者在访谈过程中所谈的各种情况有一个更为准确、客观的理解。

③ 访谈的时间和地点的确定应该以被访者方便为主要原则。在访谈前,访谈员应该事先与被访者进行联系,向被访者说明访谈目的和内容,并和被访者就访谈次数、时间长短及保密原则达成协议。

【案例 2.3】 在宠物网店 JPetStore 案例中,需求分析师小春在一位宠主小夏的猫舍中进行又一次的访谈,小夏愉快地与小春分享了她的工作日常和宠物交易的常规流程。准备离开时,小春无意瞥见一份刚打印的《猫粮使用协议》,上面有猫舍、宠物医院和猫粮供应商三方的签名。

小春敏感地察觉到这里面一定有以前访谈没有涉及的业务需求,于是问道:"您以前好像没有提到这份《猫粮使用协议》,这份文件与您的工作有什么关联吗?"

小夏:"这份文件是前几天刚签的,因为我们终止了与原猫粮供应商的合作,新的猫粮供应商是与我们长期合作的宠物医院推荐的,所以我们就要求签署这样一份三方协议来保证猫粮品质,就算是一种宠物保险吧。"

小春:"这种类似的保险在猫舍是常见的吗?"

小夏:"据我所知并不多,因为大多数猫舍还是基于口头承诺。但是猫粮对于猫的健康来说是十分重要的,猫舍的选择对于猫粮供应商来说也是很关键的,因为很多猫一旦在幼时适应某种猫粮就会长时间食用这种猫粮,因此我觉得签署这样一份协议还是很有必要的。"

小春根据这次访谈过程中的这一突发事件,决定将"宠物食品使用协议"这一需求作为重点内容写入访谈记录文档,并突出标注以提醒团队注意。

(3) 访谈实施

① 在进入正题之前,可以先谈谈访谈对象身边的、较熟悉的事情,以消除拘束感,便于将话题逐步引向访谈的内容,这样可以创造有利于访谈的气氛。此外,开始提出的问题在内容上应该是比较简单的,而且提问的速度应该慢一点,以使被访者有一个逐步适应的过程。

② 在被访者回答问题的过程中,访谈员要专心听,并认真记笔记,给被访者一种正式感、受尊重感和谈话有价值感。在这一过程中最关键的因素是:访谈

员的目光要恰当地同被访者保持接触,既不能埋头记笔记,而忽视了通过目光同被访者进行交流,又不能长时间将目光停留在被访者脸上,造成被访者的紧张感和不自在感。要使自己的目光在笔记本和被访者这两者之间自然地往来,随时让被访者感到软件需求分析师在认真、注意地听取他的谈话、意见和看法。

③ 掌握正确的记录方法。访谈通常采用两种方式进行记录,一种是当场记录,一种是事后记录。当场记录即边访谈边记录,这是访谈员较多采用的一种方式。在当场记录中,应该有重点、有选择地进行记录。主要做法是:对被访者讲述的事件、列举的实例,特别是事件或实例中的时间、地点、人物、状况、性质等,要尽量完整地记录;对被访者关于某一问题所表示的观点、对某一现象的主要态度、主要见解等,要准确地记录,并且最好能记下原话,而不要用自己的话去"概括"或"归纳"被访者的话;对于被访者在回答中的一些过渡性语言、承接性语言、重复性语言、口头语等,则不要记录。记录时,对不同问题的回答,以及对不同事件、不同方面、不同内容等的回答,都要在形式上明显地分开,各自形成单独的一段,而不要不分层次、不分段落、不留空隙地从头到尾记录。事后记录是在访谈结束后,靠回忆进行追记的方法。它的优点是不会影响访谈时访谈员与被访者之间的互动,并有利于消除被访者的心理压力和紧张感。但其缺点是所追记的资料往往很不全面,遗漏之处较多,且所记内容不确切。如果被访者不介意,理想的方法是使用录音机进行现场录音。这样,访谈员在访谈时就可以全身心地关注访谈主题,关注被访者的回答,而不用分心去记录。访谈结束后,要及时根据录音对资料进行整理,因为此时整理还可以回想起访谈时的情景,尤其是访谈员当时的感受和认识,如果时间一长,访谈员的自我感受可能就会淡忘。

(4) 访谈结果整理

访谈结束后,需要对访谈结果进行整理,如有必要,还可以电话交流。整理访谈结果不仅需要完成访谈报告,而且需要对访谈结果进行分析、对比,得出分析报告,通过分析报告得到结论。

(5) 访谈结果确认

访谈双方需对访谈结果达成一致,此过程不需要正式确认签字,通过邮件甚至头口确认均可。

访谈法的优点有:① 访谈的开展较为简单,经济成本较低;② 能获得包括事实、问题、被访者观点、被访者态度等各种信息类型在内的广泛内容;③ 通过访谈,需求工程师可以与涉众(尤其是用户)相互之间建立友好关系。

访谈法的缺点和局限性有:① 访谈比较耗时,时间成本较高;② 访谈者的记忆和交流能力对结果影响较大,访谈的成功在很大程度上依赖于需求工程师的人际交流能力;③ 交谈中常见的概念结构不同、模糊化表述、默认知识、潜在知识和态度偏见等各种问题在访谈中都不可避免,进而影响访谈的效果,导致产生不充分的、不相关的或者错误的数据。

2.1.3 联合应用开发

IBM 的 Chuck Morris 和 Tony Crawford 在 20 世纪 70 年代末提出了联合应用开发(joint application development,JAD),JAD 通过一连串的合作研讨会(即 JAD 会议),将目标系统的涉众(可能是系统分析师、企业架构师、解决方案架构师、软件开发人员、管理人员等)聚集在一起,高效地获取需求。

JAD 是一种前馈会议,用来帮助参与者吸取信息、做出决策、计划后续工作,有助于让持有各种观点的涉众在各类问题上尽快取得合理共识。角色分配是让集体成员专注于分内工作的重要手段,JAD 常见角色有项目经理、与会者、协调员、记录员。其中,协调员的职责是(和项目经理一起)策划会议、协调会议中的交流、帮助准备文档、会后加速跟进事宜;与会者对会议内容有话语权和决定权,选择合适的与会者是 JAD 会议成功的关键因素,不恰当的与会者难以得到正确的解决方案。

【案例 2.4】 在宠物网店 JPetStore 案例中,基于 JAD 的基本思想,需求分析师小春设计了网站开发团队负责人、猫舍主人、宠主、JAD 会议协调员、JAD 会议记录员这五个 JAD 角色。

网站开发团队负责人负责考察用户需求在实现层面的可行性,猫舍主人从卖家角度提供与宠物交易相关的所有信息与用户需求,宠主从买家角度提供与宠物交易相关的所有信息与用户需求。

JAD 会议协调员由小春本人担任,因为她熟悉相关各方,又需要继续跟进本项目。

JAD 会议记录员是本项目之外的第三者,安排了两名,以保证记录尽可能客观和全面。

一次成功的 JAD 包括如下步骤。

(1) 准备会议。该步骤中最重要的部分是确定会议目标和指导与会人员。首先,拥有妥善描述的会议目标可以让与会者做好会议准备,帮助项目经理和协调员确定会议策略和长度,并且保证讨论切题。鉴于其重要性,虽然会议目标通常由协调员和项目经理共同商定,但仍需在会议早期在更大范围内进行讨论和核实。其次,会前协调员需要明白每个人可能对集体带来的影响,尤其是首次参加的团队或成员。

(2) 引导议程。即协调员需要充分了解业务需求,决定让何人在何时发言,在讨论陷入困境时进行头脑风暴,在讨论变得激烈或对抗时维持秩序,并且控制会议内容不跑题。

(3) 生成文档。即记录员需要积极捕获其他 JAD 角色引出的各类需求,生成如表 2.2 所示的 JAD 需求获取表,并妥善保留最终文档和中间讨论要点。

表 2.2　JAD 需求获取表

需求编号(年月日-涉及员工号-需求编号):
需求类型:
需求来源: 需求提供者的所在单位、所属部门、所在岗位和联系方式: 需求产生者的所在单位、所属部门、所在岗位和联系方式: 涉众背景资料(受教育程度、岗位经验、与本项需求相关的经验):
需求场景(产生本项需求的用户活动的时间、地点、环境等):
需求成因(为何会有本项需求?其动机是什么?本项需求能帮助各类用户解决什么问题?能满足用户何种心理或生理需要?):
需求验收标准(尽量采用量化指标):
需求权重信息(重要度、紧迫度等):
需求关联的人(影响本项需求或受本项需求影响的涉众): 需求关联的物(与本项需求相关的软件、设备等): 需求关联的事(影响本项需求或受本项需求影响的用户业务):
需求获取中用到的参考资料:
竞品分析: 竞品对本项需求的实现方式: 用户对竞品在本项需求的评价:

相较于传统方法,JAD 有以下优点:① 成倍地加快了开发速度,将拥有不同观点、来自不同知识域、专注于不同关注点的利益相关者聚集在一个个研讨式的 JAD 会议上,集体讨论可能满足需求的最佳解决方案;② 增大了用户的满足感,因为用户参与了开发的全过程;③ 所有与会者将对各类需求达成一致,且所有需求均以书面形式提出,以便于后续开发。

2.1.4　需求调研会

需求调研是指通过用户访谈、可用性测试、问卷调查、数据分析等方法,对目标系统进行定性和定量的分析,目的是依据需求调研的结果,进行下一步的需求分析和软件设计工作[19]。需求调研会活动如图 2.1 所示。

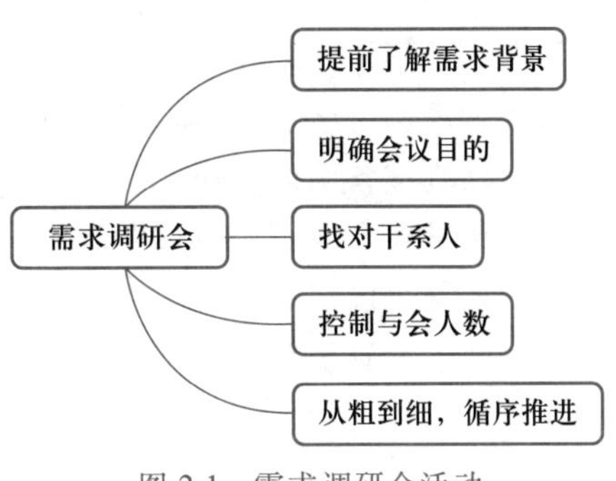

图 2.1　需求调研会活动

在需求采集过程中,需要与用户进行需求调研,其难点在于如何高效地组织需求调研会,一次理想的需求调研会通常由以下步骤组成。

（1）确定参会对象：需求调研时必须找对干系人。如果忽略了重要的干系人，遗漏了他们的需求和意见，后期就可能面临推翻之前工作的窘境。因此，需要充分了解用户的组织结构、涉及软件使用的部门、参与调研的部门和人员、关键涉众等，尽可能获得用户上层的支持，自上而下地开展需求调研会，从而有利于降低需求获取的难度。

（2）准备会议：完成调研计划的确认、调研背景资料的准备这两方面工作，此阶段的工作质量将对能否顺利开展需求调研起到关键保障作用。

（3）现场调研：根据调研计划完成各项需求调研任务，并取得用户认同。

（4）整理会议结果：调研结束后要完成会议纪要、主要需求信息的确认和跟进等工作。

【案例 2.5】 在宠物网店 JPetStore 案例中，小春在某次需求调研会结束后就会议结果做了整理，形成如表 2.3 所示的表格。

表 2.3　需求调研会记录表

<table>
<tr><td>会议主题</td><td colspan="4"></td></tr>
<tr><td>会议时间</td><td colspan="2"></td><td>会议地点</td><td></td></tr>
<tr><td>会议方式</td><td colspan="2"></td><td>主持人</td><td></td></tr>
<tr><td>与会人员</td><td colspan="4"></td></tr>
<tr><td>会议纪要</td><td colspan="4">（1）痛点：
（2）目标：
（3）范围：
（4）期望上线时间：
（5）非功能性需求：
（6）相关干系人及其要求：</td></tr>
<tr><td colspan="5">后续事项</td></tr>
<tr><td>序号</td><td>待办事项</td><td>事项说明</td><td>负责人</td><td>相关要求</td></tr>
<tr><td></td><td></td><td></td><td></td><td></td></tr>
<tr><td>会议纪要审核人</td><td colspan="4"></td></tr>
<tr><td>其他情况</td><td colspan="4"></td></tr>
</table>

采用需求调研会法时，需要注意以下事项：

（1）认真准备调研工作，确定参会人员到席，从而保证会议的效果；

（2）尽量找到与调研目标匹配的直接/关键干系人进行调研和确认；

（3）控制会议节奏，保证会议按部就班进行，避免跑题、超时；

（4）需求调研重在收集需求，而不是提供解决方案。

2.2 非干扰式需求获取

2.2.1 观察法

所谓观察法，就是需求调研者自身前往工作现场，观察他人是如何工作的，比如做了什么、采用何种工具、何时填写了何种单据、制作了何种报表等。常见的观察法有采样法（传统、简单的观察方法）、情景法（深入到用户中，长期、浸入式的观察方法）、话语分析（对用户之间交谈行为的观察）、协议分析（对用户任务的观察）、任务分析（专门针对人机交互行为进行的观察）等。

【案例 2.6】 在宠物网店 JPetStore 的需求获取过程中，小春决定对猫舍的工作环境及交易过程采用“被动观察技术”，即观察者观察从业者做事，但不提问；观察者写下所看到的，直到所有流程完成后才开始提问；观察者可能观看多次，以确保自己明白了整个流程是如何工作的，并知道为何要这样做。

小春先确定观察的用户级别（专家、熟练工还是初学者）和要观察哪些活动，再准备好需要提出的问题。接着她来到猫舍，并对当天在场的所有人员进行自我介绍，说明自己不是来找他们的问题，只是来学习工作流程，以消除用户的抵触心理；同时告诉用户，如果感觉工作被打扰，她可以立即停止观察行动。然后小春开始观察，并详细记录她所看到的每个环节。

观察结束后，小春得到之前准备的问题的答案，也在观察期间发现并记录了一些新出现的问题，并将观察到的内容汇总后反馈给被观察者。当观察的是多个用户时，小春还需要分清楚哪些问题是共性的、哪些是个性的。

最后，小春反复检查记录及总结，确保覆盖的内容代表的是整个工作流程，而不只是个体。

观察法适用于以下情况：(1) 用户无法完成主动的信息告知，或者用户与需求工程师之间的语言交流无法产生有效结果；(2) 用户无法完成主动告知的原因归结于事件的情景性，此处的情景性是指某些事件只有在和发生时的具体情景环境联系起来才能得到理解。

观察法的主要优点是：(1) 能通过观察直接获得资料，不需要其他中间环节，因此观察获得的资料比较真实；(2) 是在自然状态下的观察，能获得生动的资料；(3) 观察具有及时性的优点，能捕捉到正在发生的现象；(4) 观察能搜集到一些无法言表的材料。

观察法的主要缺点是：(1) 受时间的限制，即某些事件的发生是有一定时间限制的，过了这段时间就不会再发生；(2) 受观察对象限制，如研究青少年犯罪问题，有些秘密团伙一般不会让别人观察；(3) 受观察者本身限制：一方面，人的感官都有生理限制，超出这个限度就很难直接观察；另一方面，观察结果也会受到主观意识的影响；(4) 观察者只能观察外表现象和某些物质结构，不能直接观察到事物的本质和人们的思想意识；(5) 不适用于大面积调查。

2.2.2　体验法

所谓体验法，就是需求调研者亲自到相关部门去顶岗，做一段时间的业务工作，有了亲身体验自然更容易理解这个岗位的工作。

【案例 2.7】　在宠物网店 JPetStore 案例中，小春为了更好地理解猫舍的运作特点，专门花费一天时间去小夏的猫舍体验了幼猫介绍员这一岗位。

小春发现这一岗位首先需要了解市面上流行的所有猫品种（而不仅限于小夏猫舍已有的猫），因为买家可能需要对不同品种的猫进行全面对比来决定自己购买哪个品种的幼猫，而此时如果介绍员说不上来或者说得不够专业，就会引起买家对猫舍专业度的怀疑；其次需要十分熟悉猫舍已有和在售的幼猫，能够准确地说出每只幼猫自身的性格特征、生活习性及其父母的品种性格等；还需要从言谈举止、衣着服饰等方面敏锐地判断出买家的购买动机、性格特点、经济情况、生活模式，以期作出最准确的人猫匹配。

小春接待了一家三口，女儿想要一只温顺可爱的布偶猫，但双职工父母认为长毛猫饲养起来太麻烦。小春判断一只性格温顺、外形可爱、身体健康、容易打理的短毛猫最适合这个家庭，于是向他们推荐了店里正在促销的一只已打完三针疫苗的英短蓝猫，这个提议瞬间得到一家人的认可。

通过这个案例小春认为，最好在宠物网站上设计一个人宠匹配算法，以提升网站的用户体验和成交率。

体验法最大的优点就在于对业务的理解比较深刻。因为采用这种方法的需求分析人员成为了某业务岗位的一员，相当于自己帮自己制作软件，那么对于需求的把握就十分具体真实了。例如，若要开发一个医院管理系统，就去从事一段时间的医生、护士、挂号员等工作，其所获取的需求偏离用户需求的可能性会大大降低。

而事实上，这种方法使用得很少，因为其缺点也十分明显：耗时费力、成本较大。从学习某项工作，到自己上手操作，再到熟悉业务的各个方面，最后到深刻领悟其中精髓，时间太短无法实现，时间过长则投入成本太大。

2.2.3　单据分析法

单据分析法是指分析用户当前使用的纸质或电子单据，通过研究这些单据所承载的信息，分析其产生、流动的方式，从而熟悉业务，挖掘需求。在没有信息化管理系统时，一个组织的单据体系就是它的信息体系，填写单据的过程就是信息录入的过程，单据传递的过程就是信息流转的过程，最终单据进入的档案室就是数据库。因此，通过分析单据来获得关于信息管理的需求可以获得事半功倍之效。

单据分析法的第一项工作是收集单据，此环节不只是简单地将单据从用户处获取，还需要注意以下事项：(1) 收集单据要全面，宁可错收一把，不可放过一个；(2) 收集单据的过程也是很好的调研过程，收集者应该亲自前往工作现场，一边收集，一边观察，一边访谈；(3) 只收集用过的单据，重点关注单据中已经填写的内容；(4) 每种单据需要收集多张，不同填写者的填写内容、方式可能不同，因此需要收集多则 20 张，少则 5~6 张。

单据分析法的第二项工作是分析单据，其核心在于对单据上的所有字段进行分析，但由于单据上的数据往往来自用户的业务运作过程（有的环节甚至具有较强的专业性），因而一旦将单据分析透彻，公司整体运行过程也基本了解清楚，使得分析单据成为一项颇具难度、但回报也高的工作。

单据的分析与收集在现实需求获取过程中往往是并行的，可以从以下方面着手。

(1) 厘清每个单据的源头：了解单据是由哪个部门的哪个岗位发出的。

(2) 厘清单据的流动路径：单据流动有多种常见方式，有些单据在流动的过程中会出现分叉。

(3) 厘清每个字段的前因后果：分析每个岗位对每个单据做了什么，获得什么信息，对工作有何帮助。

(4) 注意边角上的不正规内容：单据的边角甚至背面也可能填写内容，这往往意味着当前的管理方式已经发生变化。

【案例 2.8】 在宠物网店 JPetStore 案例中，小春在小夏的猫舍中发现一些货物验收单，包括了各种商品（如猫粮、猫砂、猫用具等）的品名、规格、单位、数量、单价、金额等字段。她认真地看了这些单据，发现一个很奇怪的情况：小夏在一些单据的单价中写了很长的数字，精确到小数点后四五位。小春认为一般来说精确到小数点后两位即可，为什么小夏需要如此高精度的单价呢？这种情况是宠物交易必须的吗？

小夏说因为不同商品在不同时间会有一定的波动，所以为了准确把握每种商品的价格，她习惯性地采用加权平均的方式来处理商品单价。

小春觉得这种处理方式很合理也很有创新性，因此就如何使用加权平均法来处理商品价格的问题与小夏进行了深入的交流。

单据分析法的最后一项工作是整理单据，即使用一些规范的方式对收集的所有单据进行统一整理，以备后续使用。例如：将所有单据制作成电子文档，分类编号存储，再建立相应的索引文件，以利于后期的查找和使用；或者开发一个专门针对单据管理的小型软件系统，使得用户可以通过相关链接加载的方式访问相关单据。

2.2.4 报表分析法

不同于财务领域的报表分析，需求获取中的报表分析法是通过分析用户使用的报表来引导需求的获取。报表是一个信息系统的集大成者，分析正在使用的报表，可以深入管理者的管理神经，弄清楚当前管理者感兴趣的信息，加深理解公司的管理脉络，有助于全面、准确地获取信息系统的最终需求[20]。

尽管都来自用户的业务过程，但单据和报表是有本质区别的。

- 单据:单据是在业务处理过程中用户填写的纸质文件,往往代表一个信息采集、传递的过程。
- 报表:报表则是根据一定的规则对批量数据进行检索、统计、汇总的文件,代表一个信息加工、分析的过程。

在分析报表之前,需要了解生成报表的触发条件。在业务层面:(1) 领导有临时要求时,相关责任人根据收集的信息制作;(2) 到某个周期性的时间点时,例如随处可见的日报、月报等;(3) 发生某个事件时,例如订单完成后,需要给用户出具一个与该订单相关的分析报表。在系统层面:(1) 根据用户录入的查询条件(例如日期范围、部门等)生成报表,是最常用的一种方式,大多数报表都是这样制作的;(2) 到某个时间点时,系统自动生成报表并储存在数据库中;(3) 在空闲时间段运算生成报表并储存在数据库中。

【案例 2.9】 在宠物网店 JPetStore 案例中,小春调研了由两家宠物医院发展出来的一家猫舍,在宠物医院和猫舍的共同负责人 Emma 处看到一些报表。其中,小春发现有几种关于宠物罐头的统计表很类似:宠物医院 A 有一个"处方猫罐头统计表",宠物医院 B 有一个"处方狗罐头统计表",猫舍有一个"处方猫罐头使用情况统计表"。

在对报表信息和统计逻辑进行分析后,小春认为这三种报表其实是同一种,其信息来源和计算方式都是一样的,只是生成条件(部门:宠物医院 A、宠物医院 B、猫舍)不同而已,完全可以合并成一种报表。

报表分析对需求获取而言是很重要的,因为分析报表不但可以保证需求获取信息的完整度,还可以了解待开发目标系统的管理模式。

2.3 非传统需求获取

2.3.1 原型法

需求阶段得到的结果是软件开发其他阶段的必备条件,需求阶段的一个偏差就可能导致软件项目无法达到预期的效果。因此,需求分析在大中型软件项目中得到重视,但小型软件项目往往容易因为其较为简单而发生以下需求相关的失误。

(1) 轻视用户和开发人员之间的沟通。需求获取是用户和开发人员双方沟通的第一步。在小型软件项目中,由于双方都认为需求比较简单,对需求的描述产生一定的轻视,因而只用几句简单的话来描述。但实际上即使需求调研时用详细的文字很完善地说明,用户与开发人员之间还是会存在或多或少的理解差异。因为文字性描述总是缺乏精确性,更何况只是几句简单的描述。实际上,就算是小型软件项目,其需求获取也可能是最困难、最关键、最易出错的部分,因为用户可能会对软件开发过程不熟悉或对自己的需求表达不清楚,而开发人员对用户的业务流程不熟悉。在这种情况下,开发人员如果仅通过问/答(甚至只听不问)的方式是无法获取真正需求的,因为可能用户也不清楚自己想要什么。而且对用户表达的同一需求，不同的需求调研人员可能会有不同的理解，而如果需求调研人员的理解出现问题，就可能导致后期大量的返工和修改。

【案例 2.10】 在宠物网店 JPetStore 案例中，小春作为网站研发人员之一，明白她所在团队实现的每一项功能都必须能够供互联网上的陌生人使用，因此她应该为这些人考虑，深入思考功能的本质。

以用户管理层为例，他们希望提高网站点击率，想法十分具体；但他们只会看列表、数字和电子表格，并不关注也不了解软件自身的复杂性。那么仅关注“网站点击率”这个任务，小春认为可以从网站终端用户和关注这个指标的人两个角度来看“提高网站点击率”这个相对主观的需求。

对最终用户来说，也许可以让他们多点击一次免责声明，这很容易实现，但这些提高点击率的功能对用户来说可能是没有意义的，因而违背了软件需求工程中始终将最终用户放在第一位的基本思想。

对考虑需要网站点击率的人（如产品团队或其他利益相关者）来说，他们只会看到一个数字，但并不关注这个数字是什么意思，是否有实质性的意义，除点击率外是否有更好的方法衡量网站价值。其实这时可以建议他们，最好统计一下用户点击率以及点击之后的操作，也许他们会表示赞同。于是就可以达成用户和开发人员之间的深度交流。

基于此，为了有效沟通，小春认为应该正确地提问。无论是初级开发人员还是高级开发人员，很多“程序猿”（code monkey）在拿到一个任务后，会立即投身到编写代码的工作中。而一名出色的需求分析人员必须学会提问题，并深入理解想要实现的目标，因为一个句子的解读方式可能有成百上千种，只有了解为什么要实现这个功能，才能更好地看到问题和将来造成的危害。

（2）需求在开发前没有被准确地描述。有时连用户对自己的需求也只有模糊的感觉，或常常说不清楚具体的需求。例如，用户可能十分善于叙述其目标、对象以及想要前进的大致方面，但对于其想要实现的细节却不够清楚和难以确定。于是用户会要求需求分析人员替他们设想需求，但需求分析人员要想详细而精确地定义用户心中的需求无疑是很困难的。结果常常是系统开发完成后，用户却认为这不是他们需要的。

（3）用户需求变更频繁，造成开发模式日渐紊乱。随着时间的推移，用户会对系统的界面、功能和性能等方面提出更高、更多的要求。例如，在项目开发过程中，用户随时会提出一些新需求，有时是在开发阶段中，有时是在开发阶段后。而且这些需求往往与之前的不一致，导致开发中不断补充的需求使项目越来越庞大，以致开发超时、超支。

原型法（prototyping）是指在获取一组基本需求之后，快速地构造一个能够反映用户需求的初始系统原型，让用户看到未来系统的概貌，以便判断哪些功能是符合要求的，哪些方面还需要改进，然后不断地对这些需求进一步补充、细化和修改，依次类推，反复进行，直到用户满意为止并由此开发出完整的系统。简单地说，原型法就是将需求获取、系统分析和软件设计合而为一，不断地运行系统的“原型”来进行揭示、判断、修改和完善需求的分析方法。

原型法是一种循环往复、螺旋式上升的工作方法,更多地遵循了人们认识事物的规律,因而更容易被人们掌握和接受。原型法强调用户的参与和主导作用,通过开发人员与用户之间的相互作用,使用户的要求得到较好的满足。不但能及时沟通双方的想法,缩短用户和开发人员的距离,而且能更及时、准确地反馈信息,使潜在问题被尽早发现并及时解决,增加了系统的可靠性和适用性。

原型法的基本过程如下。其流程图如图 2.2 所示。

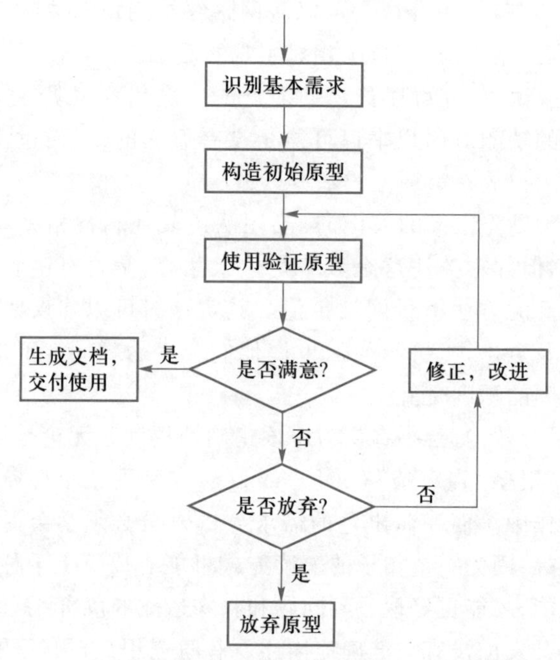

图 2.2　原型法流程图

(1) 快速分析,弄清用户的基本信息需求:原型法的第一步是在需求分析人员和用户的紧密配合下,快速确定软件系统的基本要求。也就是将原型所要体现的特性(界面形式、处理功能、总体结构、模拟性能等)描述为一个基本的规格说明。快速分析的关键是选取核心需求来描述,先放弃一些次要的功能和性能,尽量围绕原型目标,集中力量确定核心需求说明,从而尽快开始构造原型。本步骤的目标是编写一份简明的骨架式说明性报告,能反映用户对需求的基本看法和要求。这时用户的责任是首先根据系统的输出来清晰地描述自己的基本需要,然后和需求分析人员共同定义基本的需求信息,讨论和确定初始需求的可用性。

(2) 构造原型,开发初始原型系统:在快速分析的基础上,根据基本规格说明应当尽快实现一个可运行的系统。原型系统可先考虑应当必备的待评价特性,暂时忽略一切次要的内容(例如安全性、健壮性、异常处理等)。如果这时为了追求完整而将原型做得太大,一是需要的时间太多,二是会增加后期的修改工作量。因此,提交一个好的初始原型需要根据系统的规模、复杂性和完整程度的不同而不同。本步骤的目标是建立一个满足用户的基本需求并能运行的交互式应用系统。在这一步骤中用户没有责任，主要由开发人员负责建立一个初始原型。

(3) 用户和开发人员共同评价原型：该阶段是双方沟通最为频繁的阶段，是发现问题和消除误解的重要阶段。其目的是验证原型的正确程度，进而开发新的原型并修改原有的需求。由于原型忽略了许多内容和细节，虽然它集中反映了许多必备的特性，但从外观上看可能还是残缺不全。因此，用户可在开发人员的指导下试用原型，在试用的过程中考核和评价原型的特性；也可分析其运行结果是否满足规格说明的要求，以及是否满足用户的期望；还可纠正过去沟通交流时的误解和需求分析中的错误，增补新的要求，或提出全面的修改意见。

(4) 形成最终的管理信息系统：如果用户和开发者对原型比较满意，则将其作为正式原型。经过双方继续进行细致的工作，将开发原型过程中的许多细节问题逐个补充、完善、求精，最后形成一个适用的管理信息系统。

【案例 2.11】 在宠物网店 JPetStore 案例中，小春认为可以采用原型法进行需求获取，她设计出五个任务来完成这一流程。

任务 1：根据案例 2.1 和案例 2.2 的问卷，开发一个简单的宠物网站（第一代）。

任务 2：以任务 1 开发的宠物网站（第一代）作为原型，团队成员结对找到真实的调研对象，设计新的问卷，进行新一轮需求调研。

任务 3：采用适当的建模方法描述任务 2 所获取的新需求，请调研用户进行复查，再运用 Visio 建模。

任务 4：完成一份简单的需求规格文档，从用户画像、功能需求、性能需求、验收标准等方面进行简明扼要的阐述，并在功能需求部分开发出相应的动态网页，作为新一轮的网站原型。

任务 5：以任务 4 开发的宠物网站（第二代）作为原型，团队成员结对重新寻找真实的调研对象，再次设计新的问卷，进行新一轮调研，循环至用户满意度达成既定阈值为止。

原型法的优点有：① 符合人类认识事物的规律，系统开发循序渐进，反复修改，确保较高的用户满意度；② 开发周期短，费用相对少，应变能力强；③ 用户参与了系统全过程的开发，知道哪些有问题、哪些是错误的、哪些需要改进等，能消除用户的担心，提高了用户参与开发的积极性；④ 由于用户参与了开发过程，因此有利于系统的移交、运行和维护，减少用户的培训时间。

原型法的缺点有：① 因为需要大量运算复杂、逻辑性较强的程序模块，很难通过简单的了解就构造出一个可供用户评价和提出修改建议的模型，所以原型法不适用于大规模系统的开发，只适用于小型、简单、处理过程比较明确、没有大量运算和逻辑处理过程的软件；② 开发过程管理要求高，整个开发过程要反复经过“修改—评价—再修改”；用户过早地看到系统原型，误认为系统就是这个模样，易使用户失去信心；③ 开发人员易将原型取代系统分析；④ 缺乏规范化的文档资料。

2.3.2 敏捷法

在网络应用越来越发达的现在,软件需求也在迅速更迭,如何迅速对用户提出的要求进行修改、添加以及调整呢?这就需要针对需求获取的敏捷法。敏捷法是一种应对需求快速变化的软件开发方法,本书以Scrum为例来说明敏捷法在需求获取中的应用。Scrum是一种迭代式增量软件开发过程,是当今使用最广泛的敏捷框架之一,但它并不是敏捷开发的全部,而且并非所有的Scrum都是敏捷的。Scrum框架可用于管理专为5~9人的跨职能小型团队而设计的工作,团队的工作将被分解为若干可在统一时间内完成的行动,称为"冲刺"。迭代式就是一层一层更迭代换,在迭代式开发方法中,整个开发工作被组织为一系列短小的、固定长度(如3周)的小项目,被称为一系列的迭代,每一次迭代都包括定义、需求分析、设计、实现与测试。采用这种方法,开发工作可以在需求被完整地确定之前启动,并在一次迭代中完成系统的一部分功能或业务逻辑的开发工作。再通过用户的反馈来细化需求,并开始新一轮的迭代[21]。

通常,当大型项目可以分解为若干2~4周的冲刺时,即可采用Scrum。Scrum非常看重反馈循环,并通过"回顾"的方式建立这一循环。Scrum的非正式座右铭就是"检查和适应"。其他敏捷框架(尤其是看板)的历史比敏捷宣言还早,但是,这些框架之所以归类于敏捷框架,是因为它们倡导与敏捷宣言相同的价值观。Scrum团队由Scrum管理员、产品负责人和开发团队组成。

(1) Scrum管理员是团队领导和设施提供商,帮助团队成员遵循敏捷实践,以便团队成员满足用户要求。其负责以下工作:实现所有角色和功能之间的紧密合作,清除所有的阻碍,保护团队免受任何干扰,与组织合作,跟踪公司的进度和流程,确保正确利用敏捷流程(包括计划的会议、每日站立会议、演示、复审、复审会议、促进团队会议和决策过程)等。

(2) 产品负责人是从业务角度运行产品的人,负责以下工作:定义要求并确定其价值的优先顺序;设定发布日期和内容;在迭代和发布计划会议中确保团队正在努力实现最有价值的要求;代表用户的声音;接受符合完成定义和定义验收标准的用户故事等。

(3) 开发团队是自组织的,没有人可以决定开发团队如何将产品积压变成潜在可发布的功能。开发团队是跨职能的,团队作为一个整体,拥有创造产品增量所需要的全部技能。Scrum不认可开发团队成员的头衔,无论承担哪种工作他们都是开发者,无一例外。开发团队中的每个成员可以有特长和专注领域,但是责任归属于整个开发团队。

【案例2.12】 在宠物网店JPetStore案例中,小春希望尝试使用敏捷法来进行需求获取。于是她首先安排团队会议,进行初步的项目业务需求分析;接着在团队中合理地划分角色和任务(即若干可以并行的工作),因为Scrum的关键在于并行的争夺;划分每个人的角色和任务后,即开始确定产品订单、冲刺订单和燃尽图。这样任务被一层层分解,而每一次迭代周期的变更就是一块小任务的完结。

作为产品负责人,小春发现敏捷法中存在一个十分具体的问题:客户愿意花多少时间解决问题?一般的敏捷开发试图构架一个美好的乌托邦:客户与开发团队“把酒话需求”,大家一起在白板上愉快交流,最后达成共识,形成所需要的解决方案。整个想法认为:通过沟通,客户就可以和开发团队一起思考所有需求及其如何实现,前期定调,最终产品也能通过验收。但是很多时候,客户只希望通过几次文件讨论就能沟通好需求,而开发团队也没有那么多时间和客户交流。小春认为常见做法之所以常常出问题,是因为开发团队对客户“一问三不知”,纠缠在各种需求的不断厘清中,来回多次还是不够清楚。

因此,产品负责人首先要有足够好的沟通能力,让客户理解既要求需求被100%了解,又不想花费时间仔细讨论是不能解决问题的;其次要有忠实传达客户需求和即时决策的能力,并平衡好客户和团队理解需求的数据;再者要有能力领导一个小组去同客户面对面地讨论需求,无论是在使用者经验的设计层次上,还是在系统分析、架构设计、实操性、验证性等技术层面上,都能考虑周详。这样,需求小组能够做到即时又有效率的各层面决策,大幅缩短客户被不断打扰询问需求的总时间,客户也会乐于接受此种互动方式。

本章小结

需求获取是指软件系统开发者和用户之间为了定义新系统而收集原始需求信息,列出候选需求,理解待开发系统的使用环境,获得功能性需求,获得非功能性需求。本章以一个 Web 应用开源项目 JPetStore 为主要案例,介绍了交互式、非干扰式和非传统三大类需求获取方法。

交互式需求获取需要直接或间接地与涉众进行书面或口头的沟通,包含问卷调查、访谈、联合应用开发(JAD)、需求调研会等方法。非干扰式需求获取不需要与涉众进行任何交流,包含观察法、体验法、单据分析法、报表分析法等方法。非传统需求获取区别于传统需求获取模式,主要用于某些具有特殊之处的软件系统的需求获取,包含原型法、敏捷开发法等方法。

本章习题

一、判断题

1. 问卷调查法是间接式的需求收集方法。(　　)

2. 访谈法是最容易入手、使用最多的需求获取方法,采用书面形式。(　　)

3. JAD 是一种前馈会议,用来帮助参与者吸取信息、做出决策、计划后续工作,有助于让持有各种观点的涉众在各类问题上尽快取得合理共识。(　　)

4. 需求调研只能对目标系统进行定性分析。(　　)

5. 体验法是需求调研者亲自到相关部门去顶岗,做一段时间的业务工作。

(　　)

6. 在需求获取的各种方法中,观察法使用较少,因为耗时费力、成本较大。(　　)

7. 分析正在使用的报表,可以弄清楚目标系统实际操作者感兴趣的信息,有助于理解软件系统的最终需求。(　　)

8. 报表是在业务处理过程中用户填写的纸质文件,代表一个信息采集、传递的过程。(　　)

9. 单据是根据一定的规则对批量数据进行检索、统计、汇总的文件,代表一个信息加工、分析的过程。(　　)

10. 原型法是将需求获取、系统分析和软件设计合而为一,不断地运行系统的"原型"来进行揭示、判断、修改和完善需求的分析方法。(　　)

二、填空题

1. 按照问卷填答者的不同,问卷调查可分为(　　)和代填式问卷调查。

2. 根据是否有定向标准化程序,访谈法分为结构式访谈和(　　)。

3. 观察法是指需求调研者自身前往(　　),观察他人如何工作。

4. 单据分析法是指分析用户(　　),从而熟悉业务、挖掘需求。

5. 需求获取中的报表分析法是指通过分析用户(　　)的报表来获取需求。

6. 需求获取阶段的原型法是指在获取一组基本需求之后,快速地构造出一个能够反映用户需求的(　　),可以让用户看到(　　)。

7. 在需求获取中,原型法强调(　　),通过开发人员与用户之间的相互作用,使用户的要求得到较好的满足。

8. 在需求获取阶段使用敏捷法的主要目的在于(　　)。

9. Scrum 团队由 Scrum 管理员、(　　)和开发团队组成。

10. Scrum 管理员是(　　),帮助团队成员遵循敏捷实践,以便团队成员满足客户要求。

11. (　　)一般采用简练明确的词语或短句的形式,写在卡片或笔记本上,用作在访谈过程中(　　)和(　　)的依据。

12. JAD 在准备会议这一步最重要的是(　　)和(　　)。

三、思考与实践

1. 假设项目组需要开发一个基层党建工作网站,服务于某个居民类型复杂、人员流动性大的老社区。

(1) 如果在需求获取阶段采用问卷调查法,请设计一系列有针对性的调查问卷。

(2) 如果在需求获取阶段采用访谈法,请给出完整的访谈名单。

(3) 如果在需求获取阶段采用联合应用开发法,请给出详细的会议步骤。

(4) 如果在需求获取阶段采用需求调研法,请给出完整的参会名单。

2. 结合本书采用的 Web 应用开源项目 JPetStore,假如您受邀为一个猫舍信息管理系统的需求分析师。

(1) 如果在需求获取阶段采用观察法,请给出基本步骤。

(2) 如果在需求获取阶段采用单据分析法,请给出可能存在的单据以及具体的操作步骤。

3. 假设题1中的基层党建工作网站有“党员”“社区居民”“社区管理员”“系统管理员”等角色。

(1) 针对其中任一角色(也可以自行添加合适的角色),请给出基于原型法的需求获取方案。

(2) 针对其中任一角色(也可以自行添加合适的角色),请给出基于敏捷法的需求获取方案。

第三章　需求描述与规约

需求描述及其严格定义是软件系统构建过程的首要环节。在这一阶段将得到需求分析的关键制品(artefact),包括领域模型与用例模型。其中,领域模型即概念(类)模型,本质上是仅包含类属性及其职责描述、不包含类方法的类图。用例模型则包含以下制品。

(1) 用例图:用于从整体上展现系统应提供的功能及性能[①],以及系统运行所需的外部环境。其中,外部环境主要指系统的外部参与者。

(2) 用例文本:用于描述特定参与者使用系统功能执行其业务并获得其所期望结果的完整过程,应包含对失败和成功情形的刻画。

(3) 系统序列图:用于刻画在某个用例的语境(context)中,参与者和系统之间的交互序列;即描述参与者向系统提供数据并发出请求,而由系统处理请求后返回响应,以实现参与者期望的业务目标。

(4) 系统操作及操作契约:系统操作主要刻画系统在某个用例的语境中所提供的服务,它来自系统序列图中系统所接收并处理的来自参与者的请求。操作契约通过前置条件和后置条件的方式,描述某个用例的语境中发生某个系统操作所引发的系统状态变化,而系统状态变化则通过对象、对象属性及对象间关系的变化来反映。

本章将主要以一个比较典型的 Web 应用开源项目 JPetStore 作为案例进行介绍,其中穿插使用了人们日常生活和学习中常常接触到的银行 ATM 系统、教室设备管理系统等进行相关技术的辅助阐释,以方便读者理解和掌握。本章会细致地介绍软件系统需求分析阶段各个关键制品的详细开发过程,并描述各制品之间的前驱后继关系以及相互约束,以便读者理解和把握需求分析的本质。

【学习目标】

(1) 理解用例、类、系统操作、系统操作契约等概念。

(2) 具备需求建模的能力,系统掌握用例模型构建方法(即①~②所描述的能力)、概念模型构建方法(即③所描述的能力)、行为模型构建方法(即④~⑤所描述的能力):① 能够从获取的需求描述中发现和识别用例,并使用 UML 构造用例图;② 能够对用例进行较为系统和结构化的文字描述,并开发**高层文本用例**

---

① 根据 ISO/IEC 25010 的质量属性系统,需求可分为功能性、性能效率、兼容性、易用性等类型。普遍的做法是简单划分为功能性和非功能性两类。

(overall textual use case),在高层文本用例基础上,能对其实施增量式细化并持续识别新的子业务用例进而得到**详细文本用例**(detailed textual use case);③ 能够从详细文本用例等的描述中抽取有意义的概念,构造系统的**概念类模型**(conceptual class diagram),其中包括概念类的识别、类之间关系的定义(包括关系的类别、关系的属性和关系的性质定义)、概念类中有意义的性质的识别及其属性定义;④ 能够从详细文本用例中识别**用例系统操作**(use case system operation),并使用 UML 构造**用例序列图**(use case sequence diagram);⑤ 理解系统状态及系统状态变迁的实质,理解其霍尔三元组(Hoare triple)定义,能够针对用例序列图中的各个系统操作,运用霍尔三元组定义的思想来定义用例系统操作的**契约**(contract),并结合概念类图所定义的类和类间关系等约束条件,通过开发契约的**前置条件**(pre-condition)和**后置条件**(post-condition)来描述系统状态变迁。

(3) 了解需求分析阶段从事的开发活动。

完成需求分析阶段工作后,应能(依次)得到如下软件制品:

(1) 用例图(制品编号[①]:RA-1);

(2) 高层文本用例(制品编号:RA-2);

(3) 详细文本用例(制品编号:RA-3);

(4) 概念类模型(制品编号:RA-4);

(5) 用例序列图(制品编号:RA-5);

(6) 用例系统操作的契约(制品编号:RA-6)。

【学习导图】

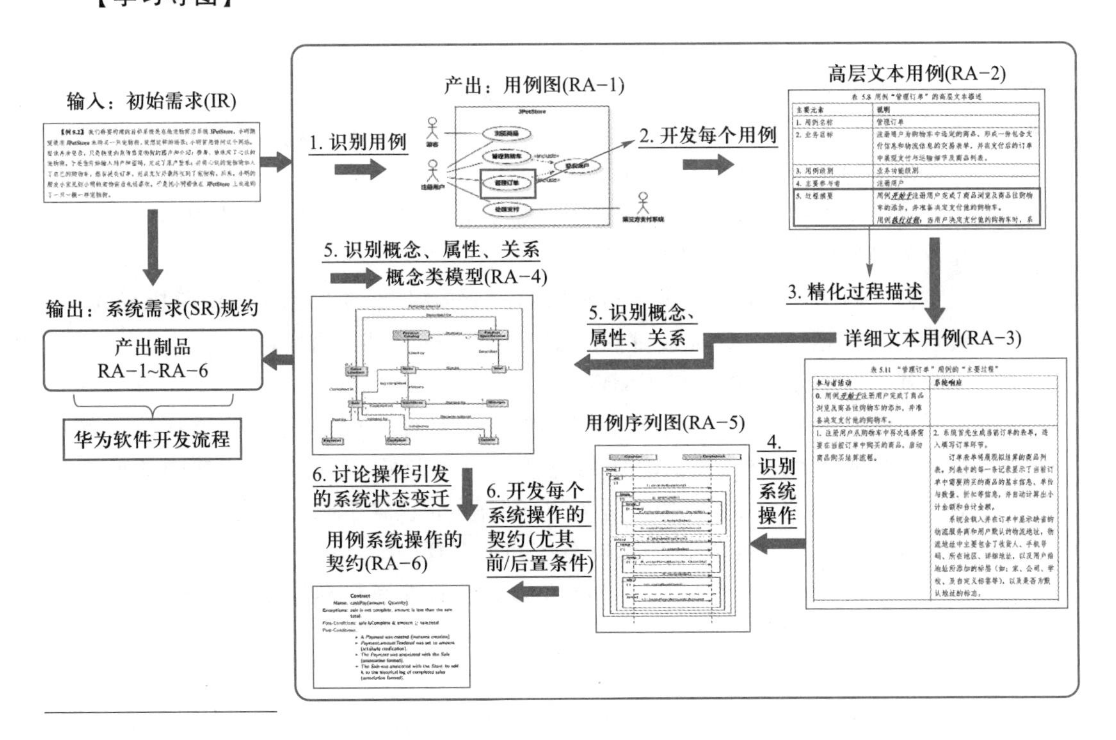

① 编号中的字母 RA 是 requirement analysis(需求分析)的缩写。

3.1 用例识别与开发

通过第二章的需求获取，读者已经得到用自然语言描述的用户需求描述。但这些需求描述未经系统化的整理和组织，可能是零散的、模糊的、不可实现的，或者某些描述之间存在不一致的情形。软件系统的设计人员无法直接基于这样的用户需求开展设计——尽管这是当前产业界许多中小企业事实上采用的软件生产方式，但本书强烈建议改进这样的软件生产方式和生产流程；而且，程序设计人员更无法根据这样的需求开始编码实现——这也是早期导致“软件危机”的根源之一。因此需要在理解既有需求描述的基础上，进行较为系统的需求整理和组织，得到结构化的需求描述，并就该需求描述同软件系统的需求方进行反复沟通和确认，以便为进一步构建以需求模型为核心制品的严格需求规约奠定基础。

本节将首先介绍用例的基本概念，继而解决其如何发现和识别问题，然后构造系统用例图（制品 RA-1）并完成用例的文本描述（制品 RA-2）。

3.1.1 用例的基本概念

关于用例的概念目前有多种定义，这里选取其中比较经典的两种。

Craig Larman 在 *Applying UML and Patterns* 一书[22]中认为：

用例（use case）就是一组相关的成功和失败场景集合，用来描述参与者如何使用系统来实现其目标。

RUP 方法基于用例创立者 Ivar Jacobson① 的思想[23]，提出：

（软件系统蕴含了）②一组**用例实例（use case instance）**，每个实例是系统所执行的一系列活动，以此产生对特定参与者具有价值的可观察结果。

从上述两个定义中，不难发现其共同点：

（1）用例围绕参与者与系统的交互来展开，即特定参与者使用系统来完成其业务目标（获得有价值结果）；

（2）用例绝不是某个业务过程中的一个步骤（活动），而是系统所执行的“一系列”步骤（活动），以“完成目标”或获得“有价值结果”为要件。

基于上述分析，本章将用例定义如下：

用例是特定参与者为达成其具体的业务目标，通过与系统交互所执行的一系列完整的活动序列；该活动序列包括从业务开始、发展到结束期间的所有活动，并获得有业务价值的、稳定持久的结果；同时包含了成功和失败的情形。

对于该定义所蕴含的要点，本章作如下阐释：

（1）用例必须是参与者与系统之间交互时的完整动作序列，而不是其中的某一步或某些步骤；

---

① Ivar Jacobson 同时是 UML 三大创始人之一，即 Grady Booch、James Rumbaugh 和 Ivar Jacobson。

② 该括号所包含的部分是编者根据对原作者思想的理解所增补的内容。

(2) 用例应围绕参与者所关心的具体业务目标,描述参与者与系统交互而产生有业务价值结果的全过程,而不是单方面描述系统能提供的功能特性;

(3) 用例通常情况下描述了正常情况下的完整动作序列(即业务执行成功的情形),但也不应忽视异常情况下的动作序列(即业务执行失败的情形)。

通过以上定义及阐释,读者应能较好地明确用例的含义,这将有助于接下来正确地识别用例。

3.1.2 用例的发现

用例是特定参与者为了达成具体的业务目标,使用系统执行的一系列完整的活动序列。软件开发项目将要构建的目标系统的业务需求,可以通过一组用例的实例(后文对用例和用例实例的概念不作区分,并统一称作"用例")来描述。为确定目标系统包含哪些用例,需要完成两步操作:(1) **用例发现**:尽可能多地从参与者与系统之间的交互活动中,发现可作为候选的用例;(2) **用例识别**:根据用例的定义,从候选用例的集合中确定合适的用例。

(1) 用例发现的方法之一:参与者目标法

参与者目标法即明确参与者与系统之间的哪些交互活动能够产生对其"有业务价值的、稳定与持久的结果"。其具体执行步骤如下。

第一步:确定系统边界

需要明确项目的建设范围和总体目标,尤其需要注意正确地限定待开发系统需要实现的功能特性,排除那些与待开发系统发生交互的外部系统。

【案例 3.1】 以在线宠物商店系统 JPetStore 为例,读者需要判定用于处理支付业务的"支付系统"(如信用卡支付系统、微信支付系统、支付宝支付系统等)是否在待开发系统的边界之内。

读者可以分析来自第二章的需求文本。宠物采购订单在确认提交之后,需要完成支付行为,其支付行为由"处理订单支付"功能来响应,它是 JPetStore 系统必备的特性,理应在该系统的边界之内。接着,"处理订单支付"开始调用信用卡支付、微信支付、支付宝支付等各种支付渠道以完成具体的支付流程。一旦支付调用开始,JPetStore 系统内部的"处理订单支付"就将控制权(控制焦点)转移给具体某个(某些)支付渠道以完成支付处理流程,它只需要在线或离线地等待各支付系统处理完成并返回结果(支付成功或者支付失败)。显然,作为第三方支付系统的信用卡支付系统、微信支付系统、支付宝支付系统不应该在 JPetStore 系统的边界之内。

第二步:确定系统的直接参与者(直接用户及外部系统)

参与者既包括使用系统的用户(一般是用户角色,而不是具体某个用户),也包括与待开发系统之间发生交互的外部系统(例如具体完成支付行为的微信支付系统、支付宝支付系统等)。

首先讨论系统用户,其又可分为直接用户和间接用户。直接用户与系统之间发生直接的业务交互,间接用户通过直接用户同系统之间发生业务交互。确定系统的主要参与者不需要包含间接用户。

确定直接参与者的方法之一,是通过分析直接使用待开发系统的具体用户角色方面来抽取,即首先找到直接使用的具体用户,而后对其角色进行抽象。

绘制一张“参与者-业务目标”表将有助于完成这项工作。该表设计为三列——具体用户、代表角色、业务目标,每列所代表的含义如表 3.1 所示。其中,“代表角色”一般情况下可以抽取为主要参与者。

表 3.1　“参与者-业务目标”表

具体用户	代表角色(参与者)	业务目标
(谁在实际使用待开发系统)	(使用待开发系统的用户属于什么角色)	(用户使用待开发系统的目的是什么)

【案例 3.2】　假设将要构建的待开发系统是在线宠物商店系统 JPetStore,小明期望使用 JPetStore 来购买一只宠物狗。设想如下场景:小明首先访问该网站,但他并未登录,只是快速浏览待售宠物狗的图片和介绍;接着他选定了心仪的宠物狗,于是开始输入用户名和密码,完成了账户登录;随后他将心仪的宠物狗加入了自己的购物车,然后提交订单、完成支付并最终收到了宠物狗。后来小明的朋友小宝见到小明的宠物狗后也很喜欢,于是委托小明帮他在 JPetStore 上也选购了一只一模一样的宠物狗。

在这个场景中,读者很容易确定具体用户是小明和小宝。但显然小明是使用 JPetStore 系统的直接用户,小宝则是通过小明使用 JPetStore 系统的间接用户。因此读者在填入“参与者-业务目标”表时,只需要关注作为直接用户的小明,而选择忽略间接用户小宝。同时需要特别注意的是,小明在使用目标系统的过程中使用过两种角色,即注册用户和非注册用户(游客)。在角色抽象过程中,不同的角色是需要进行区分的。因此,读者可以将“参与者-业务目标”表初步完善为表 3.2。

表 3.2　“参与者-业务目标”表(直接用户填入后)

具体用户	代表角色(参与者)	业务目标
小明	非注册用户(游客)	
小明	注册用户	

第三步:发现并构造候选用例集

在用例发现过程中,读者需要尽可能找出所有潜在的候选用例,这需要分析主要参与者与待开发系统之间所发生的业务交互活动,并构造候选用例集。这一阶段的主要任务并不是要直接确定“参与者-业务目标”表的业务目标,但可以将相应的交互活动均填入“参与者-业务目标”表的“业务目标”列,作为待开发系统的候选用例。当然,读者在每个候选用例后面可以用(?)进行标注,表明其是否适宜作为用例仍待后续环节的进一步识别。

从【案例 3.2】的场景描述中，读者可重点关注和分析动宾短语[①]，不难提取出主要参与者“小明”与待开发系统 JPetStore 之间所发生的业务交互活动(如表 3.3 所示)。同时需要说明的是，虽然【案例 3.2】的场景描述并未特别指出小明作为注册用户是否能够实施“浏览商品”的行为，但根据人们的生活常识，应该容易判定这是完全有可能的、合理的。当然，这需要同软件系统需求方进行确认。

表 3.3 “参与者-业务目标”表(候选用例填入后)

具体用户	代表角色(参与者)	业务目标
小明	非注册用户(游客)	浏览商品(?)
小明	注册用户	浏览商品(?)
		输入用户名和密码(?)
		登录账户(?)
		管理购物车(?)
		管理订单(?)
		处理支付(?)

通过**参与者目标法**的上述三步操作，读者可以发现用例并得到待识别的候选用例集。

(2) 另一种用例发现的方法：事件分析法

需要注意的是，通过参与者目标法找到的参与者及候选用例集并不充分，尤其是它不太适用于发现与待开发系统发生交互的外部系统类型的参与者及与之相应的业务活动。此时需要引入另一种用例发现技术，即事件分析法。

所谓事件分析法，即分析系统发生的外部事件，明确其源点或终点，以确定参与者及与之相关的业务目标。读者可参考表 3.1 构造“外部事件”表。此处仍以【案例 3.1】的描述为例，可以分析得到“外部事件”表如表 3.4 所示。请读者注意：一些参与者前面被标注了【可选】，表明响应该外部事件的参与者既不唯一，也不要求全部都要响应。此外，在“业务目标”列标注(?)的含义与表 3.3 的含义一致。

表 3.4 “外部事件”表举例

外部事件	源点/终点参与者	业务目标
外部系统被请求完成待开发系统的订单支付	【可选】信用卡支付系统	(协助)处理支付(?)
	【可选】微信支付系统	
	【可选】支付宝支付系统	

① 有许多自然语言处理工具可帮助自动化处理这一过程，如 easyCRC、TextAnalysisOnline 等。

其他常见的外部事件包括：

① 外部系统调用待开发系统的服务；

② 外部系统在线监控待开发系统的性能；

③ 外部系统在线分析和处理待开发系统的日志或错误信息等。

3.1.3 用例的识别

本小节将对上一阶段获取的候选用例进行分析识别。在讲述识别用例的方法之前，请读者思考并回答以下问题：想象你去银行的自助服务区使用 ATM 系统办理业务的场景，你可能会执行：

活动①：输入密码

活动②：登录账户

活动③：取款/转账/查询

请问：你认为①～③的活动（候选用例）中，哪些（个）适宜作为用例，哪些（个）不适宜？你作出判定的依据是什么？

回顾 3.1.1 节关于用例的定义及其含义可知，作为一个用例，需要满足对下列要素的刻画，即：(1) 完整动作序列；(2) 具体业务目标；(3) 成功与失败场景。据此思路分析如下。

① 输入密码

• 它代表了某个业务的完整动作序列吗？大多数情况下并非如此。它只是某个完整动作序列中的某一个步骤。

• 它代表了特定参与者想要实现的具体业务目标吗？同样并非如此。问问自己：今天我去银行自助区使用 ATM 系统的目的就是输入密码？这显然不合理。[①]

• 它涵盖了成功与失败场景吗？或许如此。例如：用户发现自己多输入了一个字母并立即更正，这包含失败场景及其处理。如果用户多输入了一个字母但并未发现，此时“输入密码”活动便不包含对失败场景的处理；根据人们的生活经验，在这种情况下，需要“输入密码”活动之外的“密码校验”活动来处理失败场景。

② 登录账户

• 它代表了某个业务的完整动作序列吗？或许如此。在许多情况下，登录账户只是完成某个完整动作序列（如取款流程）的一个步骤。但也不能完全否认，登录账户也可能包含了完整动作序列，例如，它开始于打开登录界面，结束于登录成功，中间流程包括输入账号、输入密码、提示验证码、发送验证码、输入验证码等。从这个角度理解，登录账户是可以蕴含完整流程的。只是相对于取款、转账、查询等活动而言，它们不处于同一个抽象层次（粒度）。

• 它代表了特定参与者想要实现的具体业务目标吗？想象一下，你家里那

① 这种方式也被称作“**老板测试**”。

位勤劳的、忙碌一上午的妻子(或母亲)没见到你,于是质问你在干什么,你回答:今天我花了一上午时间去银行自助区使用ATM系统登录账户去了。这个回答大概很难被认为是“合理”的。

- 它涵盖了成功与失败场景吗?这当然是完全有可能的。失败场景包括:密码错误时拒绝登录,并提示用户是否需要进入找回密码的流程,无该用户名时提示用户是否需要进入注册新用户的流程等。想象你回答“今天我花了一上午时间去银行自助区使用ATM系统登录账户去了”之后开始的“狡辩”:我之所以花一上午登录账户,是因为登录时总是不成功,最后还被吞掉银行卡;于是不得不求助银行柜台的工作人员,要求他们走异常处理流程帮我取回卡片,所以才耽误了一上午(显然此时“合理性”大大提升)。

③ 取款/转账/查询

- 它代表了某个业务的完整动作序列吗?是的。无论取款、转账还是查询,均包含了完整的流程。该流程开始于用户身份验证(插卡、输入密码、登录账户),完结于业务处理成功(以取款为例:取款成功、拿走钞票、取出卡片、离开银行自助区),中间包含了业务处理的中间环节(以取款为例:输入取款金额、检验账户余额、扣款吐钞、余额扣减等)。
- 它代表了特定参与者想要实现的具体业务目标吗?是的。今天上午我去银行自助区使用ATM系统的目的是取款,这是缺席上午家庭事务的非常合理的解释。
- 它涵盖了成功与失败场景吗?当然。取款流程动作序列中,许多环节都存在发生失败的可能性,都有相应的失败响应流程。

综上,输入密码显然不适宜作为用例,取款/转账/查询显然应当作为用例。而登录账户则存在争议,但它显然不适宜作为取款/转账/查询同一级别的用例。

Craig Larman在其*Applying UML and Patterns*一书中提出,允许“老板测试”中合理的违例,即作为子功能(子业务)级别的候选用例,如满足以下情形,可以考虑将其作为单独的用例。

允许违例情形:当子功能(子业务)级别的候选用例被多个用例所使用,即使它不能够通过“老板测试”,为了避免内容重复,也可将其单独作为用例,通过扩展或包含的形式连接到其他用例上。

显然,存在争议的候选用例“登录账户”则属于此类情形。取款时需要先行登录,查询时和转账时都需要使用“登录账户”的子功能(子业务)。

通过上述分析以及对违例情形的讨论,读者应能对3.1.2节所获得的候选用例集完成用例识别并确定用例,如表3.5和表3.6所示。

表3.5 “参与者-业务目标”表(用例识别后)

具体用户	代表角色(参与者)	业务目标
小明	非注册用户(游客)	浏览商品(√)

续表

具体用户	代表角色(参与者)	业务目标
小明	注册用户	浏览商品(√)
		输入用户名和密码(×)
		登录账户(√-违例条款)
		管理购物车(√)
		管理订单(√)
		处理支付(√)

表 3.6　“外部事件”表(用例识别后)

外部事件	源点/终点参与者	业务目标
外部系统被请求完成待开发系统的订单支付	【可选】信用卡支付系统	(协助)处理支付(√)
	【可选】微信支付系统	
	【可选】支付宝支付系统	

读者可反复追踪分析 JPetStore 可能的业务使用场景,按照上述两节(3.1.2 节和 3.1.3 节)关于用例发现和识别的流程,完成对整个 JPetStore 系统的用例提取。

3.1.4　开发用例图(RA-1)

通过 3.1.3 节完成了用例的发现和识别,并最终得到 JPetStore 在用户在线购物场景下的用例集合,相关结果见表 3.5 和表 3.6。接下来,本小节将根据用例识别结果开发用例图(RA-1)。用例图通过刻画参与者、用例以及它们之间的关系(包括参与者与参与者之间的关系、用例与用例之间的关系,以及参与者与用例之间的关系)来展现系统的功能。

UML 为用例图的各元素提供了相应的图形表示,常用的用例图元素的图形表示包括系统边界、参与者、用例、关系四类。以图 3.1 为例进行介绍,而图 3.1 事实上就是基于表 3.5 和表 3.6 的用例识别结果所开发的用例图。

(1) **系统边界**:图 3.1 中命名为 JPetStore 的方框代表了 JPetStore 系统的边界。系统边界展现了系统运行的上下文(context):位于边界之内的部分代表了系统本身所能提供的功能特性,所有的用例都应该位于相应的系统边界之内;位于边界之外的部分代表了使用系统或与系统发送交互的参与者。

(2) **参与者**:图 3.1 中的游客、注册用户、第三方支付系统(即信用卡、支付宝、微信的支付系统)均是参与者,其元素表示类似“火柴人”。读者可以注意到,三个参与者中,游客和注册用户位于 JPetStore 系统边界的左侧,而第三方支付系统位于 JPetStore 系统边界的右侧。

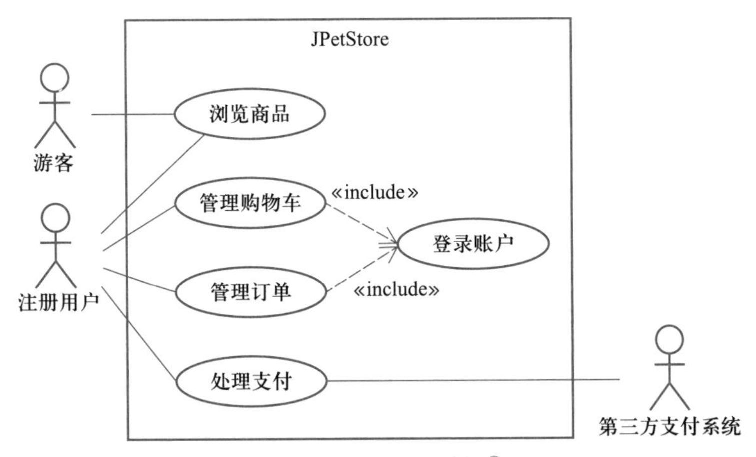

图 3.1 用例图(示例)[①]

关于不同参与者的这种左右布局并非随意确定的。前文提到,参与者可分为直接参与者和间接参与者,而用例图仅关注直接参与者;而直接参与者又可再分为**主要参与者**(primary actor)和**协助参与者**(supporting actor)。所谓主要参与者,即主动触发用例、驱动用例执行完整活动序列并实现该参与者期望的业务目标的参与者;协助参与者指的是参与用例执行过程,并为用例提供服务以协助其完成相关活动序列,实现主要参与者业务目标的参与者。在绘制参与者时,一般将主要参与者(游客和注册用户)绘制在系统边界的左侧,将协助参与者(第三方支付系统)绘制在系统边界的右侧。

(3) 用例:标准 UML 图例中,常使用椭圆来表示用例,根据表 3.5 和表 3.6 的用例识别结果,可以绘制图 3.1 中的用例,包括浏览商品、管理购物车、管理订单、处理支付,以及在违例条款下许可的用例登录账户。需要特别提醒的是,用例之间不存在流程上的先后序关系,用例内部才包含完成某个业务的活动序列[②],用例之间在业务上是相对独立的,这也体现了“高内聚低耦合”的思想。一些读者通常将用例图画成了由若干用例按先后顺序或某些业务上的逻辑关系构成的“流程图”,这是不正确的用例图构建结果。

(4) 关系:用例图中主要刻画三类关系:参与者与用例之间的关联关系(用直线表示),参与者之间的关系(泛化关系,用直线+三角箭头表示,箭头指向父类型),用例与用例之间的关系(包含或扩展关系,用虚线+箭头+<<include>>或«extend»标注表示)。各关系的 UML 图示见图 3.2。

- 关联关系:以图 3.1 为例,游客与浏览商品之间即参与者与用例之间的关联关系,第三方支付系统与处理支付之间也是参与者与用例之间的关联关系。

---

① 使用授权软件 StarUML v4.0.1 绘制。

② 初学者往往将用例图绘制成一张流程图,这是把用例内部的活动序列和用例之间的关系混淆了。用例之间主要是包含和扩展关系,而非流程控制上的先后序关系。

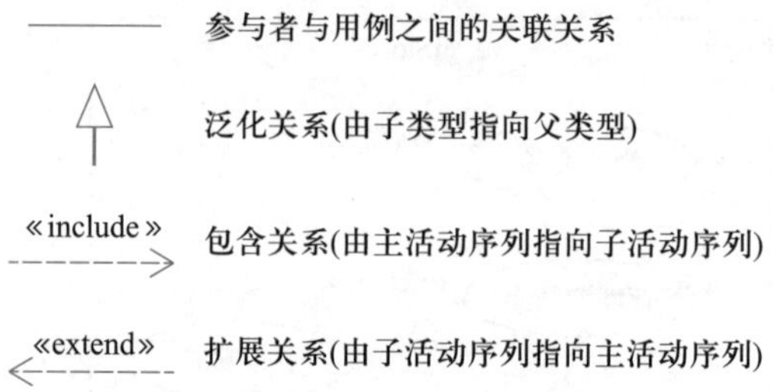

———— 参与者与用例之间的关联关系

△ 泛化关系(由子类型指向父类型)

«include» - - - - - -> 包含关系(由主活动序列指向子活动序列)

«extend» <- - - - - - 扩展关系(由子活动序列指向主活动序列)

图 3.2　用例图中常用的关系表达

● 泛化关系:为了更好地表达用例所运行的上下文,参与者与参与者之间的关系也可以表达出来。比如,游客和注册用户可以泛化一个参与者“系统用户”,即参与者游客和注册用户可以继承高层概念上的参与者“系统用户”——这种做法的实践意义在于:当初始需求分析时,可以先描述高层概念上的参与者;在后续分析环节中,再通过继承的方式来细化。

除了参与者与用例之间的关系外,用例之间的关系也需要展现在用例图中。用例之间的关系主要有以下两类①。

● 包含关系:表示为虚线箭头并在虚线上标注<<include>>,箭头的方向是从基本用例指向被包含的用例。包含关系表示某个用例在其活动序列中包含了另一个用例的活动序列,例如:在管理购物车用例中,如果要将某商品加入个人的购物车,则要求当前用户必须为注册用户,因此,在执行管理购物车用例时需要首先完成登录账户的动作序列。

● 扩展关系:表示为虚线箭头并在虚线上标注<<extend>>,箭头方向是从扩展用例指向基本用例(注意和包含关系中的箭头方向恰好相反)。扩展关系表示将一些常规的动作序列放在基本用例中,将可选的或只在特定条件下才执行的动作序列放在其扩展用例中。例如:在管理订单用例中,包含了选择购物车商品、形成采购订单、计算支付金额、提交订单等常规动作序列;在某些情况下,例如用户不确定所采购的商品是否真的是自己期望的物品,需要在拿到商品并试用后再决定是否保留;此时用户可以选择购买运费险②,来避免可能的退货损失。因此,购买运费险用例就成了管理订单用例的扩展用例。虚线箭头由购买运费险用例指向管理订单用例,并在虚线上标注<<extend>>,如图 3.3 所示(注意图中标有*的“购买运费险”用例并非根据前文用例识别的结果得到,而是为了解释此处的扩展关系而额外添加的)。

当然,此时读者得到的如图 3.1 或图 3.3 的用例图,还没有覆盖 JPetStore 系统中的所有用例。读者可以按照 3.1.3 节的方法来发现和识别其他用例,并按照

---

①　当然,用例之间还可以存在其他关系(如继承关系)。但 Flower 和 Cockburn 等世界级用例专家均认为:需求分析阶段更重要的工作并非用例图,而是接下来将要讨论的用例文本。受限于篇幅,这里不再赘述更多用例图开发的细节,感兴趣的读者可查阅 UML 规范。

②　可参考淘宝的购物流程,在购买了运费险的情况下,如果采购的商品不满意,在完成退货后,退货所产生的物流费用可由运费险的承保人赔付。

本节的用例表示法,将图 3.1 或图 3.3 的用例图补充完整。

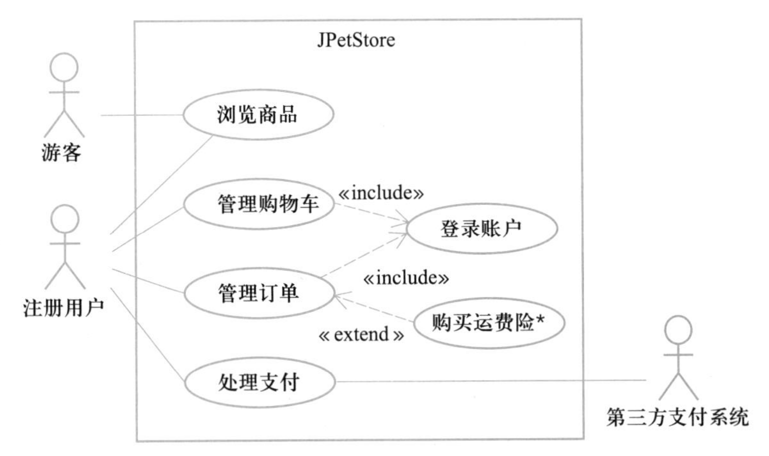

图 3.3 用例间的包含与扩展关系示例

通俗地说,通过用例图,软件系统的开发团队能够得知系统都有哪些功能特性(一个用例一般代表一个功能特性);但是,读者也应明确,通过用例图,并不能得知用例内部的动作序列如何发生——这些应该是接下来两节介绍的"文本用例开发"需要解决的问题。

3.1.5 高层文本用例开发(RA-2)

如前所述,通过用例图(RA-1),只能知道系统的主要功能有哪些,但是无法得知用例内部的动作序列,而动作序列恰恰蕴含了用例具体的业务过程。因此,相对于用例图而言,针对各用例的文本描述(RA-2 和 RA-3)提供了更多的需求细节。

虽然对用例进行的文本描述(RA-2 和 RA-3)是使用人们日常所用的自然语言来完成的,但这并不意味着这种自然语言的文本描述是随意进行的;相反,它通常是结构化的,结构化的文本描述有助于更好地组织和展现用例文本。在软件工程的实践过程中,使用最广泛的用例文本的结构模板是 20 世纪 90 年代由 Alistair Cockburn 所创建的模板:

```
Use Case: <number> <the name should be the goal as a short active verb
phrase>
Goal in Context: <a longer statement of the goal, if needed>
Scope: <what system is being considered black-box under design>
Level: <one of: Summary, Primary task, Subfunction>
Primary Actor: <a role name for the primary actor, or description>
Priority: <how critical to your system / organization>
Frequency: <how often it is expected to happen>
```

本节参考了该模板,并根据高层描述的需要进行了裁剪和增补,本书采用的模板如表3.7所示。

表3.7　用例高层文本描述模板

主要元素	说明
1. 用例名称	用例名称与先前识别的用例名称一致
2. 业务目标	主要参与者执行本用例期望达到的业务目标
3. 用例级别	业务功能级别（如管理购物车）或子业务（子功能）级别（如登录账户）。在高层文本描述中，一般只涉及业务功能级别的用例，在进行细化之后才会抽取出子业务（子功能）级别的用例
4. 主要参与者	主动触发用例、驱动用例执行完整活动序列并实现该参与者期望的业务目标的参与者
5. 过程摘要	此处简要描述用例成功执行的基本过程，通常用于快速地了解当前用例的主题和范围。根据识别用例的方法，此处需要表达出用例作为一个"完整的动作序列"应具有的特征，即需要描述用例开始和结束的行为，以及发生在始末之间的过程（尽管在高层描述时过程并不会太详尽）。本书建议显式地使用"开始于""结束于""执行过程"等关键字来辅助描述用例执行时的过程摘要

【案例3.3】　如表3.8所示，以"管理订单"的用例为例，可将其高层文本描述开发如下：

表3.8　用例"管理订单"的高层文本描述

主要元素	说明
1. 用例名称	管理订单
2. 业务目标	注册用户为购物车中选定的商品形成一份包含支付信息和物流信息的交易表单，并在支付后的订单中展现支付与运输细节及商品列表
3. 用例级别	业务功能级别
4. 主要参与者	注册用户
5. 过程摘要	用例开始于注册用户完成了商品浏览及商品向购物车的添加，并准备支付 用例执行过程：当用户决定支付时，系统会构造一个支付表单，表单包含待购商品列表及价格，并要求注册用户选择支付途径、提供支付信息并填写物流地址；付款完成时系统会创建一个订单，其中包括支付与运输细节及商品列表 用例结束于注册用户在支付完成后对订单中有关支付与运输细节及商品列表的查看

高层文本描述适用于需求分析阶段的早期，能快速地针对用例识别后的用

例集合进行各用例内部执行序列的概括描述(该做法也可用于敏捷开发方法)。

3.1.6 详细文本用例开发(RA-3)

获得用例图中各个用例的高层文本描述后,读者就有了通过进一步细化来开发需求分析阶段的(最)重要产出物——详细文本用例(RA-3)的基础。

用例高层文本描述的增量式细化通常发生在需求分析阶段的中期,此时已经确定并以摘要形式编写了大量用例。一般而言,软件项目的需求分析团队通常会选择所有用例中最具影响力(或最关键业务)的一部分用例①率先实施这一细化工作,后续再根据项目需要对剩余的用例进行迭代。

跟用例的高层描述一样,通常也是通过结构化的描述模板来完成用例描述的细化。一般而言,可以采用如表 3.9 所示的结构化描述模板。其中最主要的工作是对高层描述中的"过程摘要"进行扩展,其扩展内容将构成前置条件、后置条件(又称为成功保证)、主要过程、扩展事件等刻画详细文本用例的核心要素。

表 3.9 用例详细文本描述模板

主要元素	说明
1. 用例名称	用例名称与先前识别的用例名称一致(该部分可直接沿用表 3.7 的内容)
2. 业务目标	主要参与者执行本用例期望达到的业务目标(该部分可直接沿用表 3.7 的内容)
3. 用例级别	业务功能级别(如管理购物车)或子业务(子功能)级别(如登录账户)。在高层文本描述中,一般只涉及业务功能级别的用例,在进行细化之后才会抽取出子业务(子功能)级别的用例(该部分可直接沿用表 3.7 的内容)
4. 主要参与者	主动触发用例、驱动用例执行完整活动序列并实现该参与者期望的业务目标的参与者(该部分可直接沿用表 3.7 的内容)
5. 过程摘要	此处描述的是用例成功执行的过程,这是用例文本描述的核心。根据识别用例的方法,此处需要表达出用例作为一个"完整的动作序列"应具有的特征,即需要描述用例开始和结束的行为,以及发生在始末之间的简要过程。本书建议显式地使用"开始于""结束于""执行过程"等关键字来辅助描述用例执行时的过程摘要(该部分可直接沿用表 3.7 的内容)
6. 前置条件	交代用例在开始执行之前必须满足的条件。例:可从表 3.8 中"5. 过程摘要"的"开始于……"描述部分得到启发

① Craig Larman 在其 *Applying UML and Patterns*(3rd ed)一书中推荐先对 10%具有重要架构意义和高价值的用例进行详细文本用例的开发,以及实施后续的设计和编程。

续表

主要元素	说明
7. 后置条件	描述用例在执行完毕之后需要得到的成功保证。例:可从表 3.8 中"5. 过程摘要"的"结束于……"描述部分得到启发
8. 主要过程	本部分实际是对"5. 过程摘要"的细化,主要描述典型的、理想状态下用例成功执行的场景。其表述过程主要考虑"主要参与者"与"系统"两个对象之间的交互,即考虑主要参与者的请求序列及系统对相关请求的响应
9. 扩展事件	本部分是对"8. 主要过程"的补充,主要描述用例执行过程中异常事件发生时的处理过程(如支付时发生余额不足时的处理场景),或主要场景中针对某些活动序列的可替换(分支)序列(如将现金支付的活动序列替换为支付宝支付的活动序列)
10. 非功能性需求	描述用户对响应时间、系统接口、服务质量等方面的需求
11. 其他	可描述用例执行频率等能够辅助设计决策的信息

根据上述模板,本节基于【案例 3.3】继续对"管理订单"的文本用例进行开发。

【案例 3.4】 "管理订单"的详细文本用例开发步骤如下。

第一步:沿用高层文本用例的内容来填充详细文本用例的模板

这一步可先得到表 3.10 的部分文本用例。

表 3.10 使用高层文本用例信息填充后的详细文本用例

主要元素	说明
1. 用例名称	管理订单
2. 业务目标	注册用户为购物车中选定的商品形成一份包含支付信息和物流信息的交易表单,并在支付后的订单中展现支付与运输细节及商品列表
3. 用例级别	业务功能级别
4. 主要参与者	注册用户
5. 过程摘要	用例开始于注册用户完成了商品浏览及商品向购物车的添加,并准备支付 用例执行过程:当用户决定支付时,系统会构造一个支付表单,表单包含待购商品列表及价格,并要求注册用户选择支付途径、提供支付信息并填写物流地址;付款完成时系统会创建一个订单,其中包括支付与运输细节及商品列表 用例结束于注册用户在支付完成后对订单中有关支付与运输细节及商品列表的查看
6. 前置条件	TODO:在接下来的第二步分析步骤中完成
7. 后置条件	TODO:在接下来的第二步分析步骤中完成
8. 主要过程	TODO:在接下来的第三步分析步骤中完成

续表

主要元素	说明
9. 扩展事件	TODO:在接下来的第四步分析步骤中完成
10. 非功能性需求	TODO:在接下来的第五步分析步骤中完成
11. 其他	TODO:在接下来的第五步分析步骤中完成

第二步:分析并开发“前置条件”与“后置条件”

首先分析“过程摘要”中的“开始于……”描述部分:“用例开始于注册用户完成了商品浏览及商品向购物车的添加,并准备支付”。读者可以从“哪些对象被创建或销毁、哪些对象的属性会被修改或发生变更、哪些对象之间的连接关系会被建立或销毁”三个思考角度①对前置条件进行描述:

- 用户的购物车(对象)应存在;
- 所选购的商品(对象)应存在;
- 所选购的商品(对象)应关联到购物车(对象)(多对一),代表商品向购物车的添加;
- 购物车(对象)应关联到当前用户(对象)(一对一),代表该购物车属当前注册用户所专有。

接着分析“过程摘要”中的“结束于……”描述部分:“用例结束于注册用户在支付完成后对订单中有关支付与运输细节及商品列表的查看。”同样地,读者可以从“对象创建或销毁、对象属性变更、对象间连接关系创建或销毁”三个角度对后置条件进行如下描述:

- 订单(对象)应存在;
- 订单(对象)的支付状态应设置为“已支付”,订单(对象)的支付信息应更新为实际支付途径所包含的信息(如支付宝、微信的支付信息和支付回执);
- 订单(对象)的物流状态应更新为“待发货”(或其他第三方物流服务所定义的物流状态),订单(对象)的物流信息应更新为实际物流服务所包含的信息(如顺丰物流、申通物流等第三方物流服务系统所提供的物流信息);
- 所交易的商品(对象)应存在,并关联到当前的订单(对象)(多对一),代表商品交易真实发生,且所交易的商品恰好在当前订单所对应的商品列表中,同时根据商品列表能追踪到各个交易商品的信息,不会链接到空的商品(对象)。

需要注意的是,前置条件和后置条件的描述将有助于测试用例的设计和实施。特别地,后置条件将成为后续的系统设计环节中,构造对象序列图时进行对象职责分配的设计依据(读者可参阅第五章相关内容)。

第三步:分析并完成“主要过程”描述

“主要过程”是用例文本描述中最重要的部分,也是后续环节识别和开发“用

① 至于为什么会从这三个角度去理解业务过程或者系统的行为,读者可参考“3.4.1 系统状态变迁的本质”一节中的讨论。

例系统操作(use case system operation)”的依据。它描述典型的、理想状态下用例成功执行的场景,主要刻画当前用例背景下主要参与者的请求序列及系统对相关请求的响应。

一般而言,场景中的三种活动会被记录在“主要过程”的描述中:

(1) 参与者之间的交互;

(2) 参与者的请求与系统的响应;

(3) 系统内部发生的状态变化(特别提示:“系统状态变化”所蕴含的意义是对象创建或销毁、对象属性变更、对象间连接关系创建或销毁,可参考阅读“3.4.1 系统状态变迁的本质”)。

接下来开始分析“过程描述”中的“用例执行过程”描述部分:“当用户决定支付时,系统会构造一个支付表单,表单包含待购商品列表及价格,并要求注册用户选择支付途径、提供支付信息并填写物流地址;付款完成时系统会创建一个订单,其中包括支付与运输细节及商品列表。”显然,针对这部分内容的高度概括,需要根据需求获取环节所得到的需求信息,结合业务专家的领域知识以及需求分析师自身在软件系统开发方面的经验,将相关细节补充完整。

为了更好地表达主要过程中主要参与者与系统之间的交互行为,通常采取一种称为“双栏对话式”的表示法①,该表示法将用例执行过程表示为“参与者活动”与“系统响应”之间的交互。

用例“管理订单”的“主要过程”开发如表 3.11 所示。将触发“主要流程”开始执行的那部分活动(即“开始于……”描述部分)作为主要参与者在“主要流程”中的初始活动(编号为0),以便启动本用例。将标志当前用例结束的活动(即“结束于……”描述部分)作为“主要流程”的最后一个活动。同时,对参与者与系统之间的每次请求或响应均按顺序编号,以便在后续的“扩展事件”描述中加以引用。

表 3.11　“管理订单”用例的“主要过程”

参与者活动	系统响应(What/How)
0. 用例开始于注册用户完成了商品浏览及商品向购物车的添加,并准备支付	
1. 注册用户从购物车中再次选择需要在当前订单中购买的商品,启动商品购买结算流程	2. 系统首先生成当前订单的表单,进入填写订单环节。订单表单将展现拟结算的商品列表,列表中的每一条记录显示了当前订单中需要购买的商品的基本信息、单价与数量、折扣等信息,并自动计算出小计金额和合计金额。系统会载入并在订单中显示缺省的物流服务商和用户默认的物流地址,物流地址中主要包含收货人、手机号码、所在地区、详细地址,以及用户给地址添加的标签(如家、公司、学校及自定义标签等)和是否为默认地址的标志

① 该表示法由 Rebecca J. Wirfs-Brock 在 *Designing Scenarios: Making the Case for a Use Case Framework* 中首次提出,并在软件工程领域广泛使用。另一种为“单栏式”表示法,其特点是简单紧凑、易于格式化。但相较而言,“双栏对话式”表示法的用例文本表达更加清楚和形象,易于平滑地转换为系统序列图。

续表

参与者活动	系统响应(What/How)
3. 当前用户确认物流服务商的选择,并从自己预留的物流地址列表中选择一个地址,作为当前订单中的商品期望送达的地址	4. 系统根据当前用户对物流服务商及物流地址的选择确认,自动更新订单中的运费数额,并再次计算得到更新后的合计金额,且将订单状态置为“待支付”。同时系统会载入并提示当前系统支持的可选支付方式,还会提示当前用户录入并确认发票信息(默认不开发票)
5. 当前用户选择确认支付方式,并确认发票信息,发票信息包含发票类型、发票抬头、收票人信息、发票内容等。随后用户选择提交支付	6. 系统根据当前用户的支付选择转入支付流程,并进入“处理支付”用例。在支付成功后,返回本用例,并将订单状态置为“已支付”。在订单完成支付后,系统将向各商品的销售商告知支付状态并通知备货发货
7. 各商品的销售商在获得系统通知后,将按照订单物流要求,通过订单选定的物流服务商发运商品,并获得各自商品的物流运单号提交给系统	8. 系统在收到当前订单对应各商品的运单号后,将各商品同运单号在系统中关联起来。同时系统会根据运单号请求物流服务商返回并载入本订单所对应各商品的相关物流运输细节(包括订单号、商品标识符、物流运单号、物流运输状态,以及在电子地图中实时展现的可视化物流运输的详情)。当前用户此时可查看订单详情,包括商品列表、物流信息、支付信息、发票信息
9. 用例结束于注册用户在支付完成后对订单中有关支付与运输细节及商品列表的查看	

当然,限于篇幅,相较于真正软件项目中的用例“主要过程”描述,表 3.11 仍然是粗略的。在真实项目中,根据需要对其进行进一步细化也是很有必要的。

第四步:分析并完成“扩展事件”描述

扩展事件是对主要过程的补充,描述用例执行过程中异常事件发生时的处理过程(失败情况下的流程)或主要场景中针对某些活动序列的可替换序列(分支流程)。在理想状态下,主要流程与扩展事件描述的结合,应能够覆盖所有利益相关者在当前用例中所关注的业务目标。

扩展事件的描述包括三个部分:编号、触发条件以及处理过程。

(1) 编号:编号部分应与“主要流程”的活动序列中事件发生所处的活动位置有关。例如:在表 3.11 的示例中,如果当前用户本次订单采购的目的是给远方的朋友网购一份节日礼物,而朋友的地址并非当前用户预留的常用地址,此时则需要新增一个物流地址。而新增物流地址的事件应该发生在表 3.11 的活动 3,因此,“新增物流地址”的扩展事件应该编号为“3a”。若针对活动 3 有多个扩展事件,可依次编号为 3a、3b、3c……

如果某些扩展事件在多个活动中发生,例如“当前用户登录已超时”在活动2、3、4、5中发生,则可编号为2-5a。若针对上述活动有多个扩展事件,可依次编号为2-5a、2-5b、2-5c……

如果某些扩展事件在绝大多数活动中都可能发生,例如用户不待操作完成直接终止了操作,则可编号为*a。若有多个类似事件,则可依次编号为*a、*b、*c……

(2) 触发条件:触发条件用于表达当前扩展事件在什么样的情况下才会发生。例如:在表3.11的示例中,活动6可能会发生“支付失败”的情形,此时收到由“处理支付”用例返回的“支付失败”的消息就是一种“处理支付失败事件”的触发条件。此外需要注意的是,触发条件应尽可能使用可检测的描述作为条件,例如:

- “收到由‘处理支付’用例返回的‘支付失败’的消息”;
- 支付出现了问题。

针对以上两种事件触发条件的描述,显然前一个描述可检测性更好,更适宜作为扩展事件的触发条件。

(3) 处理过程:处理过程可以是一个活动,也可以是一个活动序列,甚至可以直接引用其他用例蕴含的完整动作序列来完成。扩展事件的处理完成后,系统默认重新回到“主要过程”的流程中。

关于扩展事件的描述,此处以表3.12为例进行示范。

表3.12 “扩展事件”描述举例

描述项	具体内容
编号	3a(表示发生在活动3的第一个扩展事件)
触发条件	当前订单所购商品期望送达的地址不在系统可选的物流地址列表中
处理过程	1. 选择新增物流地址 2. 在新增物流地址的表单中,填入收货人、手机号码、所在地区、详细地址,以及用户给地址添加的标签(如家、公司、学校及自定义标签等)和是否为默认地址的标志等信息后,确认并提交 3. 此时系统载入新填入的物流地址,并返回执行本用例的主流程

第五步:分析并完成“非功能性需求”及“其他”部分的描述

“非功能性需求”部分用于描述与用例相关的软件质量特性和设计约束。相关软件质量特性可以参考ISO/IEC 25010:2011 *Systems and software engineering—Systems and software Quality Requirements and Evaluation (SQuaRE)—System and software quality models* 或GB/T 25000.10《系统与软件工程 系统与软件质量要求和评价(SQuaRE) 第10部分:系统与软件质量模型》两份标准中的定义。

这些质量特性包括产品质量特性(如性能效率、兼容性、易用性、可靠性、信息安全性、维护性和可移植性等)和使用质量特性(如有效性、效率、满意度、抗风险性等)两大类。各产品质量特性均包含子特性,如性能效率质量特性所蕴含的时间特性、资源利用性等子特性,以及可靠性质量特性所蕴含的容错性、易恢复性等子特性。使用质量特性也包含相关子特性,如满意度所蕴含的愉悦性、舒适性等子特性。

非功能性需求描述的案例如下:

- 当使用触屏显示器使用本系统时,文本信息的可见距离为 0.5 米;
- 当提交支付时,系统相应的时间应该小于 30 秒。

“其他”部分用于描述一些技术变元,这些技术变元通常涉及系统的利益相关者期望的特殊设计约束,例如要求订单支付时只能使用电子数字签名技术。

至此,“管理订单”的详细文本用例开发完毕。

3.2 系统结构建模(RA-4)

在面向对象的软件工程方法中,系统架构的静态结构一般用类图来表达。本节首先介绍类图相关的术语,然后讨论概念类模型(RA-4)的开发过程,即概念与属性的识别、类间关系的定义。

3.2.1 类图相关的术语

首先明确面向对象方法的一些术语。

(1) 类(class):在面向对象方法中,类表示具有相同特性(数据元素)和行为(功能)的对象的抽象。类可以用 UML 类图(class diagram)来表示。类图包含三部分(如图 3.4 所示),即类名、属性(数据元素)、方法(行为/功能)。

根据日常生产生活经验,若要描述某个领域的某些业务,必须首先明确该领域所涉及的一些重要概念(concept),在此基础上方能描述相应的业务活动。例如,若要描述物流领域的一个仓库管理业务,就需要明确“仓库”“订单”“货架”等概念;若要描述网商领域的一个在线购物支付业务,就需要明确“收藏夹”“购物车”“快递单”“运费险”等概念。可见概念在刻画相关领域模型时的重要性。

在需求分析阶段,这些概念使用类和类图予以抽象和表达;且在抽象和表达时可暂时忽略其行为部分,只关心其概念(类名)、重要的数据信息(属性)以及概念和概念之间的联系(关系),因而称这样的类为概念类(conceptual class),这样的类图为概念类图(conceptual class diagram),如图 3.5 所示。当然,概念类的更为正式的定义是由其符号(名字或标识)、内涵(描述一个事物区别于其他事物的本质特性)和外延(列举该概念所适用的示例)来刻画的。

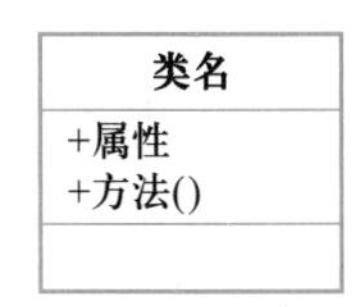

图 3.4 UML 类图

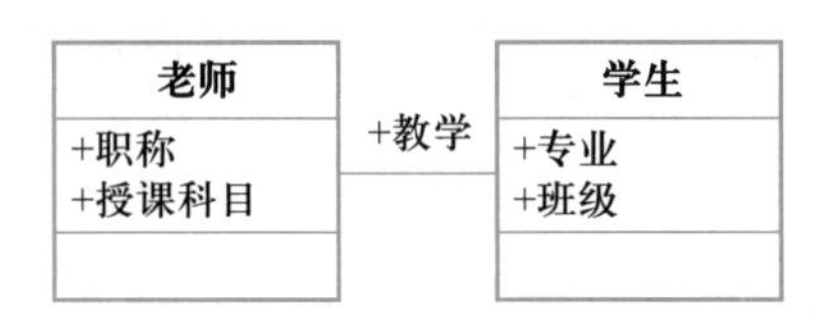

图 3.5 概念类图举例

（2）对象（object）：对象指相关业务活动所涉及的具体一个事物，它是类的实例。事实上，通常是从具体对象的业务活动中抽象出类及类之间的关系。例如，可以从图3.6的对象图抽象出图3.5的类图。

张三：老师 {职称="副教授"，授课科目="系分"}	+教学	李四：学生 {专业="软工"，班级="大二(1)班"}

图3.6　对象图举例

从图3.6的对象图中，读者也可以看到"老师"的前面标记了"张三"，表示"老师"类下的一个实例（对象）"张三"；对象"张三"的属性"职称"取值为"副教授"，属性"授课科目"取值为"系分"。业务活动的实际执行都是通过具体的实例（对象）而非概念（类）来进行的。

（3）关系（association）：刻画类与类之间的联系（如图3.5中的"教学"）。关于关系的类别和性质，将在3.2.3节予以具体描述。

（4）连接（link）：刻画对象和对象之间的关系（如图3.6中的"教学"）。类比于对象和类之间的联系，连接是关系的实例，因此图3.5中的"教学"关系和图3.6中的"教学"连接不是一回事。例如：图3.5中的"教学"关系可以是一个"多对多"的关系（n vs. n），表示一个教师可以给多个学生实施教学，而一个学生可以选择由多个教师讲授的课程；而图3.6中的"教学"连接就是具体的关系描述了，这个具体的连接可以是：张三老师可以给"大二(1)班"60名同学上"系分"课（其中包含李四同学），而大二(1)班的"系分"课可能只由"张三"一名老师来上（张三老师同时上理论课和实验课），他们之间构成了"一对多"的连接（1 vs. 60）——而"一对多"的连接是满足教师与学生之间的"多对多"关系约束（n vs. n）的（因为n可以取1, 2, 3…60,61,62…）。

3.2.2　概念及重要属性识别

捕获概念以构造概念类及其属性的候选集合，继而予以甄选识别，过程如下。

（1）发现概念与属性。研究目标领域的业务背景、工作环境、知识与术语体系等进行发现。研读用户方提供的各种文档、现有系统及实地观察所捕获的用户需求描述，以及系统开发方在前期构造的详细文本用例，围绕待开发系统构建的需要，选取其中相关的名词加入候选概念（类）和属性集合。从系统行为建模时识别的系统操作中，选取系统操作所指向的对象加入候选概念（类）和属性集合。

例如，开发一个教室管理系统，可以根据教学工作环境，考虑将教室教学活动相关的业务对象（讲台、课桌、座椅、投影仪、日光灯、空调等）、场所（教室、值班室等）、角色（教师、学生等）作为概念。

（2）甄选概念与属性。一般而言，在完成相关业务时，需要通过系统进行操作和控制的对象或属性，才需要将其纳入概念类及其属性的集合。

此处仍以教室管理系统为例:如果需要通过系统来管理教室内的座椅,则需要一个“Chair”类;如果只需要对座椅进行简单管控——即可用还是不可用,则需要“Chair”类有一个类型为 boolean 的“available”属性;当然,如果考虑到“为学生提供最好的教学服务”这一目标,让学生们坐着学习时更舒适,则需要座椅能够调节靠背角度、座椅温度等,此时需要“Chair”类除了拥有“boolean available”属性之外,还需要拥有“int angle”“int temperature”等属性,以便实现座椅的角度、温度可操控。

(3) 开发初始概念类图。初始概念类图由一组没有定义操作的类图构成,其目的是展现某个业务领域的对象或概念,以及相关对象或概念的重要属性。需要将第二步得到的概念和属性以 UML 类图的形式表达出来(如图 3.7 所示)。之所以添加修饰词“初始”,是因为至此仍然没有完成对概念之间关系的刻画——这部分内容将在下一小节进行讨论,完成类间关系定义之后方可得到最终的概念类图。

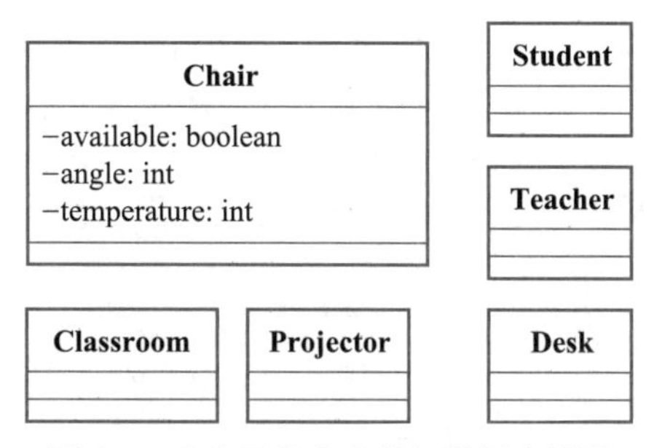

图 3.7 尚未开发完成的初始概念类图

3.2.3 概念间关系定义

仅知道一个系统中究竟有哪些类是不够的,类之间需要通过关系形成结构,有了结构才能在其基础上构建相应的功能,而不同的结构支持了不同的功能。

与之类比的是:通过本课程的前序课程“数据结构”,读者应了解不同的数据结构决定了其上可执行的不同操作。例如,顺序表可以执行折半查找,而链表则不行。

同样地,类和类之间的关系种类及性质,也决定着相关的类能否执行某些系统操作或行为职责,例如,两个类之间如果不存在关联关系,则一个类就无法创建、更新或调用另一个类。此外还决定相关类之间实例及其连接(link)是否合法,例如,两个类之间关系的重数约束为一对一(考虑在银行储蓄场景中,一个客户仅能在银行开立一个户头),则两个类的实例(对象)之间若存在一对五的情形(考虑在银行储蓄场景中,客户张三在招商银行开立了五个户头)就是非法的。

因此,需要基于初始概念类图继续定义类间关系。关系主要通过类型和性质进行定义,常见的关系类型包括(一般)关系、泛化关系、聚合/组合关系。

(1) 关系:被描述为类之间的一般性的语义联系,通常抽象自相关类的实例之间有意义或值得关注的连接。在 UML 中,关系被表示为类之间的连线,如前文中图 3.5 所示的“教学”关系。关系可以通过一些性质来刻画,包括关系的度、重数、名称、角色等。

(2) 关系的度:表示参与关系的类的数量。一元关系即参与某个关系的类的数量只有一个。例如,离散数学中定义的自反关系就是一种一元关系;又如,人和人之间的婚姻关系也是一元关系(因为只有一个类“人”参与——虽然婚姻关系形成时有两个实例参与)。二元关系即参与某个关系的类的数量有两个,这是系统中最为普遍的一种关系,如前文中图 3.5 所示的“教学”关系就是一种二元关系。其他还有三元关系等。

(3) 关系的重数(multiplicity):约束一个类与另一个类产生关系时的各自实例数量。重数一般有如图 3.8 所示的表示法。

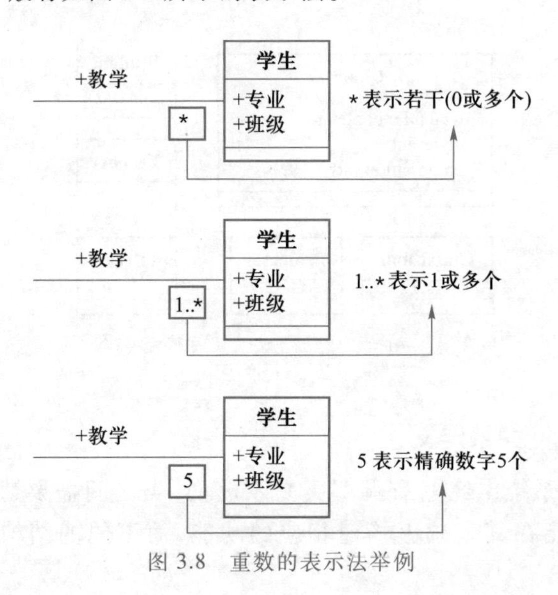

图 3.8　重数的表示法举例

重数是概念类图中非常关键的领域约束。正如前文所举的银行储蓄案例中所描述:如果“客户”类与“银行账户”类之间的重数是 1 vs. 1,则明确了其实例之间的连接需要满足这个约束关系。若存在某个客户(张三)开设了 5 个银行账户,则违背了约束,是非法的连接。同时,对“客户”类与“银行账户”类之间的重数分别标注为 1 vs. 1、1 vs. * 及 * vs. *,其业务功能实现时的复杂度以及开发成本等是不同的——显然其复杂度和成本逐渐升高。

因此,如果概念类图中明确了某个关系值得关注,并显式地标注了出来,那么明确标注这个关系的重数是非常必要的,否则就有需求模糊的嫌疑。

(4) 关系的名称:可以给关系命名,以辅助各利益相关方理解关系的意义。例如,图 3.8 中的“教学”就是关系的名称。需要注意的是,关系命名一般用动词短语,用以表达类之间有意义的关联。此外,关系命名时还可以用导向箭头表达关系的方向,如图 3.9 表达“婚娶”关系中由新郎婚娶新娘(如果是“婚嫁”关系,导向箭头则需要反过来)。

(5) 关系的角色:类之间产生关系时,其各自担任的角色也可以显式地描述出来,以方便理解。尤其是在一元关系中,若不明确角色,则理解上是存在一定障碍的(如图 3.9 左侧)。当然,如果类名很显著地蕴含了角色,则不必再显式给出角色的描述。

实际上,基于角色标注的一元关系还可以借助“继承”关系来构造并转化为二元关系:以图 3.9 为例,可以根据角色名“新娘”和“新郎”分别定义一个类,让这两个新定义的类来继承“成年人”这个类;此时,“婚娶”关系便可直接标注在“新娘”和“新郎”这两个类之间,构成一个二元关系(如图 3.10 所示)。在后续设计环节,二元关系比一元关系的理解和处理更为便捷。

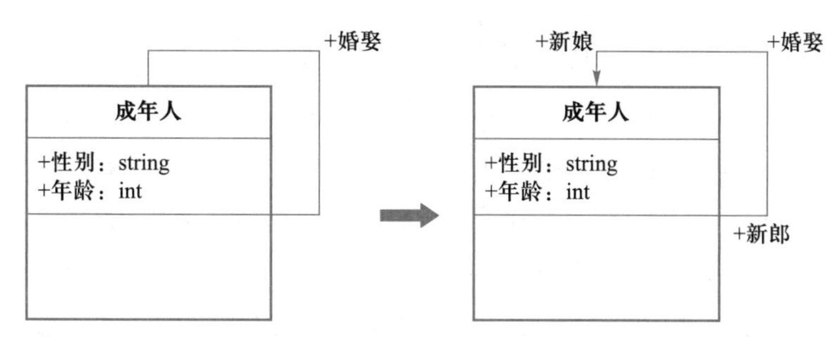

图 3.9 关系的角色描述举例

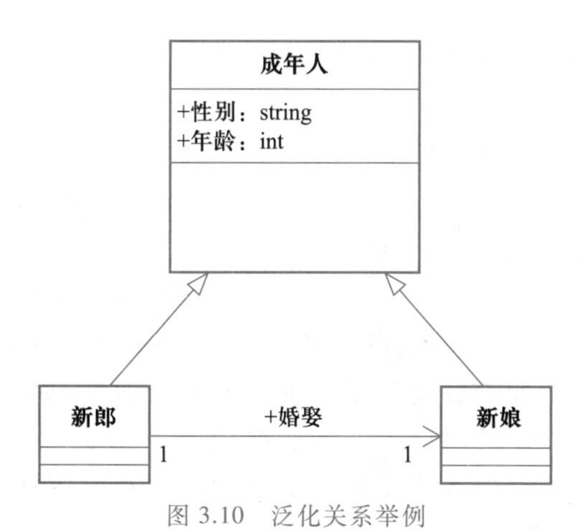

图 3.10 泛化关系举例

(6) 泛化(generalization)关系:UML 将泛化关系定义为特殊类(子类)与一般类(超类)之间的分类学关系。特殊类(子类)与一般类(超类)之间存在着“子集-超集”关系(即任意子类的实例均属于超类)。特殊类(子类)拥有一般类(超类)的属性。泛化关系与面向对象编程语言中的“继承”机制存在相通之处。泛化关系的 UML 表达如图 3.10 所示。

(7) 聚合(aggregation)/组合(composition)关系:聚合表达了一种一般性的“整体-部分”关系;组合则是一种“强聚合”,它在表达“整体-部分”关系时蕴含了：① 在某一时刻，一个“部分”的实例总是属于一个“整体”的实例（部分不会在多个整体之间分享）；② “部分”总是属于“整体”（不存在游离在整体之外的部分）；③ “部分”的生命周期囊括在“整体”的生命周期之内，即“部分”由“整体”负责创建和销毁，且一旦“整体”不存在，“部分”也就同样被销毁。在 UML 表示法中，聚合关系用空心菱形表示，组合关系用实心菱形表示，如图 3.11 所示。

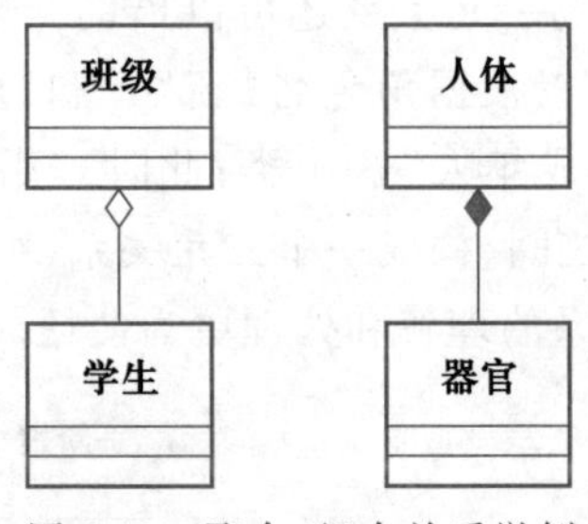

图 3.11　聚合/组合关系举例

现代软件工程实践表明：组合优于聚合。其原因在于聚合被认为是一种模糊的“整体-部分”关系，而作为“强聚合”的组合关系，对“整体-部分”关系的刻画明显要明确得多。

3.2.4　概念类图的开发过程

概念类图的开发过程如下。

第一步：发现概念与属性（详见 3.2.2 节）

第二步：甄选概念与属性（详见 3.2.2 节）

第三步：开发初始概念类图（详见 3.2.2 节）

至此，获得未标注关系的初始概念类图，接下来标注概念之间的关系。

第四步：识别关系的种类（详见 3.2.3 节）

除了一般性的关系之外，增补可能存在、重要且有意义（有意义即与当前系统的业务主题相关）的泛化关系，以及识别并标注重要且有意义的组合关系。

之所以强调“重要且有意义”，原因在于软件工程的一些实践并不建议标注所有与当前系统的业务主题相关的关系，以免形成过于复杂的蛛网。

对于这种观点，本书作者持谨慎态度，尤其是在模型驱动方法中：作者期望能基于用例粒度的合理划分来控制问题规模；并基于各个用例，构建各自的概念类图——当然，不同用例之间若存在相同概念，则需要进行全局统一；只要用例大小划分得当，其对应的概念类图的关系复杂度应该在可控的范围内。这一做法的好处在于能够得到更精确的需求规约，有助于提升后续设计的可验证性，进而获得更可信的系统。

第五步：明确关系的度（详见 3.2.3 节）

根据业务主题相关的原则，明确类之间存在的二元关系（或三元关系），以及某个类上蕴含的一元关系。

第六步:给出关系的名称和角色(详见 3.2.3 节)

第七步:给定关系的重数(详见 3.2.3 节)

以 JPetStore 网站为例,可将相关用例的概念类图开发如下。

● 注册账号(如图 3.12 所示)

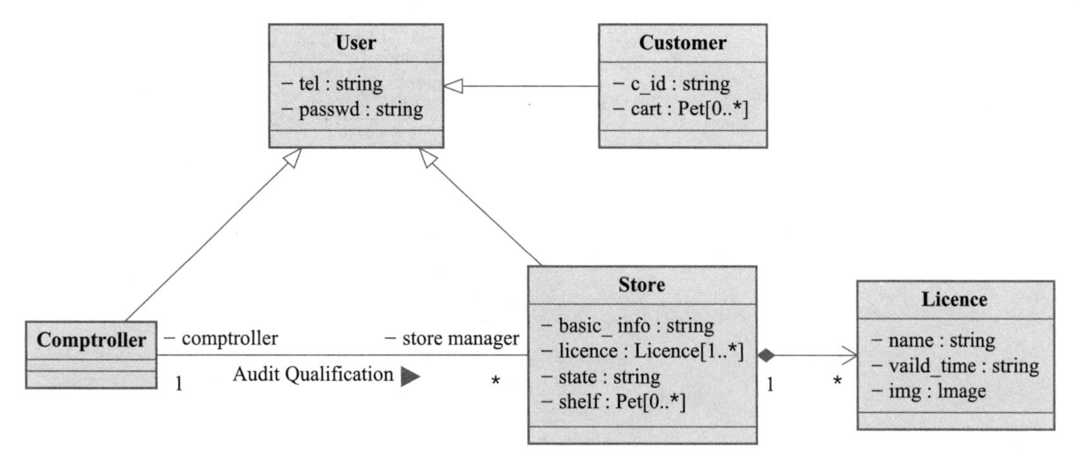

图 3.12　注册账号用例的概念类图

● 浏览商品与添加购物车(如图 3.13 所示)

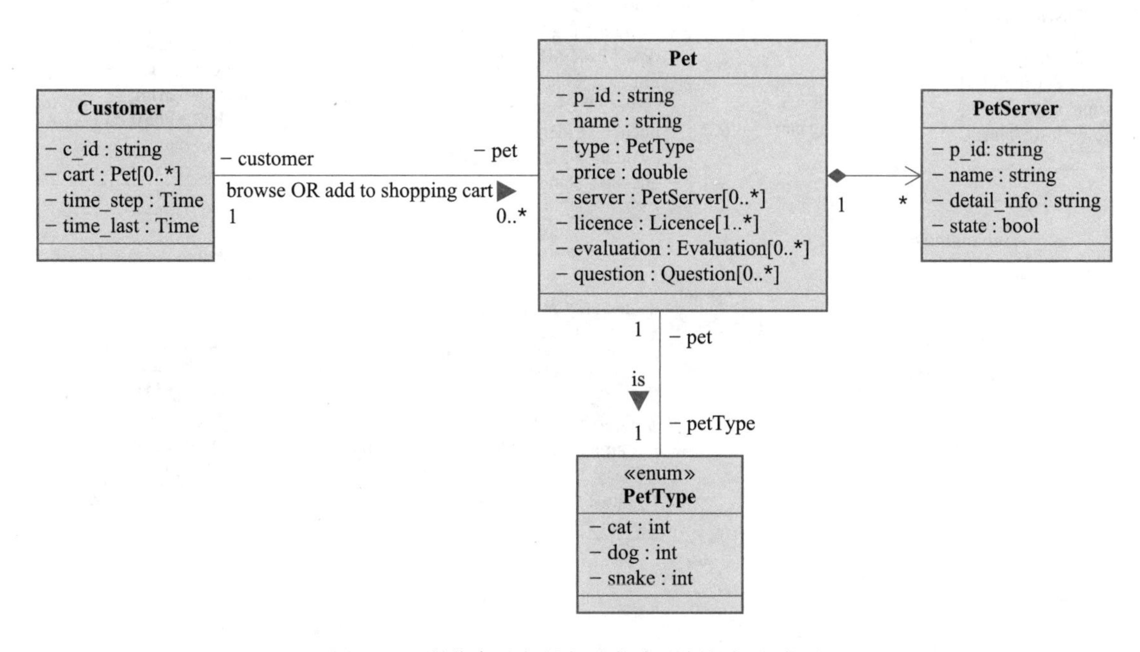

图 3.13　浏览商品与添加购物车用例的概念类图

● 上架商品(如图 3.14 所示)

● 提交订单(如图 3.15 所示)

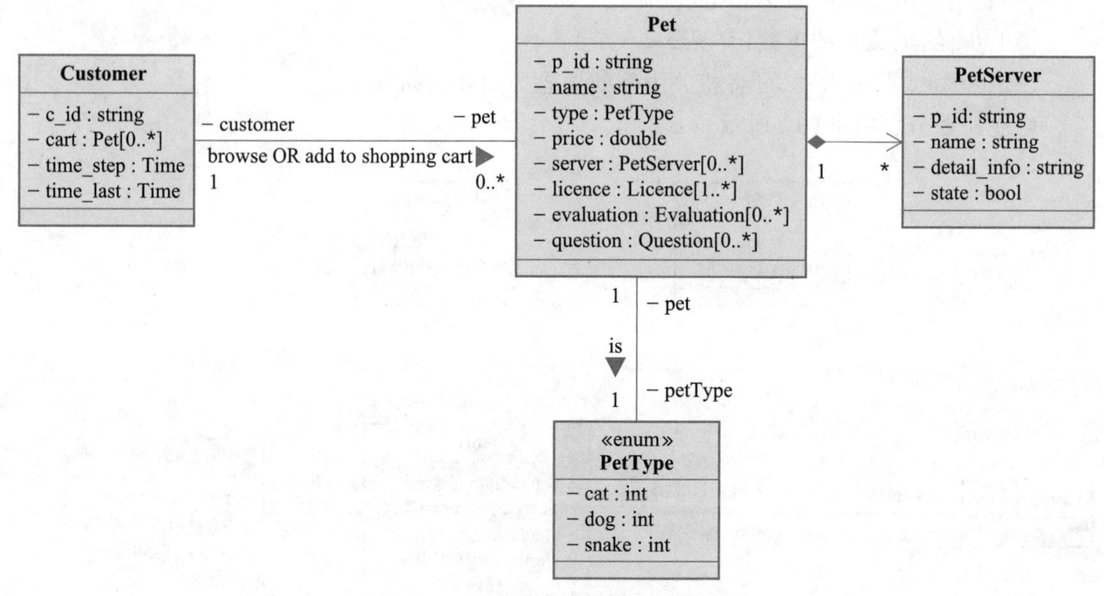

图 3.14 上架商品用例的概念类图

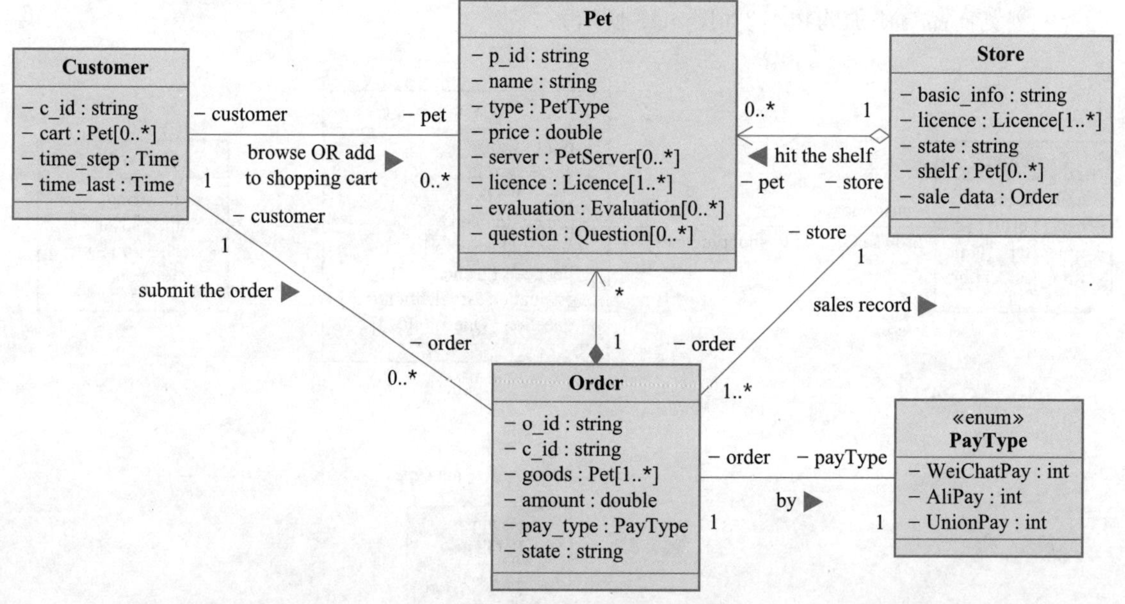

图 3.15 提交订单用例的概念类图

3.3 系统行为建模(RA−5)

用例的行为建模包含对用例所蕴含的参与者与系统之间交互过程的刻画，其中包含对系统操作的识别，以及基于系统操作所构建的用例内部参与者与系统之间的交互图。系统操作代表了系统应提供的服务(类似于方法代表了类所能提供的服务),每个系统操作都将在后续的设计环节利用对象交互图来具体展现系统内部的对象是如何交互以完成该系统操作的。在面向对象方法中,交互图可以使用通信图或序列图来表达;本书在分析与设计环节,均选择使用序列图来表达(事实上,得到了序列图就可以非常容易地转换为通信图)。

3.3.1 识别用例中的系统操作

UML 只定义了序列图,而没有特别定义用例序列图(RA-5)。但系统的利益相关者总是期望了解外部参与者如何与系统进行交互,即参与者发起了某种系统事件,而系统是如何通过系统操作进行处理和响应的。用例序列图则是应用于这样的情形,它针对某个用例场景,通过表达参与者与系统之间的交互,以刻画系统的行为(系统能够做什么)。此时可将系统视为黑盒,即针对某个系统事件,只在系统序列图中刻画系统整体性的对外响应,并不刻画系统内部具体的处理过程(系统具体怎么做)。

用例序列图的输入是在上一节中开发完成的用例的文本描述,特别是用例的"主要过程"描述部分。系统序列图主要关注三类系统事件:

(1) 参与者发起的外部事件(如"主要过程"描述中的参与者的请求);

(2) 与时间相关的事件(如定时执行或周期执行的任务);

(3) 错误或异常事件(如"扩展事件"中描述的某些事件)。

【案例 3.5】 以"管理订单"用例的详细文本用例作为输入,其系统操作的识别步骤如下。

第一步:分析由参与者发起的外部事件

分析表 3.11 中的"管理订单"用例的"主要过程",其中由参与者发起的活动如下:

- "1. 注册用户从购物车中再次选择需要在当前订单中购买的商品,启动商品购买结算流程"
- "3. 当前用户确认物流服务商的选择,并从自己预留的物流地址列表中选择一个地址,作为当前订单中的商品期望送达的地址"
- "5. 当前用户选择确认支付方式,并确认发票信息,发票信息包含发票类型、发票抬头、收票人信息、发票内容等。随后用户选择提交支付"
- "7. 各商品的销售商在获得系统通知后,将按照订单物流要求,通过订单选定的物流服务商发运商品,并获得各自商品的物流运单号提交给系统"

从上述描述中,不难发现一些需要系统响应的外部事件,具体如下:

- 确认商品订单;
- 确认物流选择;
- 确认发票信息;
- 追踪订单物流。

当然,在上述外部事件的提炼过程中,可以用"参与者活动"为线索,将其与对应的"系统响应"关联起来一起抽取和总结,从而使上述外部事件的提炼和命名更加准确。

例如,仅从“7.各商品的销售商在获得系统通知后,将按照订单物流要求,通过订单选定的物流服务商发运商品,并获得各自商品的物流运单号提交给系统”的描述中,读者很难抓住外部事件的重点:“发运商品”与“提交运单号”,到底选择哪个事件作为系统操作呢——事实上两个都不合适。因为“发运商品”这个操作实际是由第三方的物流供应商这个外部系统来完成,而“提交运单号”这个事件作为操作的粒度太小而无法涵盖这一环节的业务内容。

当结合其对应的“系统描述”——“系统在收到当前订单对应各商品的运单号后,将各商品同运单号在系统中关联起来。同时系统会根据运单号请求物流服务商返回并载入本订单所对应各商品的相关物流运输细节……”,很容易提炼出“追踪订单物流”这个事件。

而抽取“确认商品订单”这个事件,同样也是基于联合“1. 注册用户从购物车中再次选择需要在当前订单中购买的商品,启动商品购买结算流程”和“系统首先生成当前订单的表单,进入填写订单环节”两个信息进行综合提取的。

需要特别指出的是:“确认发票信息”事件触发了系统响应,使其在内部完成“更新运费—更新合计—修改订单支付状态”等一系列内部活动。不过,这些系统响应外部事件请求时的内部活动是无须当作系统操作进行处理的。

第二步:分析与时间相关(定时、周期)的事件

事实上,表 3.11 中的“管理订单”详细文本用例的“主要过程”描述中并未涉及“定时”“周期”等相关事件。

但读者可以设想如下场景:假如当前这笔订单是同时为多个身处不同地域的客户订购的商品,此时就需要明确在“确认物流”这个系统操作上发生了周期性的事件,即“确认物流”操作需要被循环多次。

第三步:分析扩展事件描述中的错误或异常事件

从表 3.12 的描述中可知,在当前订单所购商品期望送达的地址不在系统可选的物流地址列表中时,需要新增物流地址。因此,“新增物流信息”应该被识别为系统操作,且该操作应该包含在“是否存在期望物流地址”这个选择条件之中。

基于上述分析步骤,可以得到表 3.13 中系统操作的识别结果:

表 3.13　“管理订单”用例的系统操作

系统操作	备注
确认商品订单	
确认物流选择	循环包含(场景:为多个身处不同地域的客户订购的商品)
确认发票信息	
追踪订单物流	
新增物流信息	条件包含(检验“是否存在期望物流地址”时,条件取“否”)

至此,系统操作识别完毕,接下来探讨用例序列图的具体开发过程。

3.3.2　开发用例序列图

如上文所述,UML 并未特别定义应用于参与者与系统之间交互的序列图,可直接沿用通用的序列图定义进行表达。

本文所使用的通用 UML 序列图的图形元素来自 OMG UML 规格说明书(specification version 2.5.1)中关于序列图(sequence diagram)的定义。通用 UML 序列图一般包括如下常用图形元素:参与者、对象、生命线、激活期、消息和控制段。

作为用例序列图,可以暂时不必探索系统这个黑盒子内部的对象构成以及对象之间的消息传递,只需刻画角色与系统(或用例代表的功能特性)之间的交互行为。因此用例序列图的常用元素为:参与者、系统(或用例)、生命线、激活期、系统操作(消息)和控制段。下面以图 3.16 为例介绍用例序列图的上述各个元素。

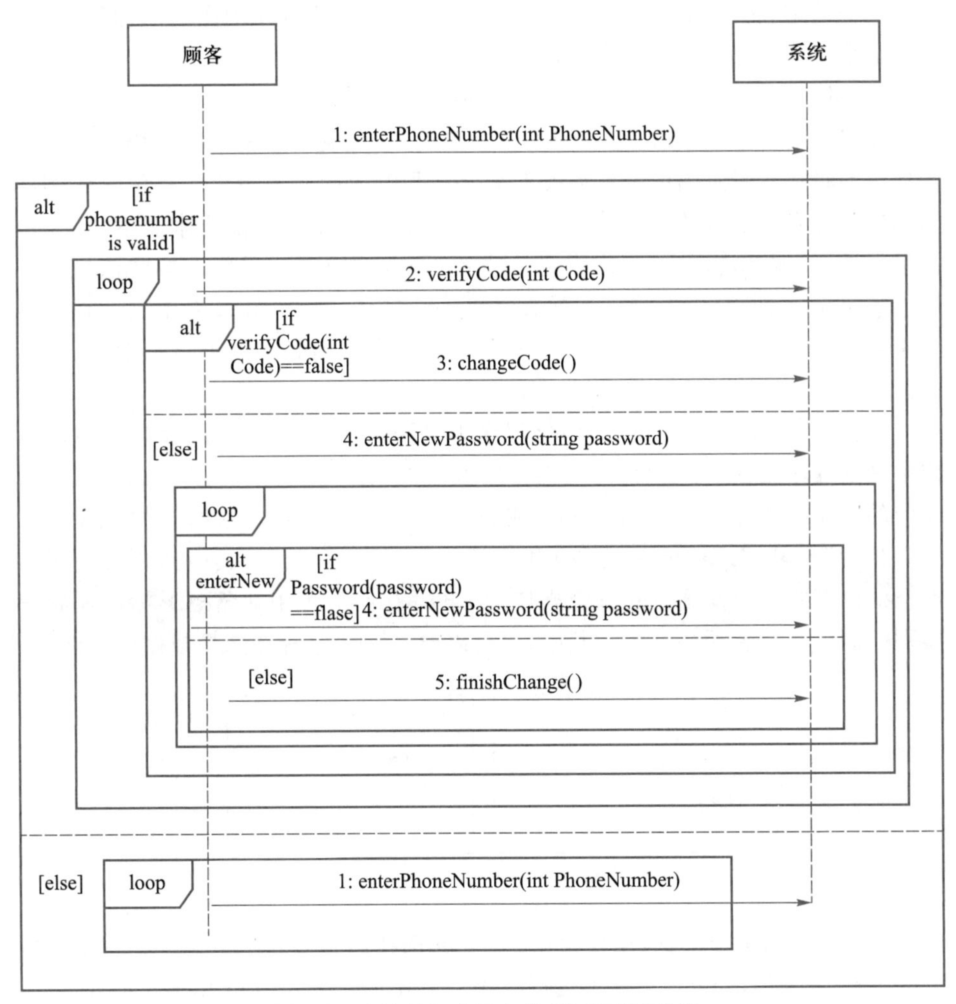

图 3.16　用例(修改用户密码)序列图示例

● 参与者:在用例图中,参与者用火柴人表示;在早期的序列图中也是如此。但最新的 OMG UML 规范不再使用这个图形元素,而是统一使用矩形框予以表示(见“顾客”矩形框)。

● 系统(或用例):使用与对象序列图(请参阅“系统设计”相关章节)中“对象”相同的图形元素(即矩形框)予以表示(见“系统”矩形框)。需要注意的是,一般会将待开发系统的名字(或用例的名字)填入该矩形框,代表其为参与者相关服务请求的响应者;同时需要留意,此时并不拆开系统(或用例),探寻其内部的具体处理和响应过程(这部分工作在设计环节构造“对象序列图”时予以完成),只是将其当作一个响应参与者相关业务服务请求的黑盒子。

● 生命线(lifeline):生命线代表用例序列图中的参与者或系统的存在期。它位于用例序列图中参与者或系统矩形框底部中心,用一条垂直的虚线表示,而参与者与系统交互过程中所产生的消息,均存在于两条虚线之间。

● 激活期(activation):激活期代表用例序列图中,系统为响应参与者发出的一项服务请求(消息)而获得控制权的时期。它位于用例序列图的生命线上,用长条矩形来表示(矩形的长度也代表了激活期的时间跨度)。

● 系统操作/消息(system operation/message):消息在对象序列图中,代表的是对象之间的方法调用;而在用例序列图中,它的对应概念是系统操作。系统操作代表的是参与者发出的一项需要系统处理和响应的服务请求。它位于用例序列图中参与者与系统的生命线之间,垂直于生命线,用直线箭头来表示;箭头由消息发送者(服务请求者)指向消息接收者(服务响应者);箭头上标注消息的签名(signature),即消息名、消息参数表、消息返回值。例如,图 3.16 中的 enterPhoneNumber(int PhoneNumber)即包含了消息签名中的消息名与消息参数表,其下的箭头即该签名所代表的消息。

● 控制段(fragment):在结构化程序中,通常使用顺序、选择、循环等控制结构来刻画程序流程;类似地,为了刻画用例内部所蕴含的动作序列,也可以引入相应的控制结构,称之为控制段(或直接简称“段”)。常用的控制段有(见图 3.17)选择段(“alt…else…”段)和循环段(“loop…”段)。其表达方式为用矩形框框住需要选择或循环的系统操作(消息),在左上角用缺角矩形标注控制段类别(选择 alt 或者循环 loop);其中,还可以通过[…]来标注选择或循环条件。

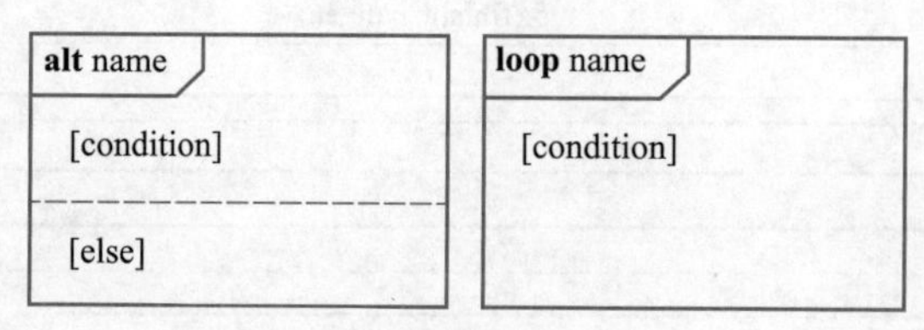

图 3.17　选择段(左)和循环段(右)

需要注意的是,在结构化程序中,常见的选择结构除了“if-else”双分支选择结构之外,还有“case-do”多分支选择结构。但在对象序列图和用例序列图中,均不用考虑多分支选择结构(旨在减少序列图的模型元素种类)。当然,还有此处的"loop"循环代表的是"while-do"循环,而结构化程序中常见的"do-until"循环结构在对象序列图和用例序列图中也不用考虑(基于多分支结构类似的原因)。尽管如此,当前的选择段和循环段仍然可以表达出多分支选择结构和"do-until"循环结构(例如,多分支选择结构可以利用多个双分支结构方便地表达出来),只是在序列图中采取了最简的模型元素的集合[①]。

具体的用例序列图绘制过程如下。

(1) 阅读并理解详细用例描述,尤其是理解 system response 部分及其某个 response 所对应的 actor action。

(2) 从 action-response 对中抽象出 system operations(一般是动宾短语),表示某类参与者期望系统完成某项业务功能时需要执行的业务操作。同时注意取名要有特定意义(自明性),例如,使用 enterNewPassword 就要比 enterASerialOf-Charaters 更合适。

(3) 为识别到的系统操作增加参数,表示某类参与者通过系统来完成某项业务操作时,系统需要从参与者那里获取的数据。例如,在执行新密码设置操作时,enterNewPassword()需要参与者输入一个新的字符串作为新设置的密码,因而有 enterNewPassword(string password)。

(4) 仔细阅读详细文本用例的主要流程,根据业务流程的实际处理步骤,绘制用例序列图(明确用例序列图的图像元素——尤其注意 loop 和 alternative);绘制时注意根据业务流程的实际执行逻辑,增补必要的细节(这些细节——尤其是重要细节需要向用户进行确认)。

3.4　系统操作契约开发(RA-6)

本节讲述需求分析阶段最后一个重要的产出物"系统操作契约"的开发过程。系统操作契约定义了系统操作执行前后导致系统状态的变化(对象被创建或销毁、对象属性被更新、对象之间的连接关系被创建或销毁)。系统操作是导致系统状态发生变化的原因,因此为了刻画系统操作契约,需要首先了解系统状态变迁的本质,继而通过系统操作执行前后的状态描述,来刻画系统操作契约的主要内容。

3.4.1　系统状态变迁的本质

在构建用例序列图之前,读者需要对软件系统状态及状态变迁的本质形成一种新的认识。

(1) 从本质上讲,在以面向对象方法开发的系统中,系统是由一组相互连接的对象所构成,它通过对象间的交互来产生自身的行为并完成系统用户请求的业务目标。

① 这也是符合"奥卡姆剃刀"原则的。

（2）其中，系统中所包含的对象的集合、各对象本身的状态（即对象属性的取值），以及对象之间的连接关系，构成了该系统当前的状态。

（3）系统状态的变更则由对象之间的消息传递（即方法调用）来触发，对象间发生消息传递的基本前提是对象之间存在连接关系，连接关系的种类包括一般关系、泛化-继承关系、聚合/组合关系等；对象间发生消息传递的结果，会导致系统的状态发生如下三类变化：

① 新对象被创建或原有对象被销毁；

② 对象自身的属性值发生改变；

③ 对象间新的连接关系被创建或对象间原有的连接关系被销毁。

基于上述新的系统认识，读者在细化用例的文本描述时，就可针对性地从对象、对象属性、对象间关系的视角来刻画用例内部的动作序列。

3.4.2　前/后置条件开发

系统操作契约主要定义系统操作执行前后导致系统状态的变化（对象被创建或销毁、对象属性被更新、对象之间的连接关系被创建或销毁）。

开发系统操作契约的核心工作是构造霍尔三元组[24]中的 Pre-condition（前置条件）和 Post-condition（后置条件）。

霍尔三元组可表达为：

{Pre-condition} m( ) {Post-condition}

其中，m( )代表系统操作。围绕该系统操作的前/后置条件的含义如下。

- Pre-condition（前置条件）：定义系统状态在系统操作执行之前必须满足的假设条件。例如：哪些对象在执行之前必须存在，哪些对象的某些属性的取值应该满足什么要求，哪些对象之间存在连接。

- Post-condition（后置条件）：定义系统操作完成后，当前系统发生状态变化后所应呈现的结果。这些状态变化后的结果包括：哪些对象被创建或销毁，哪些对象属性被更新，哪些对象之间的连接关系被创建或销毁。

基于霍尔三元组，可以定义系统操作的契约。为便于系统操作契约的开发，可使用模板（见表 3.14）进行辅助，其包含了前/后置条件加上一些基础信息。

表 3.14　系统操作契约模板

系统操作	当前契约所属的系统操作
交叉引用	当前系统操作所属的用例
前置条件	系统操作在执行之前必须满足的假设条件（如上文）
后置条件	系统操作引发系统发生状态变化后所应呈现的结果（如上文）

系统操作契约定义的实例如表 3.15 所示。

表 3.15 用户/商户注册系统操作契约

系统操作契约	
系统操作	sign_up(tel:string,code:string,password:string,type:string)
职责	验证手机验证码并注册设置账号和密码
交叉引用	注册账号(用例)
备注	3 s 内完成验证和注册响应
异常处理	无
前置条件	1. 验证码格式合法,否则提示 2. 电话号码格式合法,否则提示 3. 密码格式合法,否则提示
后置条件	1. 如果通过,且选择顾客,则创建顾客对象,并写入数据库 2. 如果通过,且选择商家,则创建商家对象,并写入数据库

注:本表包含了比表 3.14 模板更多的契约组成部分,这些部分若无特殊需要可以忽略。

3.5 需求管理

前面四个小节论述了模型驱动方法中需求分析阶段中最核心的建模过程。在需求工程中,除了需求分析之外,还需要开发需求文档,并实施需求管理及需求评审等活动。

3.5.1 需求开发过程

(1) 确定项目背景和目标:了解项目所处的背景和目标,包括项目的整体目的、范围和约束条件。

(2) 收集需求信息:通过与利益相关者交流、实地调研、文档分析等方法,收集项目的需求信息。可以采用面谈、问卷调查、观察等方式与相关人员进行沟通,确保全面了解需求。

(3) 分析需求:对收集到的需求进行仔细分析,将其整理成可操作的需求清单。识别和记录功能需求、非功能需求、优先级和相关的约束条件。模型驱动方法所需要开发的需求分析模型在此阶段可以实施。

(4) 确定需求的准确性和一致性:与利益相关者验证和确认他们的需求,确保需求的准确性和一致性。这可以通过召开会议、组织讨论或其他形式与相关人员进行验证。

(5) 编写需求文档:根据分析和确认的需求,编写需求分析说明书。此文档应包括项目背景、目标、利益相关者、功能需求、非功能需求、优先级、需求变更控制等内容。

(6) 审查和确认:将需求分析说明书交给利益相关者进行审查和确认,根据反馈进行必要的修改和调整。

（7）更新和维护：随着项目的进展，需求可能会发生变化。因此，需求分析说明书应随时进行更新和维护，确保与项目一致。

3.5.2 需求文档开发

模型驱动开发的 RA-1～RA-6 将成为需求分析阶段的最重要（first-class）的软件制品，同时会作为下一阶段系统设计部分的输入（尤其是 RA-4～RA-6）。但作为需求分析阶段构成系统用户与系统开发组之间共识的一份技术协议书，软件需求规格说明书（software requirement specification，SRS）是这一阶段的里程碑式产出物，是后续设计工作的基础和依据，也是测试和验收的依据。

一般而言，在同一个团队中，SRS 需用统一格式的文档进行描述。SRS 可遵循国标 GB/T 9385—2008《计算机软件需求规格说明规范》，或者遵循国际标准 ISO/IEC/IEEE 29148：2018 *Systems and software engineering—Life cycle processes—Requirements engineering*，以及工业界较常使用的 RUP、Volere、SERU 等软件需求规格说明书模板（SRS template）进行开发。需要说明的是，在工业界的实际应用中，使用者往往根据自己的需要，对这些模板进行裁剪。国标 GB/T 9385—2008 建议，一份良好的 SRS 可参考如下模板进行编制：

1. 引言
    1.1 目的
    1.2 范围
    1.3 定义、简写和缩略语
    1.4 引用文件
    1.5 综述
2. 总体描述
    2.1 产品描述
    2.2 产品功能
    2.3 用户特点
    2.4 约束
    2.5 假设和依赖关系
    2.6 需求分配
3. 具体需求
    3.1 外部接口
    3.2 功能需求
    3.3 性能需求
    3.4 数据库逻辑需求
    3.5 设计约束
    3.6 软件系统属性
    3.7 具体需求组织
    3.8 附加说明
4. 附录
5. 索引

本章小结

本章从用例开发开始，逐一展现了需求分析过程的各项任务，包括用例的识别与开发、系统行为建模、系统结构建模、系统操作契约开发等。同时，针对需求阶段生成的几种重要制品进行了描述，包括用例图、高层文本用例、详细文本用例、用例序列图、概念类模型、系统操作契约等。此外，本章描述了各个制品之间存在的逻辑联系。

本章习题

思考与实践

1. 请尝试为 ATM 系统（或其他任意自选系统）开发一个用例图。要求：

（1）至少识别 4 个用例；

（2）至少包含 2 个参与者；

（3）至少使用 3 种用例图的关系。

2. 请尝试为 ATM 系统（或其他任意自选系统）中的任意一个用例开发其文本用例。要求：

（1）首先开发其高层文本用例；

（2）基于高层文本用例开发其详细文本用例；

（3）需包含扩展流程的定义。

3. 请尝试为 ATM 系统（或其他任意自选系统）中的任意一个用例开发其概念类图。要求：

（1）至少定义 5 个类，每个类至少有 1 个关键属性；

（2）至少涉及 3 种类间关系，且关系性质（包含关系的度、重数、命名、角色等）定义清晰。

4. 设想为上课的教室开发一个设备管理系统：

（1）请和周围的学习伙伴通过“头脑风暴”，明确它应该建设的样子，并将讨论结果记录下来作为粗略的“用户需求”；

（2）请使用用例建模技术来识别并开发用例图，并分别使用高层和详细文本用例来刻画每个用例的活动序列；

（3）请使用概念建模技术来构建每个用例的概念类图；

（4）请识别用例中的系统操作，并开发用例序列图；

（5）请针对用例序列图中的每个系统操作，定义其操作契约。

5. 设想为附近的超市开发一个线上线下联合运营的超市系统：

（1）请和周围的学习伙伴通过“头脑风暴”，明确它应该建设的样子，并将讨论结果记录下来作为粗略的“用户需求”；

（2）请使用用例建模技术来识别并开发用例图，并分别使用高层和详细文本用例来刻画每个用例的活动序列；

(3) 请使用概念建模技术来构建每个用例的概念类图；

(4) 请识别用例中的系统操作,并开发用例序列图；

(5) 请针对用例序列图中的每个系统操作,定义其操作契约。

6. 自选主题并完成需求分析与建模：

(1) 请和周围的学习伙伴通过“头脑风暴”,明确它应该建设的样子,并将讨论结果记录下来作为粗略的“用户需求”；

(2) 请使用用例建模技术来识别并开发用例图,并分别使用高层和详细文本用例来刻画每个用例的活动序列；

(3) 请使用概念建模技术来构建每个用例的概念类图；

(4) 请识别用例中的系统操作,并开发用例序列图；

(5) 请针对用例序列图中的每个系统操作,定义其操作契约。

综合实验一

一、实验目标

1. 识别用例
2. 开发用例图
3. 编写用例描述
4. 识别用例系统操作
5. 开发用例序列图
6. 识别初始概念类
7. 开发概念模型
8. 开发操作契约

二、实验学时

6 学时。

三、实验步骤

1. 识别用例

以项目小组的形式选择目标项目,提炼出目标系统的主要功能需求并予以描述。可以不断询问这样的问题——谁来使用这个系统？其目的是完成什么业务？了解相关用户与目标系统之间的系统级交互,举例如下。

通过交互式、非干扰式等需求获取方法,得到用自然语言描述的 JPetStore 在线宠物商店系统的用户需求描述如下：游客浏览不同类别宠物信息,选择查看感兴趣的宠物信息,包括宠物名称、描述、单价等；游客注册商店用户,填写用户、账户和个人偏好等信息；游客登录账户浏览宠物信息；注册用户添加宠物到购物车,填写购买数量；注册用户对购物车内商品进行更新,提交购物商品清单；注册用户填写支付信息(信用卡、微信、支付宝等)、收货信息,确认商品订单并提交后台处理；系统处理注册用户的商品订单……(其他内容省略)

运用课堂教学中所提到的参与者识别方法,包括参与者目标法、事件分析法等,从已经明确系统边界的需求描述文本中获取目标系统的参与者。这时绘制一张“参与者-业务目标”表将有助于完成这项工作。

有了这些参与者之后,即可从参与者使用系统的业务目标入手来识别用例。参与者使用系统所要达成的一个业务目标就作为一个候选用例而存在。运用课堂教学中提到的“老板测试”方法检测用例,并对违例情形进行适当判定,应能对所获得的候选用例集完成用例识别,并确定用例。通过分析 JPetStore 用户需求描述文本,获得候选用例集,进行用例识别,并确定用例如表 3.16 和表 3.17 所示:

表 3.16 “参与者-业务目标”表(用例识别后)

具体用户	代表角色(参与者)	业务目标
未注册用户	游客	浏览商品(√)
		注册(√)
注册用户	注册用户	浏览商品(√)
		输入用户名和密码(×)
		登录账户(√-违例条款)
		管理购物车(√)
		移除购物车商品项目(×)
		管理订单(√)
		处理支付(√)

表 3.17 “外部事件”表(用例识别后)

外部事件	源点/终点参与者	业务目标
外部系统被请求完成待开发系统的订单支付	【可选】信用卡支付系统	(协助)处理支付(√)
	【可选】微信支付系统	本次分析不涉及(×)
	【可选】支付宝支付系统	

2. 开发用例图

识别用例之后,可以使用工具软件创建用例图。通过刻画参与者与参与者之间的关系、用例与用例之间的关系,以及参与者与用例之间的关系来展现系统的功能。以用例图表示的 JPetStore 系统初始用例图如图 3.18 所示。

通过不断重复识别用例方法,发现其他用例后可补充完整的用例图,得知完整的系统功能特性。

3. 编写用例描述

通过开发用例图只能知道系统的主要功能,却无法得知用例内部的动作序列,而动作序列的发生则蕴含了具体的功能需求。为此,在完成用例图后需要编

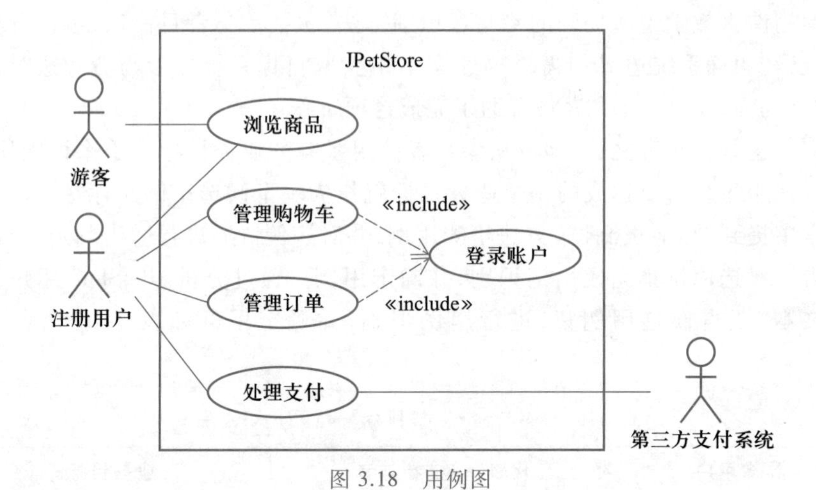

图 3.18 用例图

写用例描述，共同构成第一个分析模型——用例模型。运用课堂教学中所提到的高层文本描述、详细文本描述方法，通过结构化的描述模板来完成用例描述的梗概和细化。表 3.18 和表 3.19 给出了 JPetStore 宠物商店中“管理订单”的用例描述。限于篇幅，详细文本描述的前置条件、后置条件、主要过程、扩展事件和非功能需求已省略。

表 3.18 用例“管理订单”的高层文本描述

主要元素	说明
1. 用例名称	管理订单
2. 业务目标	注册用户为购物车中选定的商品形成一份包含支付信息和物流信息的交易表单，并在支付后的订单中展现支付与运输细节及商品列表
3. 用例级别	业务功能级别
4. 主要参与者	注册用户
5. 过程摘要	用例开始于注册用户完成了商品浏览及商品向购物车的添加，并准备支付 用例执行过程：当用户决定支付时，系统会构造一个支付表单，表单包含待购商品列表及价格，并要求注册用户选择支付途径、提供支付信息并填写物流地址；付款完成时系统会创建一个订单，其中包括支付与运输细节及商品列表 用例结束于注册用户在支付完成后对订单中有关支付与运输细节及商品列表的查看

表 3.19 用例“管理订单”的详细文本描述

主要元素	说明
1. 用例名称	管理订单

续表

主要元素	说明
2. 业务目标	注册用户为购物车中选定的商品形成一份包含支付信息和物流信息的交易表单,并在支付后的订单中展现支付与运输细节及商品列表
3. 用例级别	业务功能级别
4. 主要参与者	注册用户
5. 过程摘要	用例开始于注册用户完成了商品浏览及商品向购物车的添加,并准备支付 用例执行过程:当用户决定支付时,系统会构造一个支付表单,表单包含待购商品列表及价格,并要求注册用户选择支付途径、提供支付信息并填写物流地址;付款完成时系统会创建一个订单,其中包括支付与运输细节及商品列表 用例结束于注册用户在支付完成后对订单中有关支付与运输细节及商品列表的查看
6. 前置条件	省略
7. 后置条件	省略
8. 主要过程	省略
9. 扩展事件	省略
10. 非功能性需求	省略
11. 其他	省略

4. 识别用例系统操作

通过构造用例模型,可以对来自用户、系统的需求进行完整、规范的描述,形成需求规格说明,为下一步开展系统分析和设计提供重要依据。在面向对象开发方法中,系统被认为是由一组相互连接的对象所构成,并通过对象间的交互来产生自身的行为,实现系统用户请求的业务目标。因此可根据系统的用例描述,有针对性地从对象、对象属性、对象间关系的视角来刻画用例内部的动作序列,用于说明外部参与者如何与系统进行交互,即参与者发起了某种系统事件,而系统是如何通过系统操作进行处理和响应的。

接下来将利用面向对象分析和设计的方法,完成 JPetStore 宠物商店系统的另外一个分析模型——行为模型。使用已开发完成的用例描述,尤其是用例的“主要过程”描述部分(见表 3.20),通过用例序列图表示外部参与者与系统之间进行交互的过程,即参与者发起了某种系统事件,而系统通过系统操作进行处理和响应。然后抽取和总结由参与者发起的外部事件,分析事件的时间、异常等因素。表 3.21 是 JPetStore 宠物商店“管理订单”用例的系统操作,其中从表 3.20 的外部事件 1、3、5、7 抽取系统事件,从外部事件 3 中还抽取因条件因素产生的系统操作。

表 3.20　“管理订单”用例的“主要过程”

参与者活动	系统响应(What/How)
0. 用例开始于注册用户完成了商品浏览及商品向购物车的添加,并准备支付	
1. 注册用户从购物车中再次选择需要在当前订单中购买的商品,启动商品购买结算流程	2. 系统首先生成当前订单的表单,进入填写订单环节。订单表单将展现拟结算的商品列表,列表中的每一条记录显示了当前订单中需要购买的商品的基本信息、单价与数量、折扣等信息,并自动计算出小计金额和合计金额
3. 当前用户选择确认支付方式,随后用户选择提交支付	4. 系统根据当前用户的支付选择准备支付流程
5. 当前用户确认物流服务商的选择,默认值为自己预设的物流地址。如果预设物流地址并非当前用户期望的地址,则可新增物流地址	6. 系统根据当前用户对物流服务商及物流地址的选择确认,自动更新订单中的运费数额,并再次计算得到更新后的合计金额,且将订单状态置为“待支付”
7. 各商品的销售商在获得系统通知后,将按照订单物流要求,通过订单选定的物流服务商发运商品,并获得各自商品的物流运单号提交给系统	8. 系统在收到当前订单对应各商品的运单号后,将各商品同运单号在系统中关联起来。当前用户此时可查看订单详情,包括商品列表、物流信息、支付信息
9. 用例结束于注册用户在支付完成后对订单中有关支付与运输细节及商品列表的查看	

表 3.21　“管理订单”用例的系统操作

系统操作	备注
确认商品订单	
确认支付方式	
确认物流选择	
更改物流信息	条件包含(检验“是否更换收货地址”时,默认取“否”)
提交商品订单	

5. 开发用例序列图

作为用例序列图不必探索用例内部的对象构成以及对象之间的消息传递,只需刻画角色与系统(或用例代表的功能特性)之间的交互行为。如前所述,从详细用例描述中的“参与者活动”-“系统响应”表格中，抽象出相应系统操作（一般是动宾短语），代表某类参与者期望系统执行的业务操作，完成相应某项业务功能。在本步骤中，为识别到的系统操作增加参数，表示上述业务操作执行时系统需要获取的数据。最后，根据业务流程的实际执行逻辑，增补必要的细节（必要时需要同用户进行确认）。

图 3.19 是 JPetStore 宠物商店某系统操作对应的用例序列图。

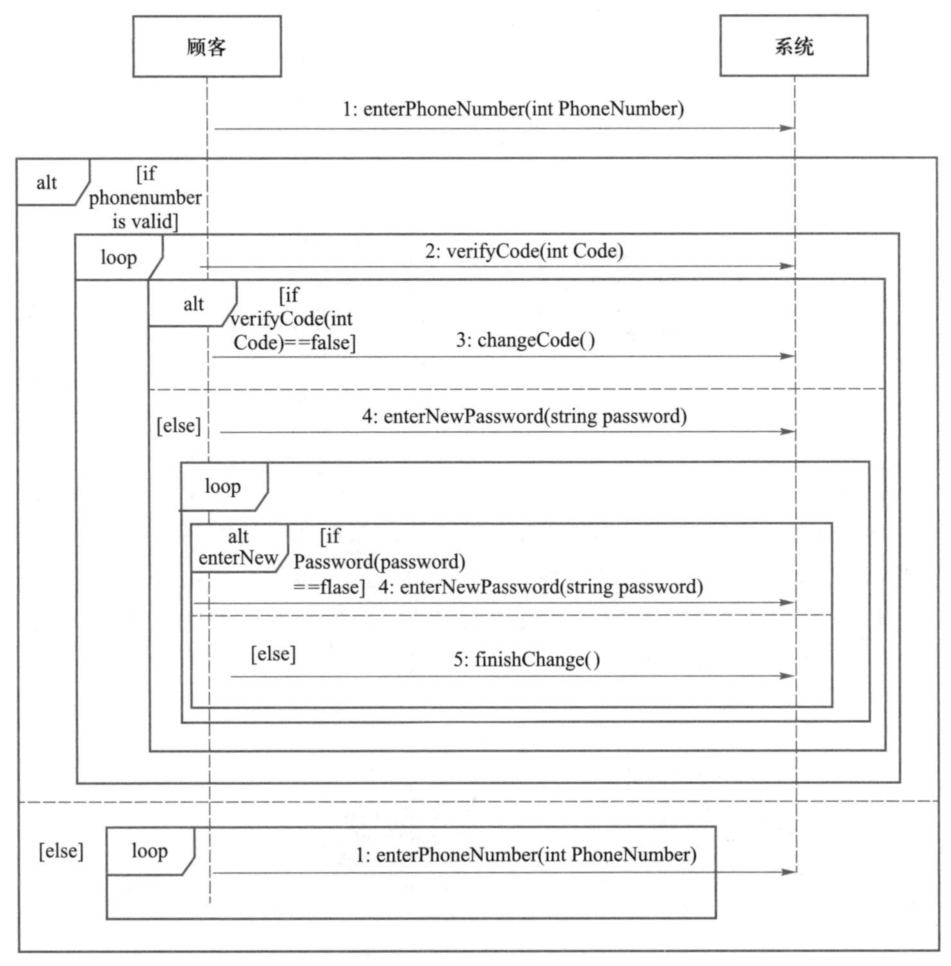

图 3.19 “注册账户”用例序列图（对应“修改用户密码”系统操作）

6. 识别初始概念类

在面向对象开发系统中，系统的所有功能都是通过相应的类来提供的。前期已经从用例文档中找出用例动作序列，构建了行为模型，达成了用例请求的业务目标。下一步需要建立最后一个分析模型——概念模型，明确业务目标的实现价值，识别出不同类别的概念类，以便行为模型中的系统行为分配到特定的对象中。

初始概念类使用类和类图对系统业务功能（操作）进行抽象和表达，并且暂时忽略其行为部分、概念之间的联系（关系），只包含概念（类名）、重要的数据信息(属性)。首先从系统用例建模时生成的详细用例描述,以及系统行为建模时识别的系统操作中,围绕待开发系统构建的需要,选取其中相关的名词、对象加入候选概念(类)和属性集合。然后甄选出通过系统进行操作和控制的对象或者属性,将其纳入初始概念类及其属性的集合。图 3.20 是 JPetStore 宠物商店的初始概念类图。

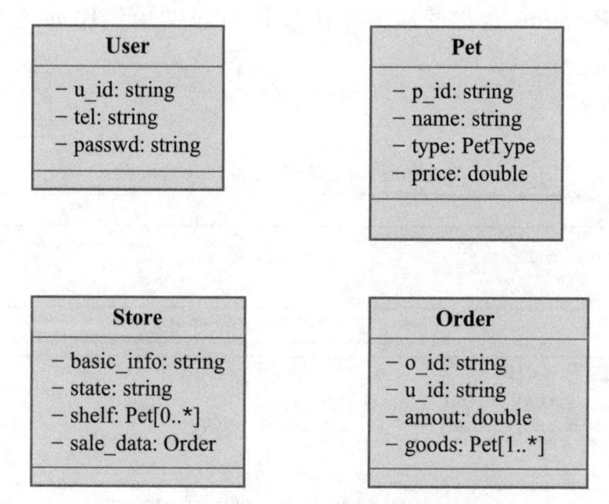

图 3.20　初始概念类图

7. 开发概念模型

构造初始概念类图的最终目标就是从系统的角度明确说明每一个初始概念类的职责和属性以及类之间的关系(包括关系的度、重数等),并根据这些视图来描述和理解目标系统,从而为后续设计阶段的系统开发提供基本的素材。图 3.21 至图 3.23 展示了 JPetStore 宠物商店实体用例的概念类图,图中涉及类、类的职责、属性和关系等内容。

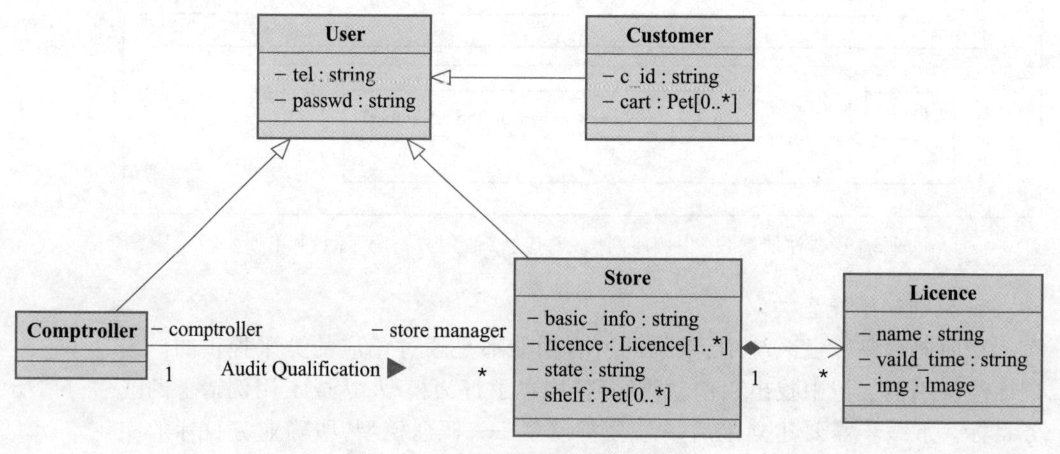

图 3.21　注册账号用例的概念类图

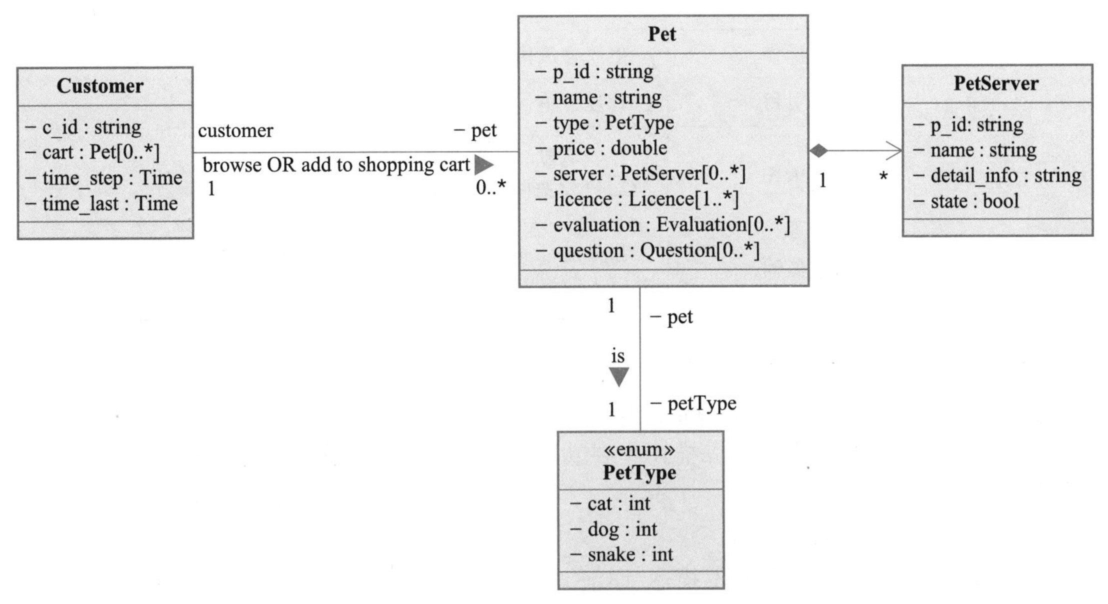

图 3.22　浏览商品与添加购物车用例的概念类图

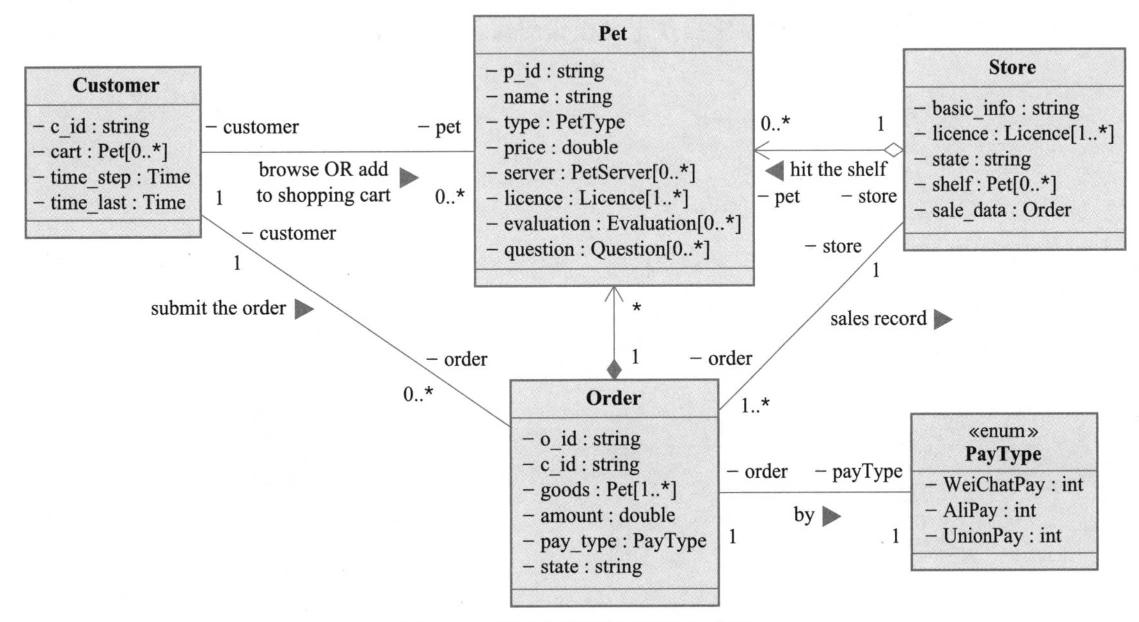

图 3.23　提交订单用例的概念类图

8. 开发操作契约

系统操作契约主要由系统操作执行前后的状态描述组成，其核心部分是其前置条件和后置条件。其中，前置条件代表了系统操作执行之前，需要满足的基本假设条件。后置条件代表了系统操作执行完毕之后需要满足的系统状态。表 3.22 是 JPetStore 宠物商店中“管理订单”用例的“更改物流信息”系统操作契约。

表 3.22 系统操作契约模板

系统操作	更改物流信息
交叉引用	管理订单
前置条件	1. 具有默认物流信息,否则提示 2. 已勾选修改物流信息选项,否则提示
后置条件	如果通过,则为当前订单创建物流信息,替换默认物流信息,并写入数据库

四、实验作业

对于所选目标系统,选用一种工具软件,每个项目小组完成以下工作:

1. 使用自然语言描述主要功能性需求,构造候选用例集,识别用例并给出理由;
2. 绘制用例图;
3. 编制高层文本描述、详细文本描述;
4. 识别系统操作并绘制用例序列图;
5. 为用例开发一个概念类图;
6. 为用例的系统操作定义操作契约。

第四章 系统设计原则

软件系统设计是一种思维过程，统一建模语言（UML）能通过图形化的方式表达这种思维过程和结果，提高人们的设计效率。然而，想要得到更优秀的设计成果，还需要具备良好的先验知识来武装头脑。软件设计原则和模式是优秀程序员在软件设计实践过程中获取的针对各类设计问题的宝贵经验，这也正是人们在寻求软件设计最优解时所需要的先验知识。本章不试图列举所有的原则和模式，而是围绕三个基本设计思想和 GRASP 设计原则（或模式）探讨优秀的设计思想和理念。在学习过程中可能会发现一些原则与模式之间的内涵存在重叠的情况，其主要原因是不同学者、设计者从不同角度总结出来的设计经验可能存在殊途同归的情况。

【学习目标】

本章学习的主要目的不在于各类原则、模式的死记硬背，而在于通过这些原则、模式的学习强化软件设计思维能力。具体要求如下：

（1）理解抽象的基本概念以及抽象原则的思想；

（2）理解模块化的基本概念，熟悉模块独立性的度量方法；

（3）理解关注点分离的基本概念；

（4）理解创建者、信息专家、控制器等 9 种 GRASP 职责分配原则的基本概念和用法。

【学习导图】

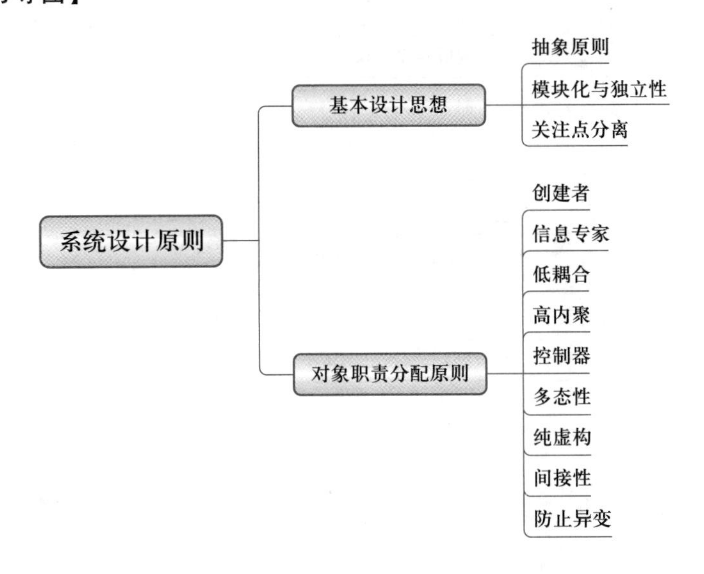

4.1　基本设计思想

4.1.1　抽象原则

抽象(abstraction)是从众多事物中抽取出共同的、本质性的特征,而舍弃其非本质性的特征的过程。如图4.1所示,左图是一群绵羊,通过抽象过程提取它们共同的外形特征后形成一个简化的图形或文字表示,例如"身体丰满、体毛绵密、头短"。

图4.1　提取绵羊外形特征的过程

软件系统发展的一个重要特征就是分层,而分层依赖于对计算(或操作)的抽象。如图4.2所示,一个典型的系统包含硬件层、系统层、运行环境和应用层四个层次。操作系统负责对资源管理、进程调度、输入输出等核心计算机操作进行抽象,应用程序只需要设计如何调用操作系统接口(或库函数)操作硬件完成特定功能。在操作系统之上又出现了各种运行环境(如.Net运行时、JVM等),提供更接近实际业务的应用程序接口,例如要开发一个Java桌面程序,则直接调用AWT或Swing接口,而不用去考虑系统层的图形实现。

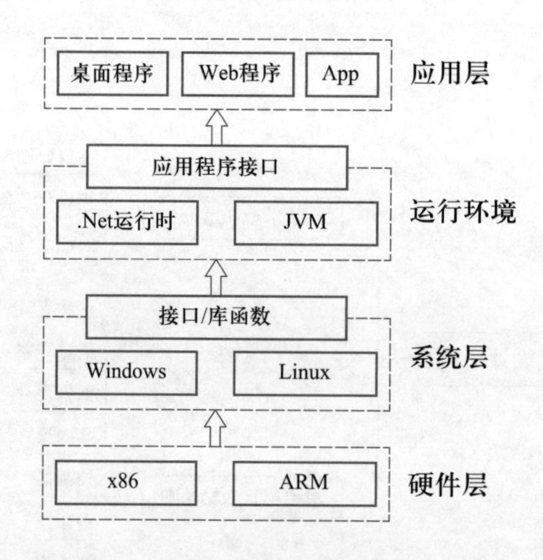

图4.2　系统分层示意图

此外,应用程序开发中也存在各种分层思想和模型,例如经典的三层模型(展现层、业务逻辑层、数据层)、MVC 模型等。分层架构的核心其实就是抽象的分层,每一层的抽象只需要而且只能关注本层相关的信息,从而简化整个系统的设计。

软件系统设计实质是一个不断抽象的过程。业务需求被抽象为数据模型、模块、服务和系统,面向过程设计时抽象出方法和函数,面向对象设计时根据需要从业务需求中抽象出接口、类和对象。作为一个基本原则,抽象在软件系统设计中扮演至关重要的角色,其中一个重要作用是提高代码复用率,避免出现重复的代码。以排序问题为例,是否需要针对每一种数据类型单独设计一个排序程序?如果这样做,则会产生大量的重复代码。如果遵循抽象原则来解决该问题,则首先思考针对不同类型对象的排序程序存在什么本质的共同特征。很容易想到,无论是什么数据类型,一旦排序算法确定,排序程序的流程就是一致的。那么即可针对这个基本流程编写一个排序程序框架与具体的实现解耦。此时,具体的排序实现实际上只差一个对象比较操作,这个比较操作一般以接口的形式出现在框架代码中。例如 JDK 中设计了两个比较接口:Comparable<T>和 Comparator<T>。

4.1.2 模块化与独立性

模块化(modularization)一词的含义可能因上下文而异。在自然界中,模块化可以指通过将标准化单元连接在一起以形成更大的组合物来构建细胞生物体,例如蜂窝中的六角形细胞。在工业设计中,模块化是指一种通过组合较小的子系统来构建较大系统的工程技术。在当代艺术和建筑中,模块化可以指通过将标准化单元连接在一起以形成更大的组合来构造物体。

在软件开发过程中,模块化是指将软件分解为多个独立模块,不同的模块具有不同的功能和职责。每个模块可以独立进行开发、测试,最后组装成完整的软件。模块独立性是指模块内部各部分及模块间关系的一种衡量标准,由内聚和耦合来衡量。耦合衡量不同模块彼此间互相依赖(连接)的紧密程度,内聚衡量一个模块内部各个元素彼此结合的紧密程度。

耦合度由强到弱分为内容耦合、公共耦合、控制耦合、特征耦合和数据耦合等类型(见图 4.3)。内容耦合是耦合度最强的一种形式,若一个模块直接访问另一个模块的内部代码或数据,即出现内容耦合,内容耦合会严重破坏模块的独立性和系统的结构化,代码相互纠缠,运行错综复杂,应尽量避免。公共耦合又称为公共环境耦合或数据区耦合,一般表现为多个模块对同一个数据区进行存取操作。控制耦合表示两个模块在调用过程中传递的不是数据而是控制参数,被调用模块根据控制参数选择不同的功能执行。特征耦合是指调用模块和被调用模块之间传递的是数据结构而不是简单数据。数据耦合是指两个模块之间交换数据,是一种联系程度较低的耦合关系,例如一个模块的输出数据作为另一个模块的输入数据,又如一个模块调用另一个模块时通过参数传递数据,通过返回值获取数据。一般来说,系统中模块的数据耦合是不可避免的。

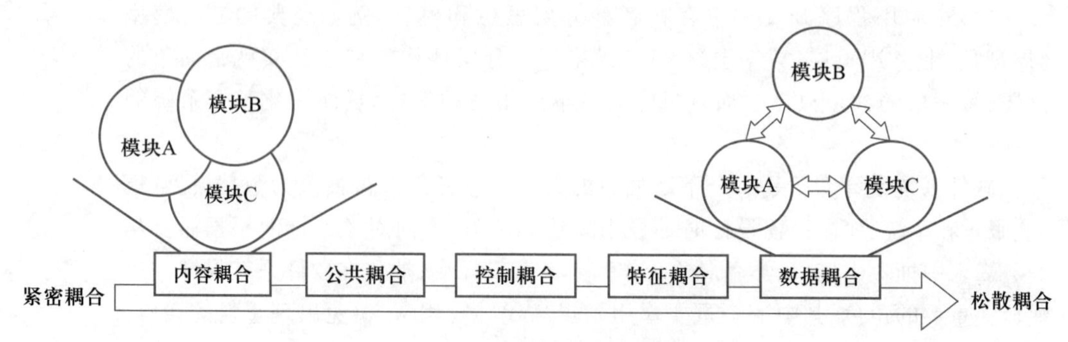

图 4.3　耦合度由强到弱分类示意图

内聚度是模块内部各成分之间的联系程度,模块内部各成分联系越紧密,其内聚度越高,模块独立性越强,系统越容易理解和维护。内聚度良好的模块应能较好地满足信息局部化的原则,功能完整单一模块的高内聚必然能导致模块的低耦合度。最理想的情况是一个模块只使用局部数据变量,完成一个功能。内聚度由低到高排列的分类如表 4.1 所示。

表 4.1　内聚度分类表

名称	解释
偶然内聚	模块中各成分之间不存在有意义的联系
逻辑内聚	模块各机能在逻辑上属于一类,例如鼠标和键盘都放在输入模块中
时间内聚	模块中的程序需要在相近时间点执行,例如输入输出操作、异常处理和关闭流等
过程内聚	模块中的程序依照固定顺序执行,例如网络操作模块先连接网络,再访问网络,最后关闭网络连接
通信内聚	模块中的程序需要引用相同的数据,例如模块中多个子程序访问同一个记录
顺序内聚	模块中各子程序的输入及输出存在依赖关系,例如子程序 A 的输出是子程序 B 的输入
功能内聚	模块中各子程序合作完成单一任务或功能,例如字符串操作和正则解析完成分词功能

在面向对象软件设计中,对象就是封装了数据和功能的模块,自然地遵循了模块化设计原则。对象内部属性和函数的设计要遵循单一性原则,实质就是高内聚的体现。对象之间存在继承、关联、依赖等多种联系,在设计对象时就需要考虑这些联系带来的耦合度问题。面向对象设计中通常通过接口和多态来降低应用层与实现层之间的耦合度,这也是抽象原则的一种体现。

4.1.3　关注点分离

关注点分离(separation of concerns,SoC)是通过分别治理的方式解决复杂问题,是软件系统设计中普遍采用的一种基本思想。具体而言是将一个复杂的设计问题按一定的方法分解为规模较小的子问题,分别对子问题求解后,再将所有子问题的解组成整个问题的解。常见的关注点分离形式包括纵向分离、横向分离、切面分离、数据分离、行为分离等,下面详细讲解前三种形式。

纵向分离就是对设计问题进行分层求解,典型案例是三层软件架构,将系统分为表现层(UI)、业务逻辑层(BLL)和数据访问层(DAL)。表现层负责接收用户输入和显示处理后的结果;业务逻辑层负责实现业务逻辑,例如验证、计算、业务规则等;数据访问层负责实现对数据的增、删、改、查等数据库访问操作。横向分离比较典型的实现是根据功能需求对系统进行模块化设计,将软件拆分成模块或子系统。有些需求可能出现在多个层面或多个模块中,例如日志管理、权限管理等,这种需求单独抽取出来进行设计后以过滤或代理的方式插入各个层面或模块的方式叫切面分离,比较典型的切面分离实现包括.NET MVC 的过滤器以及 Spring 的面向切面编程(aspect oriented programming,AOP)。

4.2 对象职责分配原则

从职责(responsibility)、角色(role)和协作(collaboration)三个方面思考软件对象或大粒度元件的设计问题是最常用的一种设计方法,也称职责驱动设计(responsibility-driven design,RDD)。在 RDD 中,软件对象的职责表示其能做的事情的一种抽象表达,在 UML 中职责被定义为“类的契约或义务”。职责包括“做”(doing)型和“知道”(knowing)型两种。对象的“做”型职责包括:(1) 做具体的事情,例如创建对象或执行计算;(2) 在其他对象中发起行动;(3) 在其他对象中进行控制和协调活动。对象的“知道”型职责包括:(1) 对封装数据的了解;(2) 对关联对象的了解;(3) 对派生或计算事物的了解。

作为面向对象设计的基本方法论,职责分配原则 GRASP 由 Craig Larman 于 1997 年在 *Applying UML and Patterns* 一书中首次提出,表示一组职责驱动设计基本原则,具体表现为九种模式:创建者(creator)、信息专家(information expert)、低耦合(low coupling)、高内聚(high cohesion)、控制器(controller)、多态性(polymorphism)、纯虚构(pure fabrication)、间接性(indirection)、防止异变(protected variation)。

何为模式?经验丰富的软件开发人员在实践中建立起一套对软件设计和实现具有指导意义的通用原则和惯用解决方案,将原则和习惯用法以结构化格式编纂并命名形成模式。例如专家模式可以描述为:

> 名称:信息专家。
> 问题:为对象分配职责的基本原则是什么?
> 解决方案:为拥有履行职责所需信息的类分配职责。

在面向对象设计(OOP)中,模式是对可以重复应用于新场景的“问题-解决方案”的命名描述。针对不同场景，模式为解决方案的应用和实现提供指导，对优缺点进行权衡，并讨论其变化。许多针对特定类别问题的模式会指导对象的职责分配。

4.2.1 创建者

名称：创建者（creator）。

问题：谁应该负责创建某个类的新实例？

对象的创建是面向对象系统中最常见的活动之一。对象创建职责分配得当，有助于提高设计的清晰度、封装性和重用性。

解决方案：满足以下条件之一时，应该将创建 A 类实例的职责分配给 B 类：

（1）B 包含 A 或由 A 聚合而成；

（2）B 记录 A；

（3）B 密切使用 A；

（4）B 具有 A 的初始化数据，并且在创建 A 时会将这些数据传递给 A，因此对于 A 的创建而言，B 是专家。

B 称作 A 的创建者。符合以上条件越多越好，当 A 的创建者候选项存在多个时，通常首选聚集或包含 A 的那个类作为创建者。

【案例 4.1】 设计一个顾客（Customer）在线购物的场景。顾客浏览页面选择商品后将单项商品信息（LineItem）添加到订单（Order）。分析得到，订单包含一个商品信息表，两者存在聚合关系（如图 4.4 所示），因此适合将订单设计为单项商品信息的创建者。顾客通过订单添加需要购买的商品。结账时，根据订单创建一个支付对象（Payment）来处理支付业务。

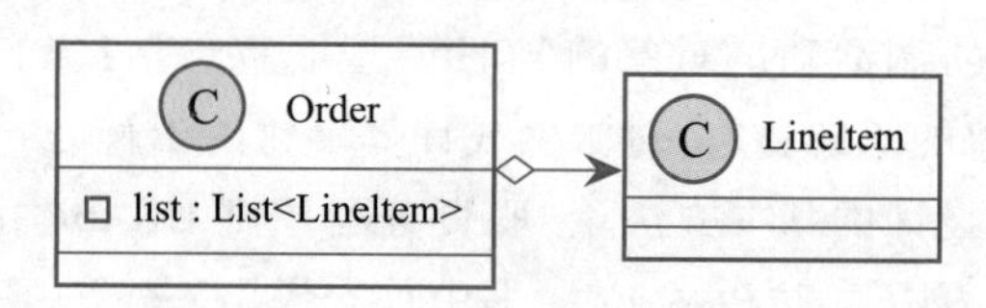

图 4.4　订单与商品信息的聚合关系

分析与讨论：创建者模式指导对象创建职责的分配，这是一项常见任务，其基本意图是寻找在任何情况下都与被创建对象具有连接的创建者，以此来保持低耦合。组合（composition）与部分、容器与内容、记录器与记录均是类图中常见的关系，根据创建者模式，封装的容器或记录器类是创建其所容纳或记录事物的良好候选者。同样地，组合对象也是创建其组成部分的良好候选者。当然，这只是一个准则。有时也会将在对象创建期间传入初始化数据的类识别为创建者，这实际上是专家模式的一个例子。初始化数据是在对象创建期间由某种初始化方法（如带有参数的 Java 构造函数）传入的。例如，假设 Payment 实例在创建时所需要的支付总价信息能通过订单信息计算得到，因此 Order 是 Payment 合适的候选创建者。通常，当对象的创建具有相当的复杂性时，建议将创建职责委托给专门的辅助类——工厂类（包括具体工程和抽象工厂），而使用创建者模式所建议的类。

效果:对实现低耦合有良好支持,进而提高可维护性和重用性。根据模式适用场景,创建者与被创建者之间可能已经存在显式的关联关系,创建者行使创建职责过程中,两者的耦合关系并不会增强。

4.2.2 信息专家

名称:信息专家(information expert)或专家(expert)。

问题:给对象分配职责的基本原则是什么?

在系统的对象设计中可能需要为成百上千的对象分配职责。若职责分配得当,系统就会易于理解、维护、扩展和复用。

解决方案:应该将职责分配给具有实现这个职责所必需信息的专家。

【案例 4.2】 在线购物例子中,需要计算商品总价。谁应当负责商品总价的计算?按照专家模式的建议,应当寻找具有计算总价所需信息的那个类。那么,计算总价需要哪些信息?需要知道所有商品条目的价格小计信息。而商品条目的价格小计的计算又需要通过商品价格和商品数量的乘积得到。这里我们分析得到了总价计算和价格小计计算两个职责,而实现这两个职责所需信息分别在 Order 和 LineItem 中,因此,根据专家模式,它们就是信息专家。

分析与讨论:专家模式用于职责分配,其主要依据为对象是否具有完成职责所具有的信息,这是一项对象设计的基本指导原则。完成职责所需的信息往往分布在不同类型的对象中,这意味着需要将职责进行分解,由许多“局部”信息专家协作来完成任务。例如,总价计算问题最终需要 Order、LineItem、Product 三个对象协作完成。只要信息分布在不同对象上,对象就需要通过消息进行交互来共同完成工作。

专家模式通常导致一种“拟人化”设计,软件对象被赋予了一些“拟人化”的行为特征,能“主动”承担与自身信息相关的职责,这与现实世界的职责逻辑是不同的。例如,现实世界中对订单进行结算的职责应该由收银员承担,而软件领域中订单对象被赋予了“生命”,承担了总价计算的职责。Peter Coad 称之为“DIY”(Do It Myself)策略,Craig Larman 称之为对象“活化”原则。

专家模式(与对象技术中的其他事物一样)是对真实世界的模拟。一般将职责分配给那些具有完成任务所必需信息的个体。例如在企业中,谁应当作出盈利或亏损的结论?答案是有权使用所有必要信息的人,例如首席财务官。因为信息一般分布在不同的对象上,如同软件对象之间要互相协作一样,首席财务官也要和其他人协作,例如要求会计师给出关于借贷的报告。

某些情况下,专家模式建议的方案也许并不合适,通常这是由于耦合与内聚问题产生的。例如,谁应当负责将 Order 存入数据库?大多数要保存的信息位于 Order 对象中,如果采用专家模式的建议,则会将此职责分配给 Order 类自身。那么按照这一逻辑,每个类都应当承担将自身保存到数据库的职责。显然,这会导致内聚、耦合及冗余方面的问题。例如,当 Order 类承担了数据库处理(如 SQL

和 JDBC)相关的职责后,Order 类就不再单纯围绕"订单"进行业务逻辑构建,从而降低了它的内聚。同时,这个类必须与其他子系统的数据库服务进行耦合,而不只是与软件对象在领域层的其他对象耦合,因此使耦合度上升。这样也会导致在大量持久性类中重复出现类似的数据库逻辑。

导致以上问题的原因是这种做法违反了关注点分离这一基本架构原则。应该将应用逻辑(如领域软件对象)与数据库逻辑(如单独的持久性服务子系统)等分开处理,而不是在同一构件中将不同的系统关注混合起来。

效果:由于对象使用自身信息来完成任务,信息的封装性得以维持。这样就支持了低耦合,进而形成更加健壮和可维护的系统。行为分布在那些具备所需信息的类之间,因此提倡定义内聚性更强的"轻量级"的类,这样易于理解和维护。

4.2.3 低耦合

名称:低耦合(low coupling)。

问题:怎样降低依赖性,减少变化带来的影响,提高重用性?

耦合(coupling)是元素之间连接、感知和依赖程度的度量,这些元素包括类、子系统、系统等。具有低(弱)耦合的元素不会过度依赖于其他元素。当具有高(强)耦合的类依赖于许多其他的类时,可能会产生以下问题:

(1) 由于与其他类的依赖关系是类特征的一部分,导致该类难以单独理解;

(2) 相关类的变化可能导致该类被迫修改;

(3) 使用高耦合类时需要它所依赖的类,可复用性低。

解决方案:分配职责,使耦合性尽可能低。利用这一原则来评估可选方案。

分析与讨论:低耦合是在制定设计决策期间必须牢记的原则。它是设计的基本目标,也是评估设计结果时要运用的评估原则(evaluative principle)。

在面向对象语言(如 C++、Java 和 C#)中,A 与 B 两种类型常见的耦合关系如下。

(1) 关联关系:A 具有引用 B 实例或 B 自身的属性。

(2) 委托关系:A 对象调用 B 对象的方法(函数)。

(3) 函数依赖关系:A 中存在引用 B 实例或 B 的方法(函数)。通常包括 B 中参数或局部变量,以及 B 的返回类型。

(4) 继承关系:A 是 B 的直接或间接子类。

(5) 实现关系:B 是接口,A 是 B 接口的实现。

低耦合模式提倡职责分配要避免产生具有负面影响的高耦合。低耦合支持在设计时降低类的依赖性,这样可以减少变化所带来的影响。低耦合作为影响职责分配的设计原则之一,应与专家等其他模式结合运用。

继承是一种强耦合关系,子类与其超类之间有很强的耦合性。因此,要仔细考虑涉及超类导出的任何决定。例如,假设领域对象都需要基于数据库技术的持久化支持。是否能将持久化行为统一定义在一个 PersistentObject 抽象类中,由该类导出其他具体类？尽管这样定义子类具有自动继承持久性行为的优点，但使得领域对象和特定技术服务之间具有高耦合性，并且混淆了不同的关注点，不是一个好的设计方案。

没有绝对的度量标准来衡量耦合程度的高低。重要的是能够估测当前耦合的程度，并估计增加耦合是否会导致新的问题。一般来说，那些有着自然继承关系的类和复用程度较高的类，具有较低的耦合性。

在面向对象技术中，系统由相互连接的对象构成，对象之间通过消息通信。对象之间的适度耦合，对于创建面向对象系统来说是正常和必要的，其中的任务通过被连接的对象之间的协作来完成。耦合度过低也会产生不良设计，其中会使用一些缺乏内聚性、膨胀、复杂的主动对象来完成所有工作，并且存在大量被动、零耦合的对象来充当简单的数据知识库。

高耦合本身并不是问题所在，问题是与某些方面不稳定的元素之间的高耦合，这些方面包括接口、实现等。重要的一点是：设计者可以增加灵活性，封装细节和实现，以及在系统众多方面降低耦合的一般性设计。但如果将精力放到“未来验证”的或没有实际理由的低耦合设计上，则所花费的时间并不值得。因此必须在降低耦合和封装事物之间进行选择，应该关注在实际中极其不稳定或需要优化的地方。

此外，高耦合对于稳定和普遍使用的元素而言并不是问题。例如，Java 库是稳定、普遍使用的，人们在设计自生程序时能安全地与 Java 库（java.long、java.util 等）耦合。

效果：（1）不受其他构件变化的影响；（2）易于单独理解；（3）便于复用。

4.2.4 高内聚

名称：高内聚（high cohesion）。

问题：怎样保持对象是功能聚焦的、可理解的、可管理的，并且能够支持低耦合？

从对象设计的角度来说，内聚（或功能内聚）是对元素职责的相关性和集中度的度量。如果元素具有高度相关的职责，而且没有过多工作，那么该元素具有高内聚性。这些元素包括类、子系统等。

解决方案：分配职责时需要保持高内聚性，基于此评估候选方案。

内聚性较低的类要么职责过多，要么职责相关性低。这样的类是不合理的，它们会导致以下问题：

（1）难以理解；

（2）难以复用；

（3）难以维护；

（4）脆弱，经常受到变化的影响。

内聚性低的类通常表示大粒度的抽象，或承担了本应委托给其他对象的职责。

分析与讨论：与低耦合一样，在所有的设计决策期间，高内聚是要时刻牢记的基本原则。它是评估所有设计决策时，设计者要使用的评价原则。

Grady Booch 认为，当构件元素（如类）能够共同协作并提供某种良好界定的行为时，则存在高功能性内聚。

以下是描述不同功能性内聚程度的一些场景。

(1) 极低内聚。当一个类单独承担不同功能领域中的大量事务时表现为极低的内聚性。例如，假设存在一个名为 RDB_RPC 的类，它除了负责与关系数据库交互的所有工作，还负责处理远程过程的调用。这是两个完全不同的功能领域，并且每个领域都需要大量代码来支持。因此，应该将这些职责分为一组与 RDB 访问相关的类和一组与 RPC 支持相关的类。

(2) 低内聚。当一个类单独负责一个功能性领域内的复杂任务时，表现为低内聚性。例如，假设存在一个名为 RDB 的类，它负责与关系数据库交互的所有工作。这个类的所有方法之间是相互关联的，但是数量过多，又需要大量代码支持，其中或许有成百上千个方法。这个类应当分为一组能分担 RDB 访问工作的轻量级类。

(3) 高内聚。当一个类只负责某个功能领域中的相对专一的职责，并与其他类协作完成任务时，表现出高内聚性。例如，假设存在名为 RDBConnection 的类，它只负责与关系数据库的连接功能。为了检索和存储对象，它要和许多与 RDB 访问相关的类交互。

(4) 适度内聚。当一个类负责几个不同领域中的轻量级和单独的职责，而且这些领域在逻辑上与类的概念相关，但彼此之间并不相关时，表现出适度的内聚性。例如，假设存在名为 Company 的类，它负责了解所有雇员信息和财务信息的所有工作。这两个领域虽然在逻辑上都与公司的概念相关，但彼此之间并没有太紧密的关联。另外，其公共的方法并不多，其代码的总量也不多。

根据经验，高内聚类的方法数目较少、功能性有较强的关联，而且不需要做太多的工作。如果任务规模较大，它就与其他对象协作，共同完成这项任务。高内聚类的优势明显，因为它易于维护、理解和复用。高度相关的功能性与少量的操作相结合，也可以简化维护和改进的工作。细粒度的、高度相关的功能性也可以提高复用的潜力。高内聚模式是对真实世界的类比。显而易见，如果一个人承担了过多不相关的工作，尤其是本应委派给别人的工作，那么此人一定没有很高的工作效率。从某些还没有学会如何分派任务的经理身上可以发现这种情况，因此其正承受着低内聚所带来的困难，并且变得“分身乏术”。

耦合和内聚是软件设计中历史悠久的原则，但用对象进行设计并不意味着忽略原有的基本原则。其中与耦合和内聚关系紧密的另一个原则是模块化设计。模块化是将系统分解成一组内聚的、松散耦合的模块的特性。通过创建具有高内聚的方法和类来促进模块化设计。在对象级别设计上，设计目标清晰、功能单一的方法，并且将一组相关性强的关注点置于一个类中，以此来实现模块化。

内聚与耦合相互依赖，不良内聚通常会导致不良耦合，反之亦然。例如，考虑一个 GUI 窗口小部件类，它代表并绘制窗口小部件，将数据存入数据库，并调用远程对象服务。这样，它不仅是极低内聚的，而且还耦合了大量元素。

效果：

（1）能够更加轻松、清楚地理解设计；

（2）简化了维护和改进工作；

（3）通常支持低耦合；

（4）由于内聚的类可以用于某个特定的目的，因此细粒度、相关性强的功能的重用性增强。

4.2.5 控制器

名称：控制器（controller）。

问题：在UI层之上首先接收和协调（控制）系统操作的第一个对象是什么？

在系统分析与设计期间，要首先探讨系统操作。这些是系统的主要输入事件。例如，当使用POS终端的收银员按下“结束销售”按钮时，他就发起了表示“销售已经终止”的系统事件。类似地，当使用文字处理器的书写者按下“拼写检查”按钮时，他就发起了表示“执行拼写检查”的系统事件。

控制器是UI层之上的第一个对象，负责接收和处理系统操作消息。

解决方案：将职责分配给能代表以下选择之一的类。

（1）代表整个系统、根对象、设备或主要子系统，这些属于外观控制器（facade controller）。

（2）代表会发生系统事件的用例场景，一般称为用例控制器或会话控制器，命名方式一般为用例名称加上Handler、Coordinator或Session等，例如ProcessOrderHandler。对于同一用例场景的所有系统事件应使用相同的控制器类。这里提到的会话是与参与者进行交谈的实例，一般按照用例来组织，即用例会话，会话可以具有任意长度。

注意“窗口”（window）、“视图”（view）或“文档”（document）类不在以上选择内。这些类不直接完成与系统事件相关的任务，而是负责接收事件，并将其委派给控制器。

分析与讨论：系统接收外部输入事件的形式主要包括基于UI的用户输入以及基于其他媒介的输入（例如电信交换机信号和控制系统中的传感器信号等）。系统必须为这些输入事件选择一个处理者，一般情况下可由控制器担任这个处理者角色。控制器将需要完成的工作委派给其他对象，并协调或控制这些活动，本身并不完成大量工作。如图4.5所示，UI层一般不会包含应用逻辑，而是负责接收用户请求并将其委派给其他层，当“其他层”是领域层时，选择一个控制器作为领域层的代表接收工作请求。

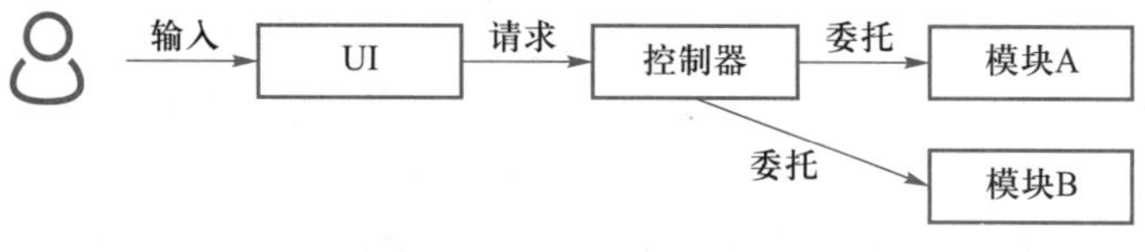

图4.5 控制器的工作方式

对于表示整个系统、装置或子系统的外观控制器，其思想是设计一个类，指定其为应用的其他层之上的封面或外观，并使其提供 UI 层向其他层调用服务的主要接触点。外观可以是整个物理单元的抽象，如 Phone 或 Robot，也可以是代表整个软件系统的类，如 ShoppingSystem，还可以是设计者用来表示整个系统或子系统的其他概念，如果是游戏软件，甚至可以是 ChessGame。

当系统事件较少，或者用户界面（UI）不能将系统事件消息重定向到其他控制器（如在消息处理系统中）时，选择外观控制器是合适的。外观控制器的职责过多会变得“臃肿”，且会导致低内聚或高耦合的设计，这时就需要考虑使用用例控制器。当有跨越不同过程的大量系统事件时，用例控制器也是比较合适的。它可以将这些系统事件的处理解析为不同的可管理和独立的类，同时能够对感知和推理用例场景当前状态提供基本支持。

如果选择用例控制器，那么对于每个用例，应使用不同的控制器。注意，这种控制器不是领域对象，它是支持系统的人工构造物（在 GRASP 模式的术语中称为纯虚构）。例如，如果 JPetStore 应用包含处理订单这样的用例，那么会有 ProcessOrderHandler 类等。

在 UP 和 Jacobson 的原有对象方法中，存在边界、控制和实体类的概念。边界对象（boundary object）是接口的抽象，实体对象（entity object）是与应用无关的领域软件对象，控制对象（control object）就是控制器模式中所描述的用例处理者。

效果：

（1）增加了可复用和接口可插拔的潜力。这些优点保证不在接口层处理应用逻辑。从技术上讲，控制器职责可以在接口对象中处理，但这样的设计意味着程序代码和应用逻辑的实现会嵌入接口或窗口对象。接口作为控制器的设计会降低在未来应用中复用逻辑的机会，因为与特定接口绑定的逻辑很少能够适用于其他应用。反之，将系统操作的职责委派给控制器可以支持在未来应用中重用逻辑。并且，因为应用逻辑没有与接口层绑定，所以可以替换为其他接口。

（2）获得了推测用例状态的机会。有时必须保证系统操作以合法顺序发生，或者要推测用例活动和操作的当前状态。可以利用控制器做到这一点，尤其是在用例中始终使用同一个控制器时更应如此。

4.2.6 多态性

名称：多态性（polymorphism）。

问题：如何处理类型替换？如何创建可插拔软件构件？

应对条件变化选择合适的分支是结构化程序设计的一个基本逻辑，在面向对象程序设计中体现为应对条件变化常需要选择合适的类型进行替换。如果使用选择结构（if-else 和 switch）来设计程序，当出现新的变化时，则需要对分支的设计进行修改，使得程序的可扩展性和可维护性受到限制。为解决这个问题，需要在应用层和服务层之间设计一个可插拔软件构件，使得替换服务器构件时，对应用层不产生影响。例如,笔记本计算机和外设之间设计了 USB 接口,通过 USB 接口为笔记本计算机提供服务的设备可以是变化的,如 U 盘、移动硬盘、摄像头等。

解决方案:应对条件变化时,当替换的行为随类型(类)有所不同时,使用多态为变化的类型分配职责,而不是测试对象类型和使用条件逻辑来执行基于类型的不同选择。

分析与讨论:多态是一个基本的设计原则,用于设计系统如何组织以处理类似的变化。基于多态分配职责的设计能够被简便地扩展以处理新的变化。例如,增加新的实现特定接口的具体类将对现有系统产生很小的影响。

在大部分面向对象语言中,多态通过使用抽象类或接口来实现。关于接口和抽象类的选择,一般当需要支持多态但是又不想约束于特定的类层次结构时,可以使用接口。如果使用抽象类而不是接口,那么多态方案在该抽象类和其子类基础上实现,这对 Java、C#等单继承语言来说有一定局限性。如图 4.6 所示,针对几何形状的面积计算行为设计一个 Shape 接口,所有能计算面积的形状都实现该接口,客户端的设计依赖于 Shape 接口,当具体引用的对象不同时,面积计算的具体实现也会不同。

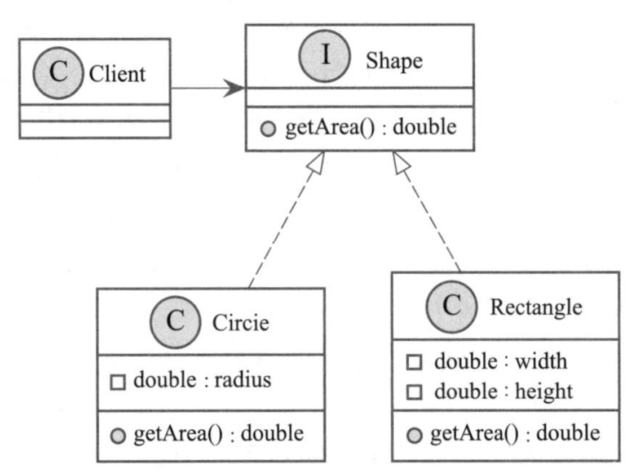

图 4.6 通过 Shape 接口实现面积计算的多态性

有时,开发者会针对某些未知的可能性变化进行"未来验证"的推测,由此而使用接口和多态来设计系统。如果这种变化点是基于立即或十分可能变化的原因而明确存在的,那么通过多态来增加灵活性是合理的。但需要进行批判性评价,判断通过多态进行灵活性改进的付出是否必要,其关键在于由多态设计形成的变化点在现实中是否真实有效。

效果:

(1) 易于增加新变化所需的扩展;

(2) 无须影响客户便能够引入新的实现。

4.2.7 纯虚构

名称:纯虚构(pure fabrication)。

问题:当人们并不想违背高内聚和低耦合或其他目标,但是基于专家模式所提供的方案又不合适时,哪些对象应该承担这一职责?

面向对象设计有时会被描述为:实现软件类,使其表示真实世界问题领域的概念,以降低表示差异。例如 Order 和 Customer 类。然而,在很多情况下,只对领域层对象分配职责会导致不良内聚或耦合,或者会降低复用潜力。

解决方案:人为制造一个问题领域之外的类,并给它分配一组高内聚的职责,用以支持设计的高内聚、低耦合和可复用性。这种类是凭空虚构的。理想状况下,分配给这种虚构物的职责要支持高内聚和低耦合,使这种虚构物清晰或纯粹,因此称为纯虚构。

分析与讨论:对象的设计普遍分为两类:一是通过表示解析(representational decomposition)产生,二是通过行为解析(behavioral decomposition)产生。

例如,诸如 Order 等软件类的创建是根据表示解析得来的,这种软件类涉及或代表领域中的事物。表示解析是对象设计中的常见策略,并支持低表示差异的目标。但有时需要对行为分组或通过算法来分配职责,而无须创建任何名称或目的与现实世界领域概念相关的类。诸如 TableOfContentsGenerator 等"算法"对象就是一个好例子,其用途是生成目录大纲,并被开发者创建为帮助类或便利类,其间并没有考虑从书籍和文档的领域词汇中选择名称。开发者将其视为便利类,将相关的行为或方法组织在一起,其动机正是行为解析。加以对比,名为 TableOfContents 的软件类源于表示解析,而且其包含的信息应该与真实领域的概念一致。

识别类是否为纯虚构并不重要。这只是表示普遍思想的教学概念,即有些软件类源于领域中的表示,而有些软件类只是对象设计者为图方便而虚构的。设计这些便利类通常是为了组合一些常用行为,其动机正是行为解析而非表示解析。换言之,纯虚构通常基于相关的功能性进行划分,因此这是一种以功能(或行为)为中心的对象。大量现有的面向对象设计模式都是纯虚构的例子,例如 GOF 中的适配器、策略、命令等。

有时根据信息专家模式所提供的方案并不是所需的。即使对象由于持有大量相关信息而被作为职责的候选者,但是在其他方面,这种选择会导致不良设计,通常是由于内聚和耦合中的问题。

对象设计初学者和更熟悉功能组织和分解软件的人有时会滥用行为解析及纯虚构。极端情况下,功能即对象。创建"功能"或"算法"对象本来并没有错,但是这需要平衡于表示解析设计的能力(例如应用专家模式的能力),这样便能够使诸如 Order 等表示对象同样具有职责。专家模式所支持的目标是:将职责与这些职责所需信息结合起来赋予同一个对象,以实现对低耦合的支持。如果滥用纯虚构,会导致大量行为对象,其职责与执行职责所需的信息没有结合起来,这样会对耦合产生不良影响。其通常征兆是:对象内的大部分数据被传递给其他对象用以处理。

效果:

(1) 支持高内聚,因为职责被解析为细粒度的类,这种类只着重于极为特定的一组相关任务;

(2) 增加了潜在的复用性,因为细粒度纯虚构类的职责可适用于其他应用。

4.2.8 间接性

名称:间接性(indirection)。

问题:为了避免两个或多个事物之间直接耦合,应该如何分配职责?如何使对象解耦合,以支持低耦合并提高复用性潜力?

解决方案:将职责分配给中介对象,使其作为其他构件或服务之间的媒介,以避免它们之间的直接耦合。中介实现了其他构件之间的间接性。

分析与讨论:如同大量现有的设计模式是纯虚构的特例一样,许多设计模式也同样是间接性的特例。适配器、外观和观察者就是这样的例子。此外,许多纯虚构是因为间接性而产生的。间接性的动机通常是为了低耦合,即在其他构件或服务之间加入中介以进行解耦。

效果:实现了构件之间的低耦合。

4.2.9 防止异变

名称:防止异变(protected variation)。

问题:如何设计对象、子系统和系统,使其内部的变化或不稳定性不会对其他元素产生不良影响?

解决方案:识别预计变化或不稳定之处,分配职责用以在这些变化之外创建稳定接口。这里使用的"接口"指的是广泛意义上的访问视图,而不仅仅是 Java 等面向对象编程语言中的接口定义。

分析与讨论:这是非常重要和基本的软件设计原则。许多软件或架构设计技巧都是防止异变的特例,例如数据封装、多态、数据驱动设计、接口、虚拟机、配置文件、操作系统等。

防止异变(PV)最早是由 Cockburn 所提出的命名模式,实际上这个十分基本的设计原则在数十年来有过不同的名称,例如术语信息隐藏和开闭原则。

PV 是一个根本原则,其促成了大部分编程和设计的机制和模式,用来支持灵活性和应对变化产生的影响,包括数据、行为、硬件、软件构件、操作系统等类型的变化。早期,人们学习数据封装、接口和多态等核心机制来实现 PV。后来,人们学习的技术包括基于规则的语言、规则解释器、反射和元数据设计、虚拟机等,这些技术都能够用于防止某些变化。以下是一些常见的 PV 技术。

PV 核心机制包括数据封装、接口、多态、间接性和标准。例如虚拟机和操作系统等构件其实是实现 PV 的间接性的复杂例子。

数据驱动设计中变化因素以各类数据的形式体现,通过外置、读取并判断这些变化因素,在运行时以某种方式改变或"参数化"系统,这样能够防止数据、元数据或说明性变量等对系统产生影响。这里的数据形式可能包括代码、值、类文件路径、类名、样式表、对象-关系映射元数据、属性文件、读取窗口布局等。

服务查询包括使用命名服务(如 Java JNDI)或用来获取服务的经纪人(如

Web Service 的 UDDI)等技术。通过使用查询服务的稳定接口,客户能够避免因服务位置变化产生的影响,这是数据驱动设计的一种特例。

解释器驱动的设计包括读取并执行外部规则的规则解释器、读取并运行程序的脚本或语言解释器、虚拟机、执行网络的神经网络引擎、读取并分析约束集的约束逻辑引擎等。这种方式能够通过外部逻辑实现表达式变更或参数化系统行为。系统通过外置、读取、解释逻辑而避免了逻辑变化的影响。

反射或元级设计通过反射算法(包括自省和元语言服务技术)避免逻辑或外部代码变化对系统产生影响。该方法可以视为数据驱动设计的特例。

变化一般存在两种类型:一是针对现有系统或需求中的变化点,例如支持多个显示设备接口;二是针对未来可能产生的变化,也称作进化点。PV 对两种情况均适用。针对进化点应用 PV 时,需要预测预防性工程成本是否大于由于变化重做设计的成本。如果预测将来验证或预测“复用”的可能性十分不确定,则需要有克制和批判。优秀的开发者会理智地进行选择,有时简单设计所节约的成本可能会与其进化所需的成本达成平衡。

效果:

(1) 易于扩展,不影响现有客户;

(2) 低耦合;

(3) 能够降低变化的成本或影响。

4.3 其他原则

除了 GRASP 设计原则,SOLID 是由编程大师 Robert C.Martin 整理的一套面向对象设计的一般原则,包括单一职责原则(single responsibility principle,SRP)、开闭原则(open-closed principle, OCP)、里氏替换原则(Liskov substitution principle,LSP)、接口隔离原则(interface segregation principle,ISP)和依赖倒置原则(dependency inversion principle,DIP)五种具体原则。

单一职责原则指一个类只存在唯一一个导致其变更的原因。

开闭原则指软件应该对扩展开放、对修改关闭。换句话说就是软件面对新需求能进行扩展,无须修改已有模块源代码。开闭原则是最核心的设计原则,其关键在于面向抽象编程思想。子类型多态和参数化多态都是遵循开闭原则的重要技术。

里氏替换原则指继承必须确保超类所拥有的性质在子类中仍然成立,即:所有引用基类的地方都能用子类对象替换,不影响业务逻辑。里氏替换原则可以解析为四个具体要求:(1) 子类可以实现父类的抽象方法,但不能覆盖父类的非抽象方法;(2) 子类中可以扩展(或增加)自己特有的方法,不涉及父类的应用场景;(3) 当子类的方法重载父类的方法时,方法的前置条件(即方法的形参)要比父类方法的输入参数更宽松;(4) 当子类的方法实现父类的抽象方法时,方法的后置条件(即方法的返回值)要比父类更严格。

接口隔离原则指一个类对另一个类的依赖应该建立在最小的接口上,客户端不应该依赖它不需要的接口。如图 4.7 所示,单一的接口 IAction 定义了动物的多种行为特征,当定义某种动物类(例如狼和鹰)时,需要实现接口的所有函数,尽管一些行为是某类具体动物不具备的。

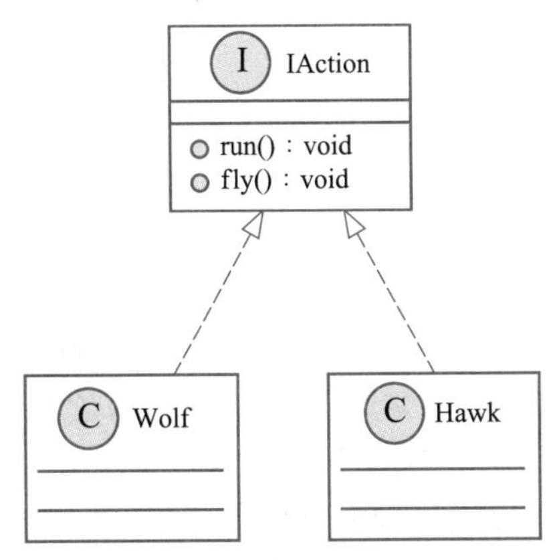

图 4.7　违背接口隔离原则的接口设计

依赖倒置原则指高层模块不应该依赖底层实现模块,二者都应该依赖其抽象。在讨论开闭原则时已经接触了依赖倒置原则,如果说“开放扩展,关闭修改”是软件结构设计的目标,那么依赖倒置则是实现这一目标的主要机制。

除了 SOLID 设计原则,还有诸如迪米特法则(law of Demeter, LoD)、合成复用原则(composite reuse principle, CRP)等优秀的设计思想和原则被广泛应用。

本章小结

本章围绕三个基本设计思想和 GRASP、SOLID 等设计原则(或模式)探讨优秀的设计思想和理念。三个基本思想包括抽象原则、模块化与独立性、关注点分离,这些思想在面向对象软件设计中都得到了自然体现,是人们进行设计的指导思想。本章介绍的创建者、信息专家等另外 9 种职责分配原则相对而言要更加具体,可以直接指导面向对象软件设计工作。

本章习题

一、简答题

1. 多态性和接口是什么关系? 多态性在系统设计中有什么作用?
2. 如何通过多态性降低对象之间的耦合度? 请举例说明。
3. 一个良好的接口设计是否有助于应对未来变化? 请举例说明。

二、思考与实践

1. 查询资料阐述防止异变原则与开闭原则之间的关系。
2. 在 GitHub、Gitee 等代码托管平台选择一个热门开源项目进行分析,阐述该项目的设计体现了哪些设计原则和模式。

第五章　对象交互设计与类的设计

构建对象序列图是设计环节最重要的工作。其中，各个对象职责分配的合理与否，决定了系统设计质量的好坏。那么，如何构建对象序列图呢？本章将针对这个问题，重点围绕以下子问题开展突破：

（1）构建对象序列图的输入是什么？

（2）构建对象序列图的过程中所依据的理论是什么？

（3）构建对象序列图的具体过程如何？

【学习目标】

（1）理解系统操作契约后置条件的意义；理解对象序列图、设计类图的构成元素及其语义；理解系统操作契约与对象序列图之间的关系；理解概念类图与设计类图之间的区别与联系。

（2）掌握面向对象设计与建模的能力：能够在深刻理解职责分配设计模式的基础上，合理应用并构造对象序列图；能够深刻理解对象序列图各符号所代表的含义，并结合概念类图，将其转换为对应的类的设计。

（3）了解从对象序列图和设计类图到代码的转换。

【学习导图】

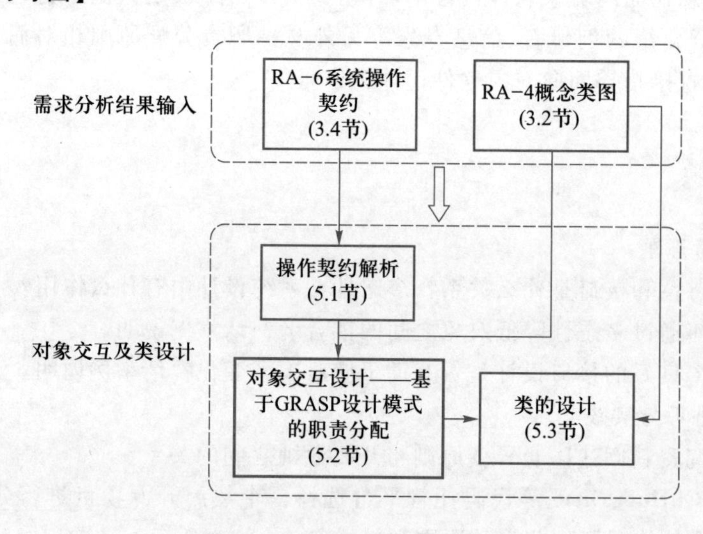

5.1 系统操作契约解析

构造对象序列图的输入来自需求分析阶段构造的系统操作契约以及对应的概念类图。如前所述,系统操作契约的核心部分是其前置条件和后置条件。其中,前置条件代表了系统操作执行之前需要满足的基本假设条件,后置条件代表了系统操作执行完毕之后系统状态变化后的结果。

而构建对象序列图最关键的步骤就是分析系统操作契约的后置条件,其原因在于,系统操作执行完毕之后需要满足的系统状态包含了三类情形:

(1) 对象被创建或销毁;

(2) 对象的属性发生变更;

(3) 对象之间的连接关系被创建或销毁。

引发这三类状态变迁的动作一定发生在系统操作的内部,而且是由系统操作内部的各相关对象通过消息传递(方法调用)实现的。系统设计师需要围绕系统操作进行分析,进而合理地作出决策,即决定该由哪些对象来具体接收这些相关消息(消息接收者即职责承担者),也就是职责分配过程——这就是系统设计中针对对象交互以及类进行设计的本质。

下一节将具体探讨对象间的职责分配该如何表达。

5.1.1 对象序列图的模型元素与语义

对象间的职责分配可以通过对象序列图来表达。读者应能够记起在需求分析阶段,本书探讨了“用例序列图”(详见 3.2 节)。虽然都是序列图,但用例序列图和对象序列图既有区别,又有联系:用例序列图可以将系统或者用例作为一个黑盒子,而不必探寻其内部的对象构成以及对象之间的消息传递。在对象序列图中,就需要打开黑盒子,将其内部交互的细节展现出来了。需要注意的是,针对用例序列图中的每一个系统操作,均需要给出一个对象序列图予以准确规约,否则该系统操作内部是模糊且不可见的。

与“3.2.2 开发用例序列图”一节中关于用例序列图的描述类似,本章所使用的对象序列图的图形元素,如参与者、生命线、激活期、消息和控制段,与用例序列图的图形元素有相同的语法和语义。不同之处在于将用例序列图中的用例换成了对象、系统操作换成了消息。

- 对象:系统操作内部真正承担参与者服务请求响应的类的实例。对象同样用矩形框表达。需要留意的是矩形框中的对象命名——对象命名常用两种形式:(1) 显示对象的名称和类的名称,表达方式为“张三:顾客”,其中,张三是对象名,顾客是类名,二者之间用冒号隔开,表示顾客类属下的对象“张三”;(2) 显示类名不含对象名,表达方式为“:顾客”,即在类名前加冒号,表示顾客类属下的匿名对象。

- 消息(message):在对象序列图中,消息代表的是对象之间的方法调用;消息的发出者是服务请求方,消息的接收者是服务提供方,消息是由服务提供方

(接收者)内部实现和执行的方法。消息位于服务请求方和服务提供方的生命线之间,垂直于生命线,用直线箭头来表示;箭头由消息发出者(服务请求方)指向消息接收者(服务提供方),箭头上标注消息的签名,即消息名、消息参数表、消息返回值。例如,图 5.1 中的"create_account (tel:string, password:string):boolean"

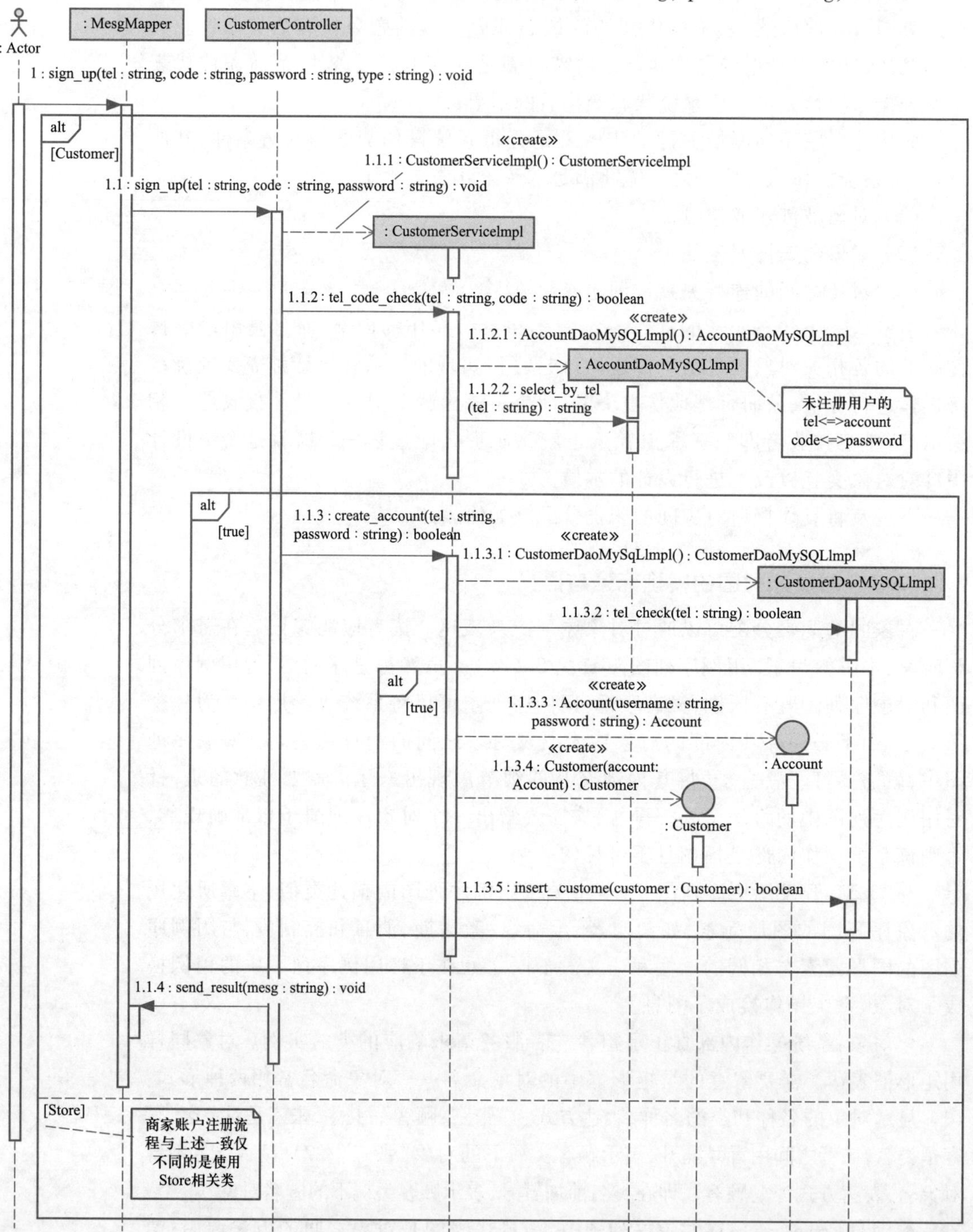

图 5.1 系统操作"用户注册(sign_up())"的对象序列图示例

即消息签名，其中，create_account 是消息名，tel 和 password 是消息参数，string 是相关参数的类型，最后一个冒号后的 boolean 是消息返回值类型；消息签名下面的箭头即该签名所代表的消息。

5.1.2　从系统操作契约到对象序列图

对于系统操作契约的解析主要从其后置条件入手。JPetStore 关于系统操作“用户注册(sign_up())”的操作契约的定义如表 5.1 所示。

表 5.1　系统操作 sign_up()的契约定义

系统操作契约	
系统操作	sign_up(tel:string,code:string,password:string,type:string)
职责	验证手机验证码并注册设置账号和密码
交叉引用	注册账号(用例)
备注	3 s 内完成验证和注册响应
异常处理	无
前置条件	1. 验证码格式合法，否则提示 2. 电话号码格式合法，否则提示 3. 密码格式合法，否则提示
后置条件	1. 如果通过，且选择顾客，则创建顾客对象，并写入数据库 2. 如果通过，且选择商家，则创建商家对象，并写入数据库

从表 5.1 可知，系统操作 sign_up()的后置条件中定义了两项职责，二者之间是“或”的关系。它们分别是：

- 职责 1：创建顾客对象，并写入数据库。
- 职责 2：创建商家对象，并写入数据库。

也就是说，当参与者向系统发出“用户注册(sign_up())”的操作请求时，系统将在内部完成“职责 1”或者“职责 2”所定义的内容。

职责的内容非常明确，但由哪个/哪些对象来承担更为合适？同时，在承担相关职责的过程中，相关对象是如何通过交互来完成相关职责的？这便是设计过程中所要面临的主要问题。

因此，从表 5.1 定义的系统操作契约出发，结合该系统操作所属用例所开发的概念类图，开发出图 5.1 所示的对象序列图，需要完成的关键设计工作就是“职责分配”，即回答前文所述“由谁来承担职责”及“对象如何交互以完成职责”这两个主要问题。

一般而言，设计完成“职责分配”往往需要系统设计师拥有非常丰富的设计经验，才能做到恰如其分的分配以满足软件工程设计原则中的“高内聚、低耦合”

和“提高模块独立性、降低复杂度”等目标。但这通常是可遇而不可求的。鉴于此，基于工业界及学术界过去数十年软件工程实践，有学者总结出了一些用于解决职责分配过程中若干经典问题的设计模式，即通用职责分配软件模式（general responsibility assignment software pattern，GRASP）。

GRASP 虽然不能枚举并解决设计过程中“职责分配”面临的所有问题，但能在解决经典问题的基础上，给予系统设计师一些启发式的思考。

5.2　对象交互设计——基于 GRASP 设计模式的职责分配

GRASP 探讨了九种经典的设计模式[22]，本书从中选取了最常用的几种模式加以探讨和举例，这些常用的模式包括专家模式、创建者模式、控制器模式、高内聚模式、低耦合模式。本章会探讨如何使用这些设计模式来帮助构建对象序列图。希望读者能通过相关示例，而不是记忆 GRASP 设计模式的各个条款来掌握其适用环境和使用方法；同时希望这些基于职责分配的设计思路能够给予读者在系统设计方面的启发。读者若想更加全面地了解 GRASP 的职责分配设计模式及其他程序设计模式，建议阅读相关专著。

5.2.1　专家模式在对象序列图构建中的应用案例

当人们不确定某项职责应该分配给哪个对象时，通常会选择将职责分配给信息专家。因为信息专家往往具有实现这个职责所必需的信息。在这种情况下，就不需要更多的持有其他信息的对象参与进来，从而减少了通信的开销。

下面分步骤介绍如何使用专家模式构建对象序列图。

（1）分析用例系统操作契约的后置条件，明确实现某个系统操作需要完成哪些职责。

以表 5.2 所示的后置条件为例，可以看出本次系统操作需要完成 1 项职责（即计算得到订单的应付金额）。

表 5.2　账户注册操作的契约

系统操作	计算订单总额
交叉引用	订单结算管理（用例）
前置条件	1. 订单对象已经存在 2. 订单对象中包含了一个商品列表，该列表由若干数量的商品组成，且数量大于或等于 1 3. 各商品的价格已给定
后置条件	根据订单中的商品，得到了订单的应付金额

（2）事实上，针对后置条件中的每项职责都需要进行职责分配。现尝试结

合该用例的概念类图分析其潜在承担者。

该用例的概念类图(局部)如图 5.2 所示,据此思考应由谁承担职责。

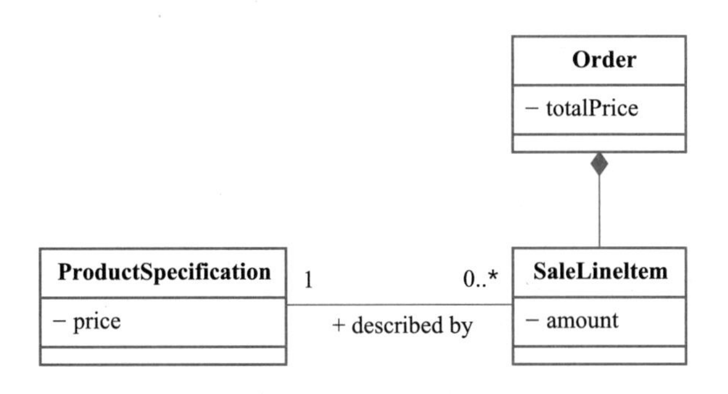

图 5.2 订单结算管理用例的概念类图(局部)

- 应用“专家模式”,首先找到 Order(只有它才知道交易商品的列表),它将负责计算总额;
- 为了计算总额,需计算小计金额,再次应用“专家模式”,找到 SaleLineItem,只有它才知道订单中各商品数量;
- 最后,计算小计金额需要商品单价,应用“专家模式”,于是找到 ProductSpecification,只有它才知道各类商品的单价。

(3) 确定职责后绘制对象序列图,如图 5.3 所示。

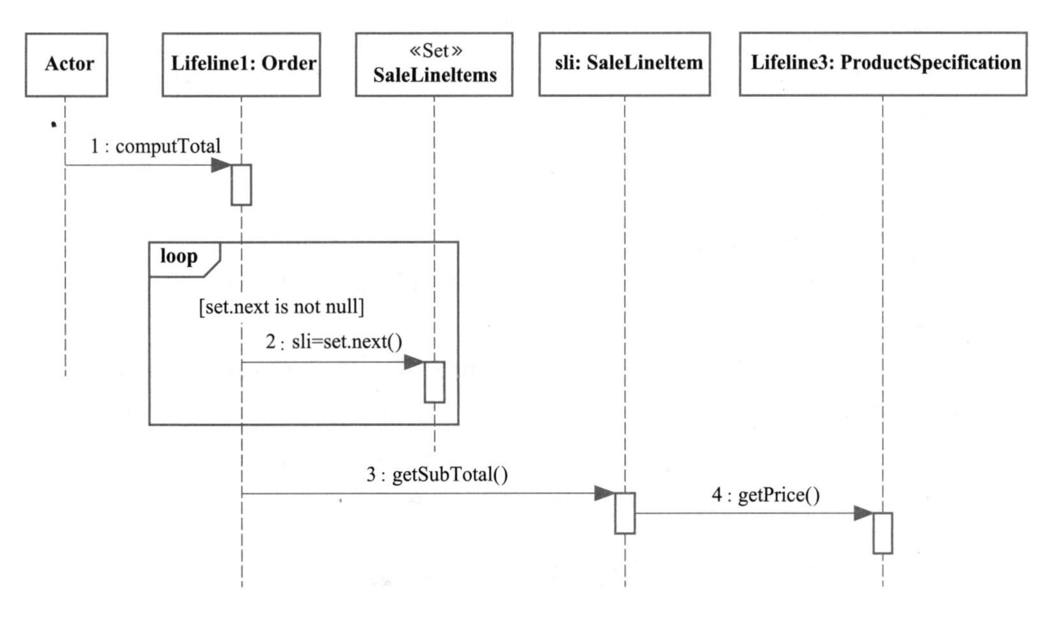

图 5.3 计算订单总额的对象序列图

(4) 根据对象序列图,增补原概念类图的方法部分,构成设计类图,如图 5.4 所示。

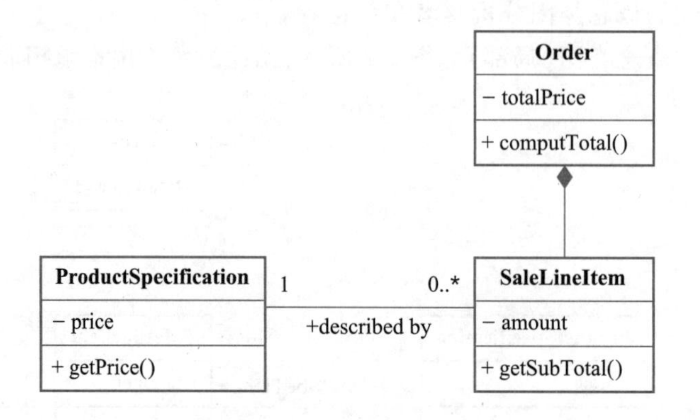

图 5.4　由计算订单总额的对象序列图导出的设计类图

5.2.2　创建者模式在对象序列图构建中的应用案例

创建对象是系统运行过程中的主要操作之一。当需要创建某个对象时，究竟该由哪个对象来承担这个职责呢？要知道，当某个对象创建了另一个对象，也就意味着两个对象构成了非常强的连接（依赖）关系。被创建者往往要等到创建者消除二者之间的连接，才能被销毁并被内存回收——可想而知，如果创建者的生命周期很长，则被创建者往往不得不一直存在而得不到销毁和回收。

创建者模式建议，当如下情形发生时（条件满足越多越好），最好选用 B 作为 A 的创建者：

（1）B“包含”或组成聚集 A；

（2）B 记录 A；

（3）B 直接使用 A；

（4）B 具有 A 的初始化数据，并且在创建 A 时会将这些数据传递给 A（因此对于 A 的创建而言，B 是专家）。

以表 5.2 所示系统操作契约定义的案例为例，思考应该由谁来创建顾客 Customer 的对象。如图 5.5 所示，作为创建者的候选对象来自其概念类图所识别的概念类的集合。其中，对上述四条规则符合最多的就是 CustomerServiceImpl 类，因此选择其作为 Customer 的创建者，得到的对象序列图如图 5.1 所示。

5.2.3　控制器模式在对象序列图构建中的应用案例

系统操作是系统的主要输入事件。此处仍以表 5.2 定义的系统操作契约及其所属用例为例：当新用户在登录页面点击“注册新用户”按钮时，他就发起了表示“用户注册（sign_up()）”的系统事件。控制器（Controller）响应该事件的第一个对象，它负责接收和处理（或转发）这个系统操作消息。

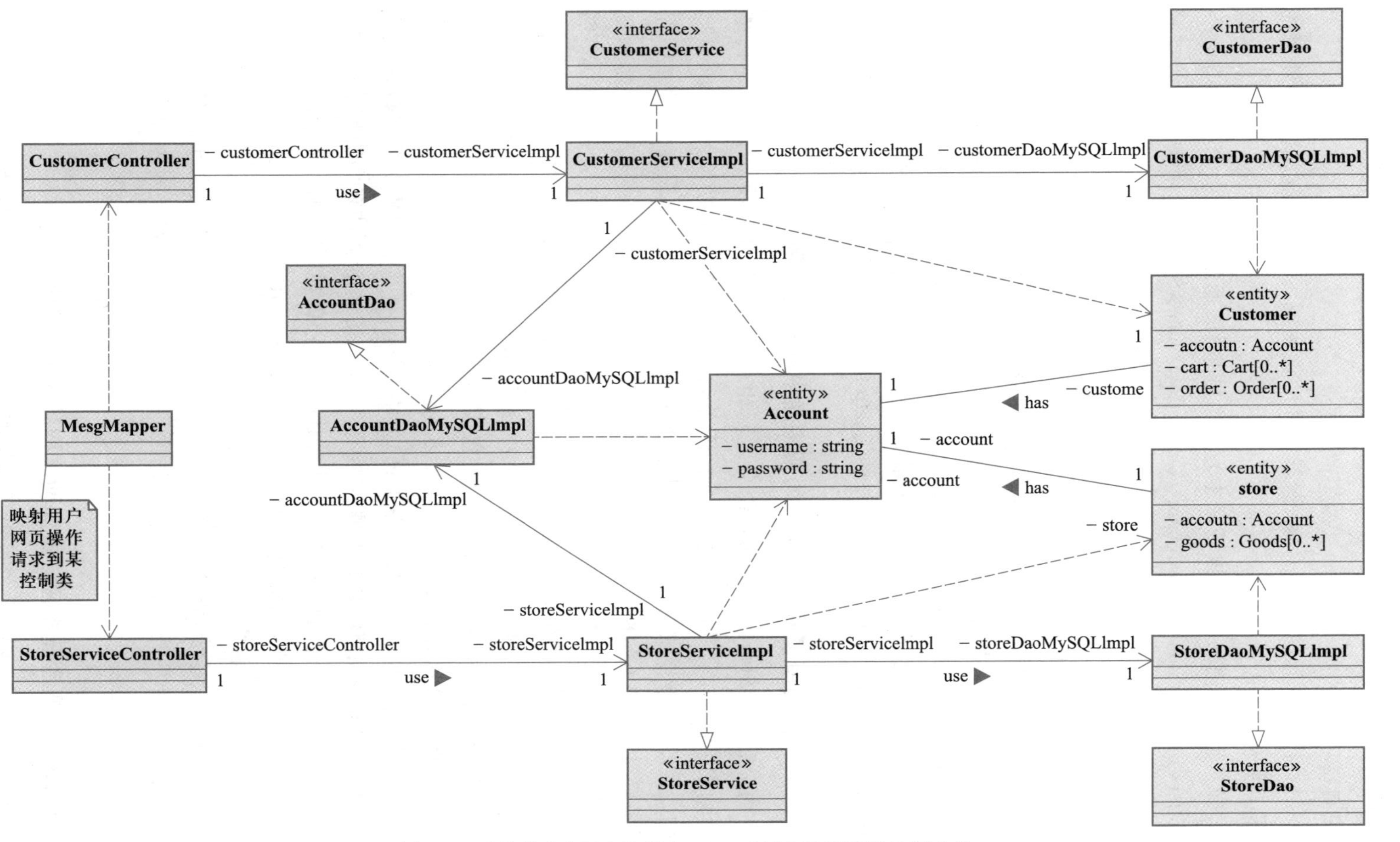

图 5.5 系统操作“用户注册(sign_up())”所属用例的概念类

控制器模式用于明确首先接收和处理(或转发)系统操作的第一个对象是什么。控制器模式建议,当如下情形发生时(条件满足越多越好),最好将该对象用作控制器对象:

(1) 代表整个系统、根对象、运行软件的设备或主要子系统,这些是外观控制器的所有变体;

(2) 代表用例场景,在该场景中发生系统事件,通常命名为<UseCaseName>Handler<UseCaseName>Coordinator 或<UseCaseName>Session (用例或会话控制器)。

以系统操作"用户注册(sign_up())"为例,需要找到首先响应该事件的对象。该对象的候选集应来自其概念类图中的类的实例,其概念类图如图 5.5 所示。其中,可以留意到 MsegMapper 类事实上是作为一个前置分类器,对来自外部的用户创建请求根据顾客、商家两种类别进行了分流。虽然 CustomerController 类和 StoreServiceController 类看上去更符合第二条规则,但它们均只能代表当前用例语境下整个"系统"的一部分。相比而言,MsegMapper 类更适合作为第一个响应用户注册(sign_up())系统操作的 Controller。其对象序列图如图 5.1 所示。

5.2.4　高内聚模式在对象序列图构建中的应用案例

内聚度用以刻画模块内部各部分之间相互关联的紧密程度,内聚度越高越好。内聚度越高,表明其内部各部分之间的关联性就越好,其功能就越"单纯"。换句话说,高内聚模式旨在促进设计过程中,模块业务功能上较高的"单纯"程度:最好只干一件/类事。

此处仍以表 5.2 定义的系统操作契约及其所属用例为例:后置条件要求"创建顾客对象"或者"创建商家对象"。思考一个问题:是否可以在 MesgMapper 中,直接将系统操作"用户注册"的消息签名 sign_up(tel:string, code:string, password:string, type:string)中的参数"类型(type:string)"作为控制开关,让它根据不同的参数,要么创建 Customer 要么创建 Store?

显然,答案是否定的。原因在于:(1) MesgMapper 类的主要功能定位是做消息映射,再赋予它完整的"用户账户注册"功能,使之不再具有"单纯"的功能;(2) 即使取消其作为消息映射功能的载体,只让它负责"用户账户注册"功能也不妥,因为此时根据实际功能应将其命名为 CustomerOrStoreRegister,很明显,这也不是一个功能目标定位足够"单纯"的类。

综上所述,只能分别构造出单独创建 Customer 和 Store 的类来承担各自对象的创建职责,这样更符合高内聚模式的原则,也更为合适。相关对象序列图仍如图 5.1 所示。

5.2.5　低耦合模式在对象序列图构建中的应用案例

耦合度用以刻画模块之间相互依赖的紧密程度,耦合度越低越好。耦合度越低,表明模块在完成相关功能时对外部的依赖就越小,其功能就越"完整",也越“独立”。换句话说,低耦合模式旨在促进设计过程中,模块业务功能上较高的“完整”和“独立”程度:单独能干好一件/类事。

此处仍以表 5.2 定义的系统操作契约及其所属用例为例:后置条件要求“创建顾客对象”或者“创建商家对象”。再次从耦合度的角度思考:是否可以让 MesgMapper 来创建 Customer 或者 Store 的对象?

首先观察图 5.5 的概念类图。可以发现:MesgMapper 类与 Customer 类和 Store 类之间不存在关系。若要让 MesgMapper 类承担 Customer 类和 Store 类的创建职责,则必然存在 MesgMapper 实例与 Customer 实例和 Store 实例之间的连接,这种连接与概念类图中的关系约束相违背。否则,只能在概念类图中 MesgMapper 类与 Customer 类和 Store 类之间额外添加关系。

这种新增的关系表明:原本 MesgMapper 类可以独立完成自身原有的职责,而今,面对新分配的职责,MesgMapper 类需要新增两个额外的关系,并依赖于另外两个类方能完成自身的新职责——这显然意味着耦合度的增加。因此由 MesgMapper 来创建 Customer 或者 Store 的对象不可取。相关对象序列图仍如图 5.1 所示。

5.3 类的设计

一旦得到了对象序列图,可以直接从各对象作为消息接收者所接收到的消息特征(message signature)来补充分析类图的方法部分,进而生成相应的设计类图。

5.3.1 设计类图与概念类图的对比

面向对象方法最终的产出是程序(类的实现)。以程序形式表达的类本身就是类的模型。在获得程序类模型之前,需要得到其设计类模型,即以设计类图形式表达的类;而在获得设计类模型之前,需要得到其分析类模型,即之前在需求分析阶段所构建的概念类图。

较之概念类图,设计类图可能在以下几个方面存在不同。

首先,最直观的不同就是设计类图中的类所含信息更全面。设计类图刻画了类的类名、属性、方法;而概念类图仅刻画类名、属性,无须刻画方法。需要特别说明的是,一些学者倾向于在需求分析阶段构造一个粗略的对象序列图,其中并不完整地定义消息的特征(例如,只给定消息名,不定义参数列表和返回值)或者仅仅用自然语言来表达消息(称之为“对象行为需求描述”)。即使是这样,这些分析类图(此时称之为“概念类图”似乎并不恰当了)中所给出的“行为需求”的细节程度,都不是设计类图中准确定义的消息特征所能比拟的。

其次,设计类图中类的数量可能会多于概念类图中类的数量。因为在设计过程中,完全可能出于业务的需要而增加新的类,例如边界类、控制类等;或者因数据或对象关系表达的需求而增加关联类;还可能为了重用的需要而通过泛化/

继承增加父类或子类等。

最后,设计类图中的类间关系可能会多于概念类图中的类间关系。这是由于:(1)当设计类图中类的数量可能会多于概念类图中类的数量时,设计类图中的类间关系多于概念类图是显而易见的;(2)在设计过程中,类间新的依赖关系可能被发现,当然,这取决于对象职责分配的结果;尽管“低耦合模式”要求对象间的依赖关系尽可能少,但并不排斥必需“高内聚模式”要求。

5.3.2　从对象序列图到设计类图

一旦得到对象序列图,其与概念类图结合就容易推导出其设计类图。现以对象序列图(图5.6)和概念类图(图5.7)为例,介绍其到设计类图的转换过程。

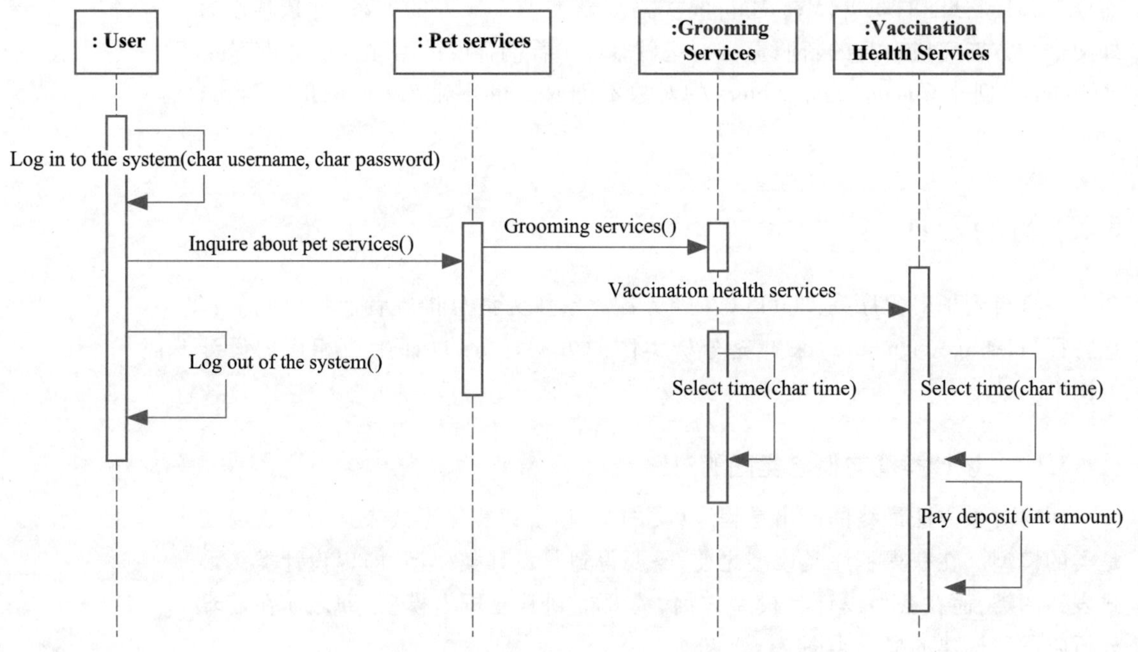

图5.6　案例:预约宠物服务对象序列图

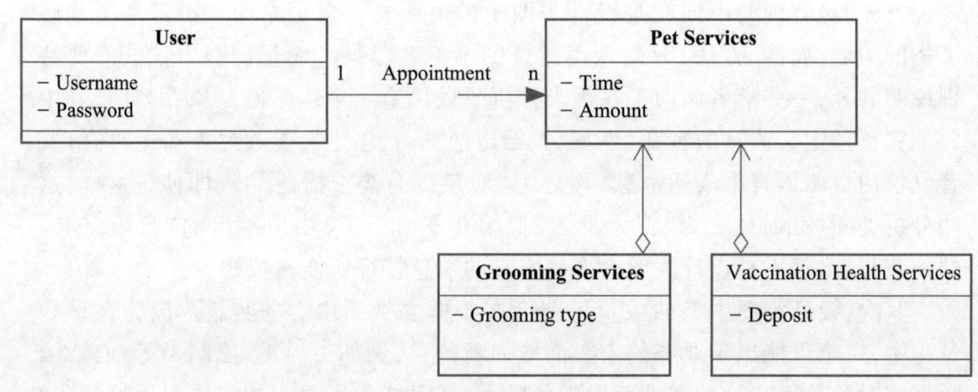

图5.7　案例:预约宠物服务概念类图

首先,观察“宠物服务”对象,该对象接收到一个消息“查询宠物服务( )”;这就意味着“宠物服务”类中必然包含“查询宠物服务( )”这个方法,因此可以从需求阶段得到的概念类(见图 5.7)出发,为其中的“宠物服务”类新增一个方法——“查询宠物服务( )”。

接着,继续观察“美容洗护服务”对象,该对象接收到两个消息:一个是来自“宠物服务”对象的“美容洗护服务( )”,另一个是来自自身的“选择时间( )”。相应地,可以为“美容洗护服务”类新增两个方法,即“美容洗护服务( )”和“选择时间( )”。不过,在这两个方法中,“美容洗护服务( )”的可见性设计应该是“public”,因为它需要被其他对象使用,而“选择时间( )”则需根据信息隐藏(information hidden)原则设置为“private”——除非该方法需要被外部调用。

以此类推,可以得到余下其他类的方法列表。最终可以得到如图 5.8 所示的设计类图。

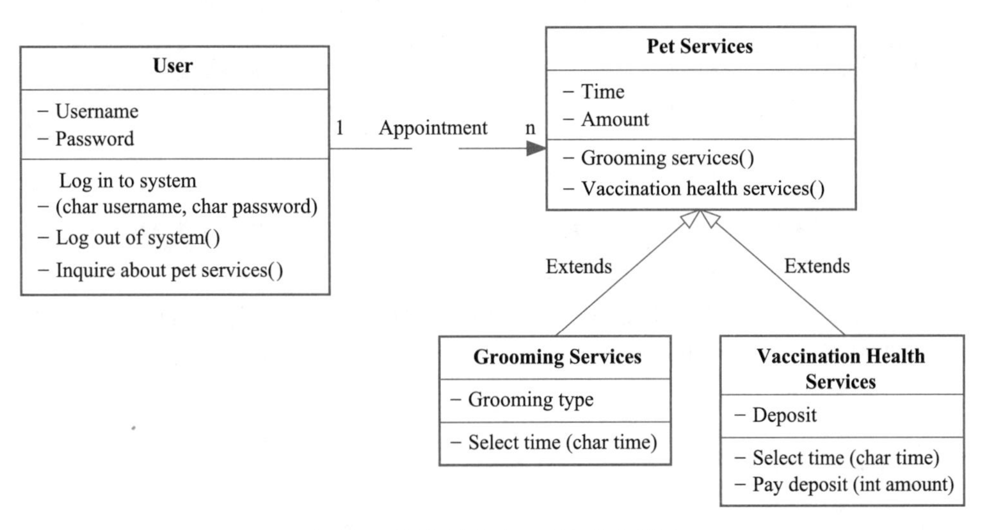

图 5.8 案例:预约宠物服务设计类图

5.3.3 从对象序列图和设计类图到代码骨架

一旦得到对象序列图和设计类图,就可以方便地转换成代码骨架(code skeleton)。这是由于:

- 根据设计类图,可以得知有哪些类存在,类的属性如何定义,类的方法如何定义;
- 根据对象序列图,可以得知某个方法体内部与哪些对象发生过交互,交互时调用了哪些方法,以及调用的时间序。

以图 5.9 所示设计类图为例,从中可以获知四个类——RegisterDialog、NetworkBusiness、MyTcpSocket、QTcpSocket 的定义(可以在代码中声明四个类,并完成其属性和方法的定义),同时得知 MyTcpSocket 类与 QTcpSocket 类之间存在泛化关系(可以在代码中完成二者之间继承关系的声明)。

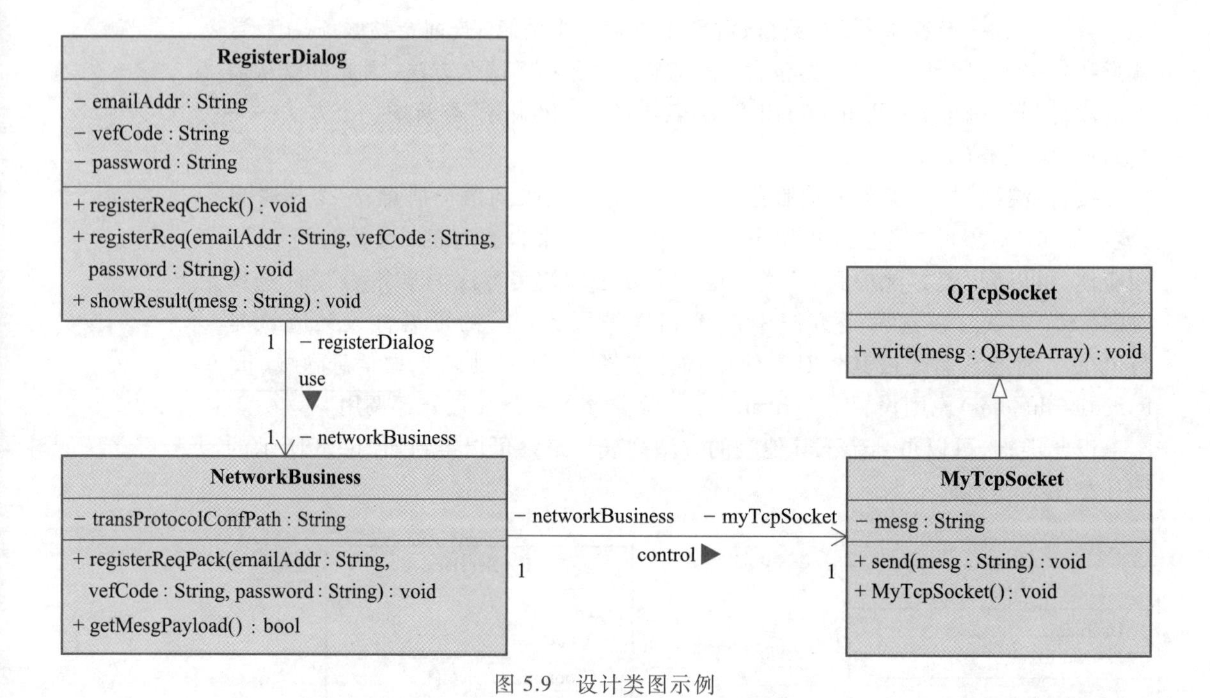

图 5.9 设计类图示例

以图 5.10 所示对象序列图为例，从中可以发现 RegisterDialog 类的实例所声明的“registerReq(emailAddr: String, vefCode: String, password: String): void”方法体中，首先包含了对内部方法“registerReqCheck(): void”的调用，而后根据判定条件调用了 NetworkBusiness 对象的“registerReqPack(emailAddr: String, vefCode: String, password: String): void”方法。由此便可构建其方法体的骨架。

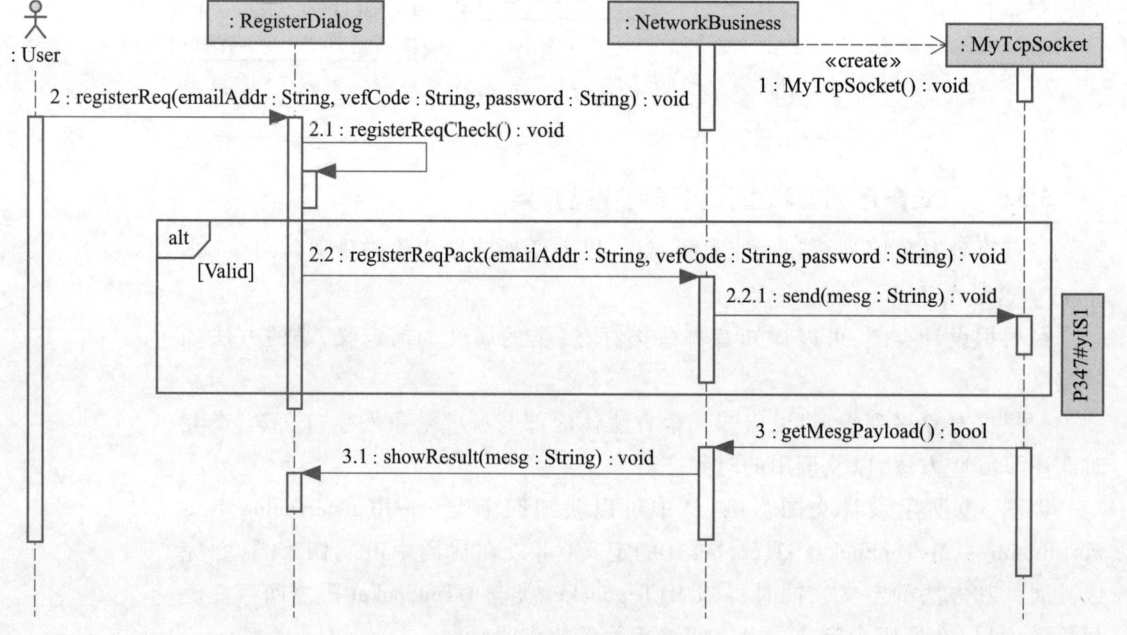

图 5.10 对象序列图示例

可以根据图 5.9 的设计类图和图 5.10 的对象序列图，最终得到如图 5.11～图 5.14所示的代码骨架。

```
4   public class RegisterDialog {
5       private String emailAddr;
6       private String vefCode;
7       private String password;
8
9       public void registerReq(String emailAddr, String vefCode, String password) {
10          NetworkBusiness networkBusiness = new NetworkBusiness();
11          registerReqCheck();
12          networkBusiness.registerReqPack(emailAddr, vefCode, password);
13          // TODO
14      }
15
16      public void registerReqCheck() {
17          // TODO
18      }
19
20      public void showResult(String mesg) {
21          // TODO
22      }
23
24  }
```

图 5.11 RegisterDialog 类的代码骨架

```
4   public class NetworkBusiness {
5       private String transProtocolConfPath;
6
7       MyTcpSocket myTcpSocket = new MyTcpSocket();
8
9       public void registerReqPack(String emailAddr, String vefCode, String password) {
10          // TODO
11          myTcpSocket.send( mesg: "");
12      }
13
14      public boolean getMesgPayload() {
15          // TODO
16          return false;
17      }
18
19  }
```

图 5.12 NetworkBusiness 类的代码骨架

```
4   public class MyTcpSocket extends QTcpSocket {
5       private String mesg;
6
7       public MyTcpSocket() {
8
9       }
10
11      public void send(String mesg) {
12          // TODO
13      }
14
15  }
```

图 5.13 MyTcpSocket 类的代码骨架

```
4  public class QTcpSocket {
5      public void write(QByteArray mesg) {
6
7      }
8  }
```

图 5.14　QTcpSocket 类的代码骨架

本章小结

本章从需求分析阶段的两个重要制品“系统操作契约”及“概念类图”出发，讨论了设计阶段最重要的工作，即对象序列图的开发过程，其中穿插了对 GRASP 职责分配设计模式的使用案例；此后继续探讨了基于对象序列图的设计类图开发，以及基于对象序列图和设计类图的代码骨架生成方法。

本章习题

一、思考与实践

1. 请从 ATM 系统（或其他任意自选系统）的用例中任选一个系统操作，细化其操作契约，并根据其操作契约的后置条件开发对象序列图。要求：

（1）至少有 3 个对象参与；

（2）至少包含 1 个循环或选择控制块；

（3）至少使用 2 种 GRASP 职责分配的设计模式。

2. 接第 1 题，请尝试为第 1 题的用例开发一个概念类图，而后在该概念类图的基础上，根据第 1 题的对象序列图开发其设计类图。

3. 自选主题并完成其系统设计：

（1）首先补足作为系统设计输入的需求分析模型，即系统操作契约和概念类图；

（2）分析系统操作契约的后置条件，借助系统状态变迁的本质，将其转换成如下类型的职责表述——对象创建或销毁，对象属性被修改，对象间连接被创建或销毁；

（3）使用 GRASP 职责分配设计模式，将（2）中的职责变成对象间的交互行为，并绘制对应的对象序列图；

（4）根据对象序列图，将概念类图转换成设计类图；

（5）根据设计类图和对象序列图，生成代码骨架（可使用任意编程语言）。

综合实验二

一、实验目标

1. 开发对象序列图

2. 生成设计类

二、实验学时

6学时。

三、实验步骤

1. 开发对象序列图

对象序列图与用例序列图使用相同的图形元素，只是将原本作为“黑盒”的“系统/用例”分解成具体承担相关职责的对象。构造对象序列图的输入来自已构造的系统操作契约以及对应的概念模型。通过分析系统操作契约，尤其是后置条件，识别出系统操作变迁中需要满足的三类（即对象、对象属性、对象关系）系统状态，运用GRASP职责分配设计模式，设计完善相关对象间的消息传递（方法调用），消息接收者作为职责承担者，从而确定对象职责。图5.15是“计算订单总额”系统操作的对象序列图，其中消息3“getSubTotal( )”的接收者sli(SaleLineItem类)承担计算总额职责，其他职责确定过程以此类推。

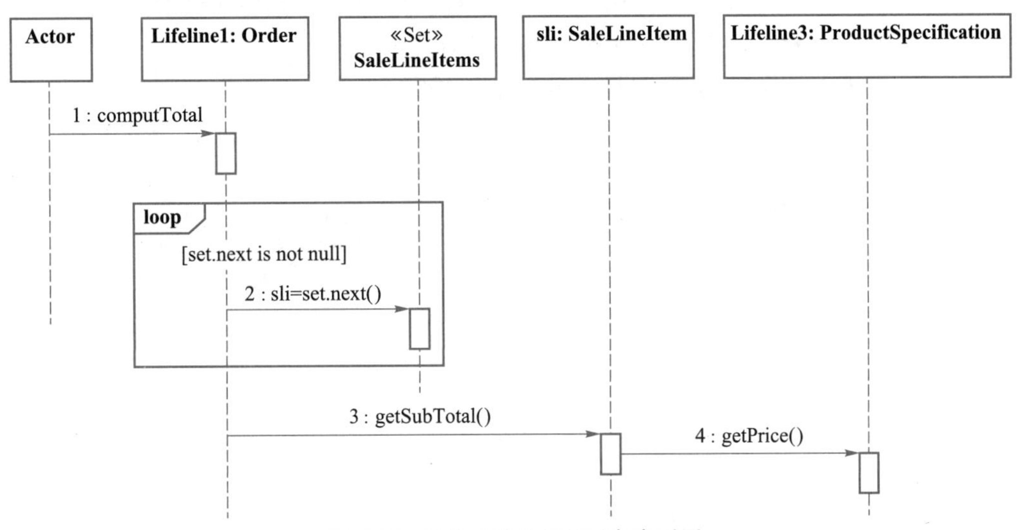

图5.15　计算订单总额的对象序列图

2. 生成设计类

根据对象序列图，结合概念模型，从消息特征来补充初始概念类中缺少的方法部分，进而生成相应的设计类。图5.16和图5.17展示了计算订单总额的设计类图的实现过程，其中概念类SaleLineItem将分配得到的计算总额职责添加到类的方法getSubTotal( )中，其他添加到类的方法与此类似。

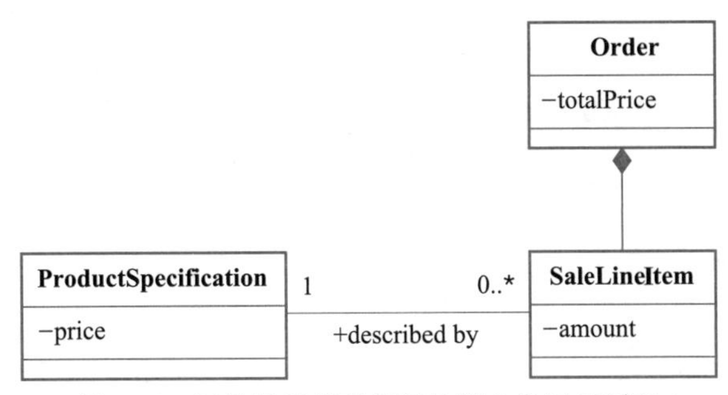

图5.16　订单结算管理用例的概念类图（局部）

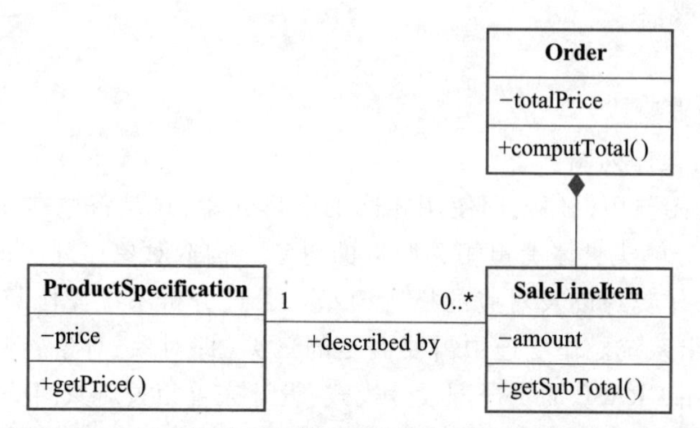

图 5.17 由计算订单总额的对象序列图补充完善的设计类图

四、实验作业

对于所选目标系统，选用一种工具软件，每个项目小组完成以下工作：

1. 根据概念类图、系统操作契约开发对象序列图；
2. 根据对象序列图，将概念类图转换成设计类图；
3. （选做）根据设计类图、对象序列图生成代码骨架（编程语言任选）。

第六章　数据库设计

当前,数据库技术可以说与人们的日常生活息息相关,人们每天使用手机或者计算机上网查阅资料、购物、看热点新闻等,都需通过网络向服务器发送网络请求,服务器从数据库获取相应信息,再发送回人们的终端设备。如果没有数据库技术,就没有今天这样的便利生活。可见,数据库已经成为人们存储数据、管理信息、共享资源的常用技术。数据库设计是构建和组织数据库结构以存储和管理数据的过程,涉及确定数据表、字段、关系以及数据之间的联系和约束。数据库设计的目标是提供高效、可靠、安全且易于使用的数据库系统来满足用户的需求。在数据库设计中,首先需要进行需求分析,了解用户的数据需求和业务规则;然后根据需求分析的结果进行概念设计,确定数据库的概念模型,包括实体、属性和关系;接下来进行逻辑设计,转化概念模型为逻辑模型,使用 E-R 图表示实体、关系和约束;最后进行物理设计,选择数据库管理系统和具体的物理结构,如表空间、索引、分区等,并进行性能优化。本章主要介绍数据库基本概念以及数据库设计方法,并结合 Power Designer 16.5 和华为公司 openGauss 开源数据库讲解数据库设计的具体实现。

【学习目标】

(1) 了解数据库设计的生命周期。

(2) 了解关系模型规范化理论及优化。

(3) 应用数据库设计工具进行 E-R 图建模。

(4) 应用数据库设计工具实现逻辑模型到物理模型的转化。

(5) 应用 openGauss 数据库系统完成数据设计过程。

【学习导图】

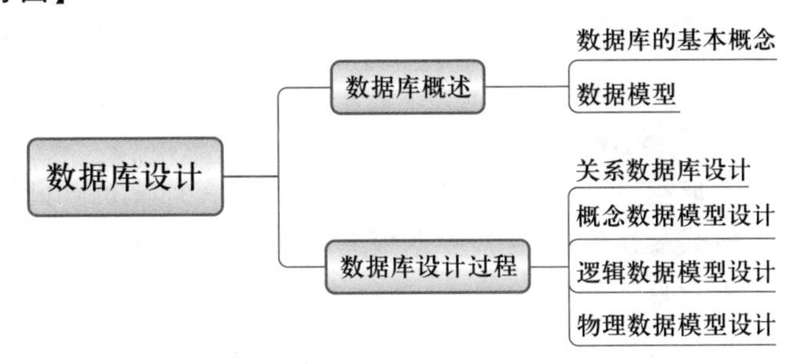

6.1　数据库概述

数据库是数据管理的核心技术，是计算机科学的重要分支。数据库相关技术从理论研究到原型开发与技术攻关，再到实际产品研制和应用，形成了良性循环，成为计算机领域的成功典范，也吸引了学术界和工业界的众多科技人员，使得数据库研究日新月异，新技术、新系统层出不穷，科技队伍也不断壮大。今天，作为信息系统核心和基础的数据库技术得到越来越广泛的应用，从小型事务处理系统到大型信息系统，从联机事务处理到联机分析处理，越来越多新的应用领域采用数据库存储和处理信息资源。

6.1.1　数据库的基本概念

1. 数据(data)

一提到数据，人们首先想到的是数字，如 86 cm、10.2 h、¥100 等。其实数字只是一种简单的数据，数据的种类有许多，如文字、声音、图像、动画、视频、学生档案记录和货物运输清单等。可以对数据进行定义：描述事物的符号记录称为数据。

在计算机中，为了存储和处理这些事物，就要抽出对这些事物感兴趣的特征并组成一个记录来描述。例如，在学生档案中，如果人们感兴趣的是学生的学号、姓名、性别、出生年月、籍贯、就读学院等，那么可以这样描述：

(2021130025002589，王新丰，男，200106，重庆市北碚区，某某大学计算机学院)

针对上面的记录可以得到如下信息：王新丰是一名男生，2001 年 6 月出生，重庆市北碚区人，2021 年考入某某大学计算机学院。可见，数据的形式本身并不能完全表达其内容，需要经过语义解释。

数据的概念包括两方面：一是数据有语义，数据的解释是对数据含义的说明，数据的含义就是数据的语义，通常数据与其语义是不可分的；二是数据有结构，如描述学生的数据就是学生记录，记录是计算机中表示和存储数据的一种形式。在计算机中描述事物特性必须借助一定的符号，这些符号就是数据形式，而数据形式可以是多种多样的，如用整数表示年龄、用浮点数表示课程考试成绩等。

2. 数据库(database，DB)

数据库就是存放数据的仓库，只不过这个仓库是在计算机存储设备上，而且数据是按一定的格式要求存放的。数据库管理员借助于计算机存储设备、数据库技术保存和管理大量的复杂数据，以便能方便而充分地利用这些宝贵的信息资源。

实际上，数据库就是为了实现一定的目的、按某种规则组织起来的数据集合。更准确地说，数据库就是长期存储在计算机内、有组织的、可共享的数据集合。数据库中的数据按一定的数据模型组织、描述和存储，具有较小的冗余度、较高的数据独立性和易扩展性，并为用户共享。

数据库中的数据不只是面向某一种特定的应用，而是可以面向多种应用，可以被多个用户、多个应用程序所共享。例如，某公司的数据库可以被该公司下属的各个部门的有关管理人员共享使用，也可以供各管理人员运行的不同应用程序共享使用。当然，为保障数据库的安全，对于使用数据库的用户应有相应权限的限制。

数据库使用操作系统的若干文件存储数据，也有一些数据库使用磁盘的一个或多个分区存放数据。

3. 数据库管理系统（database management system，DBMS）

为了方便数据库建立、使用和维护，人们研制了一种数据管理软件——数据库管理系统。数据库管理系统由一组程序构成，其主要功能是完成数据库中数据定义、数据操纵，提供给用户一个简明的应用接口，实现事务处理等。常见的数据库管理系统有 Sybase、Oracle、DB2、SQL Server、My SQL 和 openGauss 等。

由于不同的数据库管理系统要求的硬件设备、软件环境是不同的，因此其功能与性能也存在差异。一般来说，数据库管理系统主要包括以下基本功能。

（1）数据定义功能。数据库管理系统提供数据定义语言（data definition language，DDL），用户通过它可以方便地对数据库中的数据对象进行定义。

（2）数据操纵功能。数据库管理系统提供数据操纵语言（data manipulation language，DML），用户通过它操纵数据，实现对数据库的基本操作——插入、删除、修改和查询等。

（3）数据库的建立和维护。数据库初始数据的输入和转换功能、数据库的转储和恢复功能、数据库的重组和重构功能以及性能监视和分析功能等，这些功能通常由一些实用程序完成。

（4）数据库的运行管理。数据库在建立、运行和维护时由数据库管理系统统一管理和控制，以保证数据的安全性、完整性、多用户对数据的并发使用以及发生故障后的系统恢复。

6.1.2 数据模型

模型是现实世界特征的模拟和抽象。数据模型（data model）也是一种模型，它是现实世界数据特征的抽象。不同的数据模型实际上是给人们提供模型化数据和信息的不同工具。根据模型应用的不同目的，可以将这些模型划分为两类，它们分别属于两个不同的层次。

一类模型是概念模型，也称信息模型，它是按用户的观点来对数据和信息建模，是用户和数据库设计人员之间进行交流的工具，这一类模型中最著名的就是实体关系模型。实体关系模型直接从现实世界中抽象出实体类型以及实体之间的关系，然后用实体关系图（entity relationship diagram，E-R 图）表示数据模型。E-R 图包含下面四个基本成分。

（1）矩形框：表示实体类型（问题的对象）。

（2）菱形框：表示关系类型（实体之间的关系）。

（3）椭圆形框：表示实体类型或关系类型的属性，相应的命名均记入各种框；对于键的属性，在属性名下画一条横线。

（4）连线：实体与属性之间、关系与属性之间用直线连接；关系类型与其涉及的实体类型之间也以直线相连，并在直线端部标注关系的类型（1∶1、1∶N 或 M∶N）。

另一类模型是数据库数据模型，主要包括网状模型、层次模型、关系模型等，它是按计算机系统的观点对数据建模，主要用于 DBMS 的实现。

数据模型是数据库系统的核心和基础。各种机器上实现的 DBMS 软件都是基于某种数据模型的。为了将现实世界中的具体事物抽象、组织为某一个 DBMS 支持的数据模型，人们常常先将现实世界抽象为信息世界，再将信息世界转换为机器世界。也就是说将现实世界中的客观对象抽象为某一种信息结构，这种信息结构并不依赖于具体的计算机系统，不是某一个 DBMS 支持的数据模型，而是概念级的模型；然后将概念模型转换为计算机上某一个 DBMS 支持的数据模型。

1. 数据模型的组成要素

一般来讲，数据模型是严格定义的一组概念的集合。这些概念精确地描述了系统的静态特性、动态特性和完整性约束条件。因此数据模型通常由数据结构、数据操作和数据的约束条件三部分组成。

（1）数据结构

数据结构是所研究的对象类型的集合。这些对象是数据库的组成成分，包括两类：一类是与数据类型、内容、性质有关的对象，例如网状模型中的数据项、记录，关系模型中的域、属性、关系等；另一类是与数据之间联系有关的对象，例如网状模型中的系型（set type）。

数据结构是刻画一个数据模型性质最重要的方面。因此在数据库系统中，人们通常按照其数据结构的类型来命名数据模型，例如层次结构、网状结构和关系结构的数据模型分别命名为层次模型、网状模型和关系模型。数据结构是对系统静态特性的描述。

（2）数据操作

数据操作是指对数据库中各种对象（型）的实例（值）允许执行的操作的集合，包括操作及有关的操作规则。数据库主要有查询和更新（包括插入、删除、修改）两大类操作。数据模型必须定义这些操作的确切含义、操作符号、操作规则（如优先级）以及实现操作的语言。数据操作是对系统动态特性的描述。

（3）数据的约束条件

数据的约束条件是一组完整性规则的集合。完整性规则是给定的数据模型中数据及其联系所具有的制约和依存规则，用以限定符合数据模型的数据库状态以及状态的变化，以保证数据的正确、有效、相容。

数据模型应该反映和规定本数据模型必须遵守的基本、通用的完整性约束条件。例如，在关系模型中，任何关系必须满足实体完整性和参照完整性两个条件。此外，数据模型还应该提供定义完整性约束条件的机制，以反映具体应用所涉及的数据必须遵守的特定语义约束条件。例如，学生累计成绩不得有三门以上不及格等。

2. 数据库数据模型种类

目前，数据库领域中最常用的数据模型有四种，它们是：

- 层次模型（hierarchical model）
- 网状模型（network model）
- 关系模型（relational model）
- 面向对象模型（object oriented model）

其中，层次模型、网状模型和面向对象模型统称为非关系模型。层次模型和网状模型的数据库系统在20世纪70年代至80年代初非常流行，在数据库系统产品中占据了主导地位，现在已逐渐被关系模型的数据库系统取代。

在非关系模型中，实体用记录表示，实体的属性对应记录的数据项（或字段）。实体之间的联系在非关系模型中转换成记录之间的两两联系。非关系模型中数据结构的单位是基本层次联系。所谓基本层次联系是指两个记录以及它们之间的一对多（包括一对一）的联系，如图6.1所示。图中 R_i 位于联系 L_{ij} 的始点，称为双亲节点（Parent），R_j 位于联系 L_{ij} 的终点，称为子女节点（Child）。

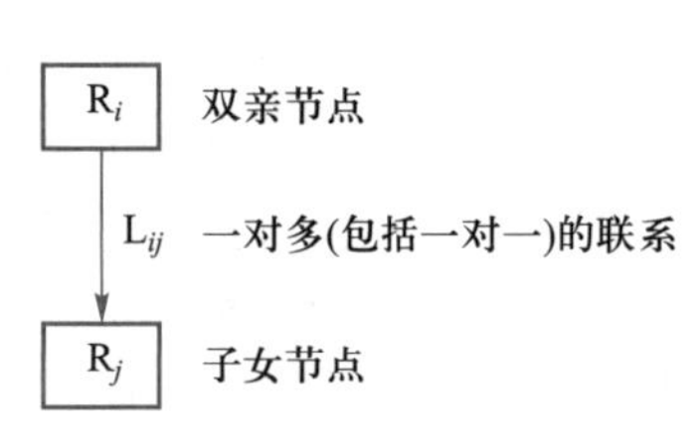

图 6.1 基本层次联系

20世纪80年代以来，面向对象的方法和技术在计算机各个领域，包括程序设计语言、软件工程、信息系统设计、计算机硬件设计等各方面都产生了深远的影响，也促进了数据库中面向对象数据模型的研究和发展。

数据结构、数据操作和数据的约束条件这三个方面的内容完整地描述了一个数据模型，其中数据结构是刻画模型性质的最基本的方面。为了使读者对数据模型有大致的了解，下面简要介绍层次模型、网状模型和关系模型的数据结构。

（1）层次模型

用树形结构表示数据及其联系的数据模型称为层次模型。树是由节点和连线组成的，节点表示数据，连线表示数据之间的联系，树形结构只能表示一对多联系。

层次模型的基本特点如下：

- 有且仅有一个节点无双亲节点，称其为根节点；
- 根以外的其他节点有且仅有一个双亲节点。

层次模型可以直接、方便地表示一对一联系和一对多联系，但不能直接表示多对多联系。图 6.2 给出了一个层次模型的例子。其中，R_1为根节点；R_2和 R_3为兄弟节点，是 R_1的子女节点；R_4和 R_5为兄弟节点，是 R_3的子女节点；R_2、R_4和 R_5为叶节点。

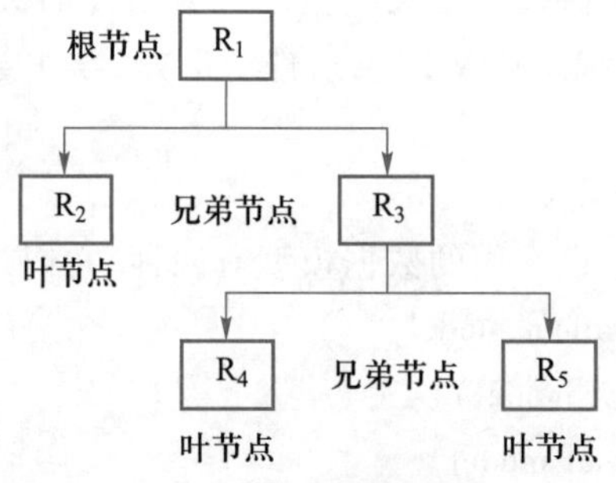

图 6.2　层次模型示例

(2) 网状模型

用网络结构表示数据及其联系的数据模型称为网状模型，它是层次模型的拓展。网状模型的节点间可以任意发生联系，能够表示各种复杂的联系。

网状模型的基本特点如下：

- 允许一个以上节点无双亲节点；
- 一个节点可以有多于一个的双亲节点。

网状模型可以直接表示多对多联系，但其中的节点间连线或指针更加复杂，因而数据结构更加复杂。从定义可以看出，层次模型中子女节点与双亲节点的联系是唯一的，而在网状模型中这种联系可以不唯一。因此，要为每个联系命名，并指出与该联系有关的双亲记录和子女记录。例如在图 6.3 的最左侧，R_3有两个双亲记录 R_1和 R_2，因此将 R_1与 R_3之间的联系命名为 L_1，将 R_2与 R_3之间的联系命名为 L_2。图 6.3 中都是网状模型的例子。

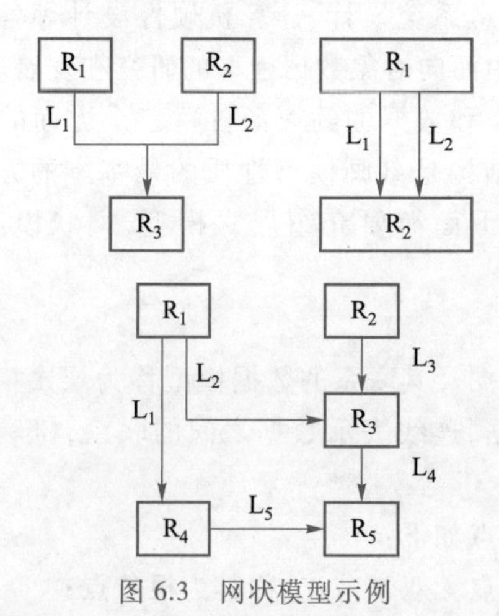

图 6.3　网状模型示例

(3) 关系模型

用关系表示的数据模型称为关系模型。关系模型的数据结构是人们日常事务处理中常见的二维表结构（如工资发放表）。关系模型将数据看成是二维表中唯一的行号和列号确定的一个表中元素，即关系模型用二维表的方式来组织、存储和处理数据和信息。从应用的角度来看，任何一个组织（或部门）的关系数据库的基本组成成分是二维表，或者说某个组织（或部门）的数据库由若干相互关联的二维表组成。在关系模型中，实体和实体间的联系都是用关系表示的。也就是说，二维表中既存放着实体本身的数据，又存放着实体间的联系。关系不但可以表示实体间一对多的联系，通过建立关系间的关联，也可以表示多对多的联系。

关系模型是建立在关系代数基础上的，具有坚实的理论基础。与层次模型和网状模型相比，其具有数据结构单一、理论严密、使用方便、易学易用的特点。目前流行的关系数据库 DBMS 产品包括 MySQL、SQL Server、openGauss、Oracle 等，这些数据库系统的数据模型均采用关系模型。下面通过会计科目代码表来介绍关系模型的基本概念及其与数据库中的数据文件之间的对应关系。

① 关系、二维表、数据文件：关系模型中用关系来表述现实世界中能够相互区别的要管理的数据对象集。每一个关系都有一个关系名和一组表述其特征的属性集，人们就是通过这些属性集区别不同的关系。例如记账凭证、会计科目、总账都可以称为关系，它们都是要管理的数据对象集，都有各自的属性集。一个关系用一张二维表表示，表名对应关系名。二维表由有限个不重复的行组成，表中的每一列不可再分。一张二维表在关系数据库中用一个数据文件存储。如"会计科目代码表"在会计数据库中用一个数据文件存储，文件名可以用表名"会计科目代码"表示，使计算机中存储的文件内容与现实世界管理的数据对象相联系。

② 记录：二维表中的每一行称为一个记录，描述了关系中一个具体的个体，在数据文件中是一个记录值。如表 6.1 中第一行为现金账户的记录，描述了现金账户在会计科目代码文件中所有属性的取值（特征）。

表 6.1 现金账户记录

科目代码	日期		摘要	过账记号	借方金额	贷方金额	余额	
							借	贷
1001	202302	20	略	日 1	5 000		5 000	

③ 属性、列、字段：二维表中的每一列是一个属性，描述了关系的一个特征。一个二维表的所有列构成了一个关系的属性集，通过它可以区别不同的二维表（关系）。二维表中的每一列数据属于同一类型。每一列的列名对应关系的属性名，同时对应数据文件中的字段名。如表 6.1 用 9 个列表示会计科目代码的属性。

④ 主码、主关键字：指二维表中的某个列（属性）或某几个列（属性组），它们的值能够唯一确定表中或数据文件中的一个记录。如表 6.1 中的"科目代码"属性可以作为主码（或主关键字），用来唯一识别表中的每一个会计科目。

⑤ 域：描述二维表中每一列属性或数据文件的某一字段的取值类型和范围。如表 6.1 中每一列的列名下面的括号中的内容表示该列的取值类型和范围。

由于二维表的行与数据文件的记录、二维表的列（属性）与数据文件的字段之间相互对应，因此，审计人员只要掌握会计账务数据库的二维表结构及表之间的关联，也就能够分析电子账的结构。

6.2　关系数据库设计

数据库设计阶段的任务是：在数据库管理系统支持下设计数据库应用系统，如“教学管理系统”。设计的关键是如何使所设计的数据库能合理地存储用户的数据，其中，数据库结构设计是数据库应用系统设计的核心和基础。

6.2.1　关系数据库的设计原则

在实现数据库设计阶段，常常使用关系规范化理论来指导关系数据库设计。其基本思想为：每个关系都应该满足一定的规范，从而使关系模式设计合理，达到减少冗余、提高查询效率的目的。为了建立冗余较小、结构合理的数据库，将关系数据库中应满足的规范划分为若干等级，每一级称为一个“范式”（normal form，NF）。范式是衡量关系模式优劣的标准。范式有很多种，与数据依赖有着直接的联系。

1. 第一范式（1NF）

在任何一个关系数据库中，第一范式是对关系模型的基本要求，不满足第一范式的数据库就不是关系数据库。

所谓第一范式是指数据库表的每一列都是不可再分割的基本数据项，同一列不能有多个值，即实体中的某个属性不能有多个值或者不能有重复的属性。如果出现重复的属性，就可能需要定义一个新实体，新实体由重复的属性构成，新实体与原实体之间为一对多关系。在第一范式中表的每一行只包含一个实例的信息。

2. 第二范式（2NF）

第二范式是在第一范式的基础上建立起来的，即满足第二范式必须先满足第一范式。第二范式要求数据库表中的每个实例或行必须可以被唯一地区分。为实现区分，通常需要为表加上一个列，以存储各个实例的唯一标识。第二范式要求实体的属性完全依赖于主关键字。所谓“完全依赖”是指不能存在仅依赖主关键字一部分的属性，如果存在，那么这个属性和主关键字的这一部分应该被分离出来形成一个新实体，新实体与原实体之间是一对多关系。简而言之，第二范式就是非主属性完全依赖于主关键字。

3. 第三范式（3NF）

满足第三范式必须先满足第二范式，也就是说，第三范式要求一个数据库表中不包含已在其他表中包含的非主关键字信息。简而言之，第三范式就是属性不依赖于其他非主属性。

4. BC 范式(BCNF)

设 R 是一个关系模式,如果对于每一个函数依赖 X→Y,其中的决定因素 X 都含有键,则称关系模式 R 满足 Boyce-Codd 范式,简称 BC 范式,记为 R∈BCNF。BC 范式的本质意义在于,每一个决定因素都是一个超键。或者说,在 BCNF 中,除了键决定其所有属性和超键决定其所有属性之外,绝不会有其他的非平凡函数依赖,特别是不会有非主属性作为决定因素的非平凡函数依赖。BCNF 就函数依赖而言,进行了必要的分解,并且消除了增、删中的异常现象和一些冗余。

6.2.2 关系数据库的设计步骤

数据库设计步骤如下:需求分析,数据库结构(包括概念结构、逻辑结构、物理结构)设计,应用程序设计,系统运行与维护等。如图 6.4 所示。

(1) 需求分析

需求分析是整个数据库设计过程最重要的步骤之一,是后续各阶段的基础。它的主要任务是调查、收集和分析用户对数据库的需求。这些需求包括:

- 信息需求;
- 处理需求;
- 安全与完整性要求。

需求分析阶段的结果是给出用户需求说明书,内容包括反映数据及处理过程的数据流图、描述数据及其联系的数据字典等。

(2) 概念结构设计

将用户的数据需求抽象为概念模型,这种模型是对现实世界的抽象,它与计算机和具体的数据库系统无关,是数据库设计人员为便于与用户交流而采用的一种描述工具。在关系数据库设计中,通常采用 E-R 图(实体-联系模型)来描述概念模型。其中,方框代表实体,菱形框代表联系,椭圆框代表属性。图 6.5 为“教学管理系统”的 E-R 图。

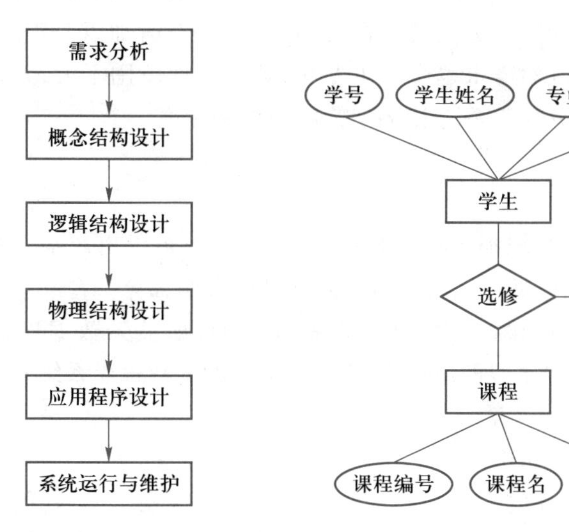

图 6.4 数据库设计步骤

图 6.5 教学管理系统 E-R 图

(3) 逻辑结构设计

逻辑结构设计阶段的任务是:将概念阶段设计完成的概念模型E-R图,按照一定的方法转换为某个数据库管理系统能支持的数据库逻辑结构(数据模型),如关系模型、网状模型或层次模型,并对数据模型进行优化。

例如将图6.5的E-R图转换为关系模型就是:学生(学号,学生姓名,专业,年级)、课程(课程编号,课程名,学分)、成绩(学号,课程编号,分数)

对关系数据模型的优化主要根据关系的规范化理论进行,目标是消除冗余和操作异常,保持数据的完整性等。

(4) 物理结构设计

物理结构设计是指在逻辑结构设计的基础上,为每个关系模式选择合适的存储结构和存取方法。每个数据库管理系统都提供很多存储结构和存取方法,供设计者选用。例如,为加快查找速度,可以为关系模式创建各种索引,或采用哈希方法进行存取。

(5) 应用程序设计

对数据库的操作,除了通过查询语言以交互方式进行外,更多的是将其嵌入应用程序使用。一般由专业人员针对用户需求为其开发数据库应用的交互环境,以更加友好的界面和操作方式实现对数据库的操作,而不是直接使用数据库语言操纵数据库。这就要求设计的各种操作画面既接近手工工作的各种表格、单据,又要尽量简单。该阶段的任务是:对系统功能及数据操作进行分析,按照模块化、结构化程序设计方法对系统的应用功能进行规划,并设计实现。通常分为四个部分:系统总体设计、详细设计、用户界面设计以及编码实现。最终的程序代码通过测试后即可投入正式运行。

(6) 系统运行与维护

从数据库系统移交给用户使用开始,就进入系统运行与维护阶段。在这个阶段,系统还有可能出现运行错误,或由于使用不当造成系统瘫痪。对所有可能出现的问题,开发人员和使用人员要共同分析原因,并及时加以改正。同时,由于时间的变迁,使用单位的需求也会发生变化,若变化的范围不大,并且工作量和时间许可,则开发人员应考虑使用者的需求,并加以完善。

6.2.3　数据库语言

每一个数据库管理系统都提供了数据库语言,用户可以由此定义和操纵数据库。数据库语言包括数据定义语言和数据操纵语言两部分。在许多数据库管理系统中,数据定义语言和数据操纵语言是统一的,如关系数据库标准语言SQL。数据库语言和数据模型密切相关,不同数据模型的数据库系统其数据库语言也不同。

(1) 数据定义语言(DDL)

DDL用来定义数据库的数据模型。它包括数据库模型定义、存储结构和存取方法定义两个方面。DDL的处理程序也分为两部分:一部分是数据库模型定义处理程序，另一部分是存储结构和存取方法定义处理程序。数据库模型定义处理程序接受用 DDL 描述的数据库模型，将其转换为内部表现形式，称为数据字典。存储结构和存取方法定义处理程序接受用 DDL 描述的数据库存储结构和存取方法定义，在存储设备上创建相关的数据库文件，建立物理数据库。DDL 还包括数据库模型的删除和修改功能。

（2）数据操纵语言（DML）

DDL 用来表达用户对数据库的操作请求。一般来说，DML 能够表示的数据库操作有查询数据库中的信息、向数据库插入新的信息、从数据库中删除信息、修改数据库中的信息。

DML 分为两类：过程性语言和非过程性语言。过程性语言要求用户给出查找的目标和路径；非过程性语言只要求用户说明查找的目标，不需要说明如何搜索这些数据。非过程性语言易学、易用，但查询效率没有过程性语言高，因此在使用时需要进行查询优化。

（3）结构查询语言（structure query language，SQL）

SQL 由 Boyce 和 Chamberlin 于 1974 年提出，1986 年成为美国关系数据库的标准数据库语言，1987 年国际标准化组织（ISO）批准其为国际标准，目前几乎所有流行的关系数据库管理系统，如 Microsoft SQL Server、Oracle、DB2、MySQL 等都采用了 SQL 标准。

SQL 是一个通用型的、功能强大的关系数据库语言，其功能包括四部分：数据定义、数据查询、数据更新和视图定义。它既可以作为交互式数据库语言使用，也可以作为程序设计语言的子语言使用。数据定义语句由 CREATE TABLE（定义关系模式）、ALTER TABLE（修改关系模式）和 DROP TABLE（删除关系模式）三种语句构成。数据查询语句是数据库的核心操作，SQL 提供了 SELECT 语句进行数据库查询，其作用是从数据库表中取出符合条件的记录，并允许从一个或多个表中选择记录。数据更新语句的作用是在当前表中添加、删除和修改记录，包括 INSERT、DELETE 和 UPDATE 三种语句。

6.3　概念数据模型设计

概念数据模型是现实世界第一层次的抽象，是数据库设计人员和用户交流的工具，因此要求概念数据模型一方面应该具有较强的语义表达能力，能够方便、直接地表达应用中的各种语义知识，另一方面应该简单、直观和清晰，能为不具备专业知识或者专业知识较少的用户所理解。

6.3.1　什么是概念数据模型

概念数据模型（conceptual data model，CDM）是对现实世界的一种抽象，即将现实世界抽象为信息世界，将现实世界中客观存在的对象抽象为实体和联系，然后用一种图形化的方式直观地描述出来。CDM 是最终用户对数据存储的看法，反映了最终用户综合性的信息需求,它以数据类的方式描述企业级的数据需求,数据类代表了在业务环境中自然聚集成的几个主要类别数据。CDM的内容包括重要的实体及实体之间的关系。CDM中不包括实体的属性,也无须定义实体的主键。这是CDM和逻辑数据模型的主要区别。

CDM以实体-关系理论为基础,并对这一理论进行了扩充,主要用于数据库概念结构设计阶段。它独立于具体的DBMS以及计算机系统,是业务人员(用户)与分析设计人员沟通的桥梁。CDM由一组严格定义的模型元素组成,能够精确描述系统的静态特性、动态特性以及完整性约束。这些模型元素主要包括实体、属性、联系等,下面详细介绍其含义。

(1) 实体和属性

实体(entity)是指在现实世界中客观存在,并可相互区别的事物或事件。它既可以是具体的对象,例如一种商品、一名职工、一个部门等,也可以是抽象的事件,例如一次谈话、一次旅游等。实体可以是有形的,也可以是无形的;可能是具体的,也可能是抽象的;可以是有生命的,也可以是无生命的。

每个实体都包括一组用来描述实体特征的属性(attribute),例如职工实体可由职工编号、职工姓名、电话等属性描述。

实体集(entity set)是具有相同类型及相同属性的实体的集合。例如"进销存管理系统"所有职工实体,可定义为职工实体集。实体集中的每个实体具有相同的属性。

实体型(entity type)是实体集中每个实体所具有的共同属性的集合。例如职工实体型可描述为:职工{职工编号,职工姓名,电话}。

标识符(identifier)是用于唯一标识实体集中每个实体的一个或一组属性。每个实体至少包括一个标识符;如果实体中有多个标识符,则指定其中一个为主标识符,其余为候选标识符。例如职工实体仅有职工编号为标识符,则可指定职工编号为主标识符;如果职工姓名属性值唯一,职工姓名也可作为标识符,此时可任意指定职工编号或职工姓名为主标识符,而另一个为候选标识符。

(2) 联系

两个实体型之间的关系通常称为实体联系,例如仓库与商品之间的存储联系。实体之间的联系通常分为四种类型:一对一联系(1∶1),如每个仓库由一名职工管理,且每名职工仅管理一个仓库;一对多联系(1∶n),如每个仓库可以存放多种商品,但一种商品只能存放在一个仓库中;多对一联系(n∶1),如商品与仓库之间的联系;多对多联系(m∶n),如每个供应商可以供应多种商品,每种商品可以由多个供应商供应。

6.3.2　创建和操作概念数据模型

CDM是通过对用户需求进行综合、归纳与抽象形成的,是独立于具体数据库管理系统的CDM,是整个数据库设计的关键。创建CDM必须以需求分析结果为基础，从中提取系统需要处理的数据，包括实体、联系、特殊的业务规则等，这些是创建CDM的基础。复杂的CDM通常从系统局部应用开始设计，所有局部应用的CDM设计结束后，将其进行合并与优化，从而形成全局CDM。

创建CDM实质就是设计CDM元素，包括实体、属性、联系、标识符、数据项和域的设计。在具体创建CDM之前，通常需要对需求分析阶段收集到的数据采用数据抽象机制进行分类、聚集，形成实体、实体属性以及联系等，从而为设计CDM奠定基础。

1. CDM的创建

在Power Designer中，可以使用File→New Model菜单选项，打开新建模型窗口，在新建模型窗口中选择Conceptual Data Model，即概念数据模型CDM，实现CDM的创建。在Model Name处输入模型名称，然后单击OK按钮，创建一个CDM。默认情况下新建模型将出现在Power Designer浏览器窗口中，同时打开用于设计选定模型对象的工具箱。CDM工具箱中特有工具选项的含义如表6.2所示。

表6.2 CDM工具选项含义

序号	图标	名称	含义
1		Package	包
2		Entity	实体
3		Relationship	联系
4		Inheritance	继承
5		Association	关联
6		Association Link	关联链接
7		File	文件

2. 定义实体

使用工具箱中的Entity工具来定义实体。方法是选择Model→Entities菜单选项，使用鼠标右击正在设计的CDM，从快捷菜单中选择新建实体。这种方法最为直观方便。具体操作过程如下：

（1）选择工具箱中的Entity图标，光标形状由指针状态变为选定图标的形状；

（2）在图形设计工作区的适当位置单击放置实体；如果需要定义多个实体，只需移动光标到另一合适位置，再次单击即可；

（3）实体放置后，通常在 CDM 工作区的空白处单击，或者在工具箱中选择指针（Pointer），将光标形状恢复为指针状态，结束实体定义工作；

（4）设置实体属性，即双击实体图形符号，打开实体属性窗口，如图 6.6 所示。

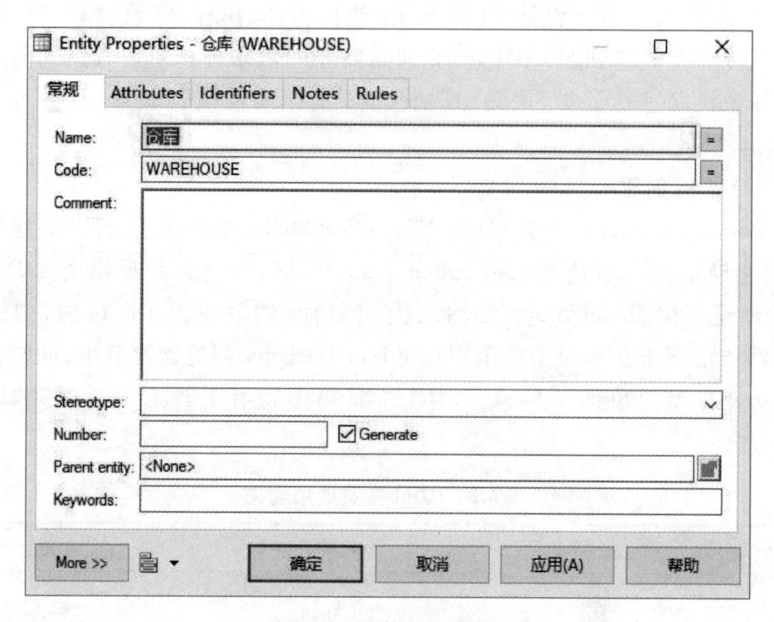

图 6.6　实体属性窗口

3. 定义属性

属性用于描述实体的特性，每个实体至少应该包含一个属性。例如，仓库实体包含仓库号、仓库名、仓库类别等属性。属性定义窗口如图 6.7 所示。

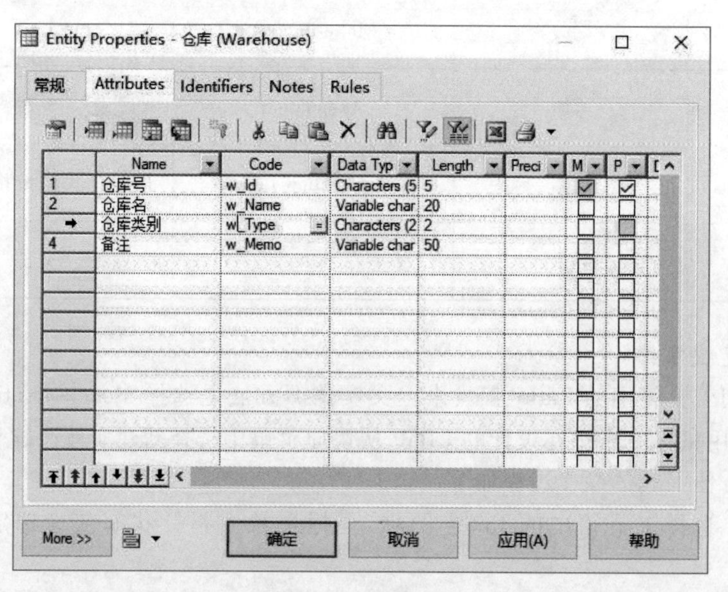

图 6.7　属性定义窗口

4. 定义联系

定义实体和属性后，接下来定义实体之间以及实体内部的联系。此处首先概述联系的定义方法及参数含义，然后详细叙述每一种联系的具体定义过程。

单击工具箱中的 Relationship 工具选项，光标由指针状态变为该图标形状，在需要设置联系的两个实体中的一个实体图形符号上单击，并在保持按键的情况下将鼠标拖曳到另一个实体上，然后释放鼠标左键。这样就在两个实体之间创建了一个联系，如图 6.8 所示。

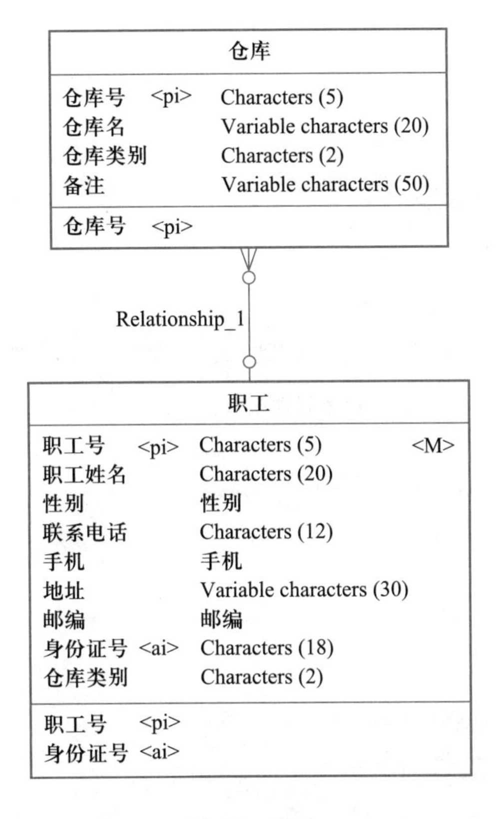

图 6.8 联系

双击联系图形符号，打开联系属性窗口，如图 6.9 所示。设置“仓库”和“职工”两个实体之间的联系，联系名称为“仓库-职工关系管理”，代码为 warehouse-employee。

Cardinalities 选项卡用于设置联系基数信息，如图 6.10 所示。设置“仓库”和“职工”之间的联系为 1 : 1 联系，“仓库 to 职工”的联系基数为“1,1”，“职工 to 仓库”的联系基数为“0,1”。

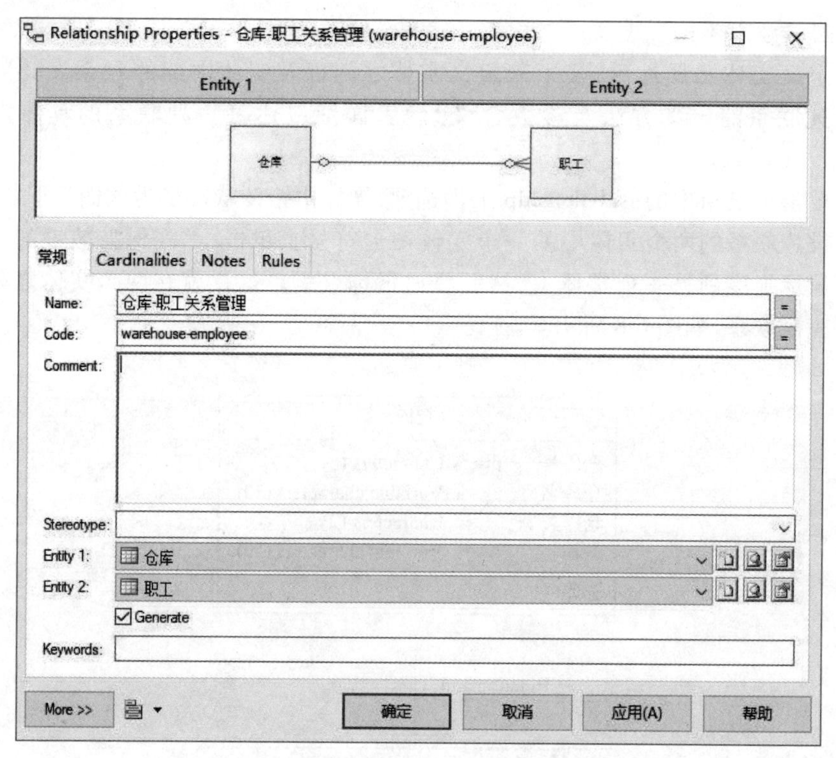

图 6.9　联系属性窗口（“常规”选项卡）

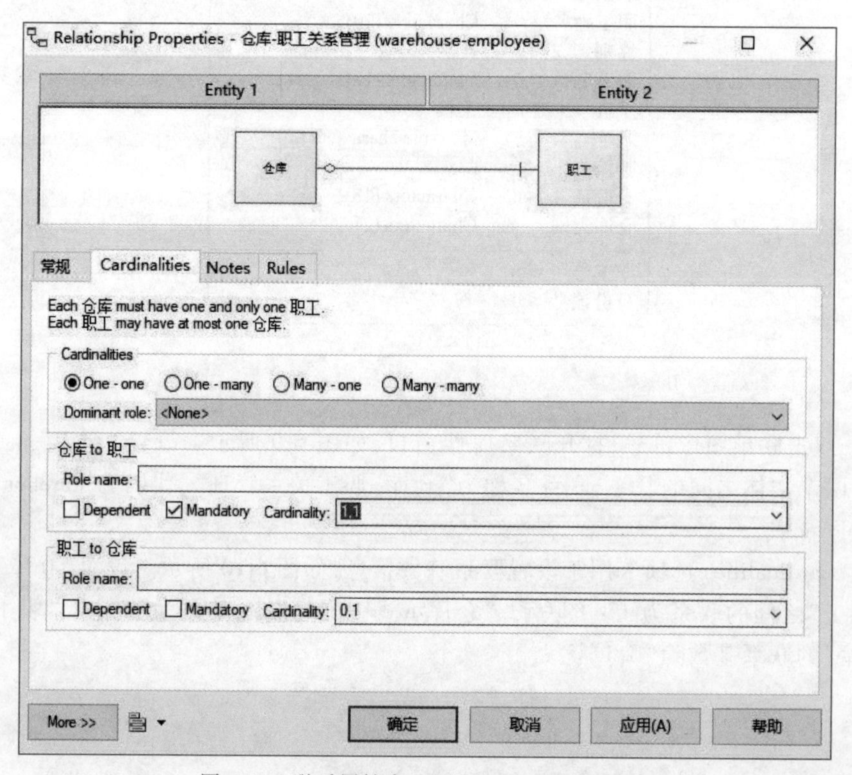

图 6.10　联系属性窗口（Cardinalities 选项卡）

6.3.3 概念数据模型的管理

定义一个科学合理的 CDM,不仅要以规范化理论作指导,而且在设计过程中每个对象都要符合一定的规范,以保证 CDM 对象的有效性。为了 CDM 设计更加合理有效,Power Designer 提供了模型检查功能,用于检查模型中存在的致命错误(Error)和警告错误(Warning)。

CDM 有效性检查包括业务规则检查、包检查、域检查、数据项检查、实体检查、实体标识符检查、联系检查、关联检查、继承联系检查、文件对象检查以及数据格式对象检查等。具体检查过程如下。

(1) 打开待处理的 CDM,选择 Tools→Check Model 菜单选项;或者在工作区空白处使用鼠标右击,在快捷菜单中选择 Check Model,打开模型检查窗口,如图 6.11 所示。

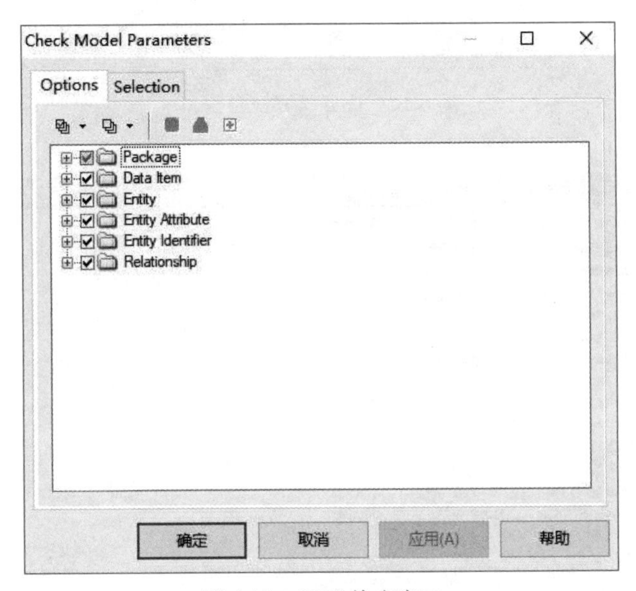

图 6.11 CDM 检查窗口

在 Options 选项卡中列出了能够进行检查的选项,Options 选项卡中包含的选项与模型的具体情况相关。例如当前 CDM 中如果没有继承联系,选项卡中就不包含 Inheritance 选项。另外,在每一个对象中包含的具体检查项目与该模型的 Notation 的设置相关。例如若“Notation=E/R+Merise”,则实体标识符的检查项目包含 4 项;若“Notation=Barker”,则实体标识符的检查项目包含 5 项。

(2) 在 CDM 检查窗口中选择要检查的选项以及具体检查项目。例如仅对 CDM 中的数据项(Data Item)进行有效性检查,则只选择 Data Item 项即可。

(3) 在 Selection 选项卡中选择检查对象,如图 6.12 所示。选择“库存管理”系统 CDM 中的销售单明细编号、仓库号、负责人等数据项进行检查。

(4) 设置结束后,单击“确定”按钮,开始进行模型检查工作。模型检查结果输出到结果列表窗口中,如图 6.13 所示。

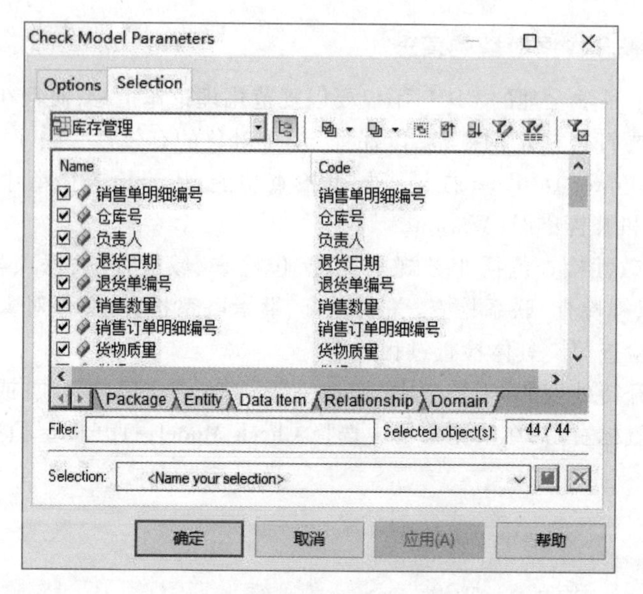

图 6.12　选择检查对象窗口

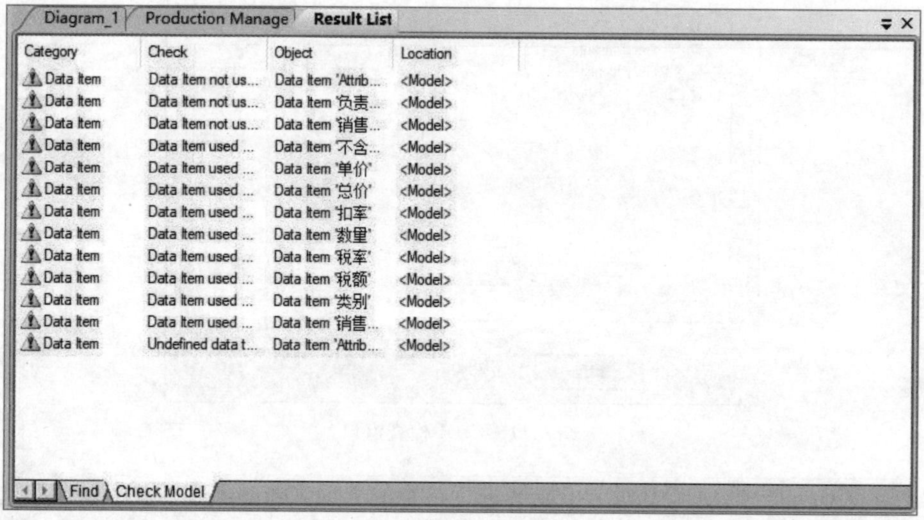

Diagram_1　Production Manage　Result List

Category	Check	Object	Location
Data Item	Data Item not us...	Data Item 'Attrib...	<Model>
Data Item	Data Item not us...	Data Item '负责...	<Model>
Data Item	Data Item not us...	Data Item '销售...	<Model>
Data Item	Data Item used ...	Data Item '不含...	<Model>
Data Item	Data Item used ...	Data Item '单价'	<Model>
Data Item	Data Item used ...	Data Item '总价'	<Model>
Data Item	Data Item used ...	Data Item '扣率'	<Model>
Data Item	Data Item used ...	Data Item '数量'	<Model>
Data Item	Data Item used ...	Data Item '税率'	<Model>
Data Item	Data Item used ...	Data Item '税额'	<Model>
Data Item	Data Item used ...	Data Item '类别'	<Model>
Data Item	Data Item used ...	Data Item '销售...	<Model>
Data Item	Undefined data t...	Data Item 'Attrib...	<Model>

Find　Check Model

图 6.13　模型检查结果列表窗口

结果列表中包括警告错误和致命错误。致命错误必须修改,警告错误有时可以忽略。修改错误的方法有两种,一种是手工方式,一种是自动方式。例如:名称或代码不唯一错误,可以采用手工修改的方式,用新的名称或代码替换原有名称或代码即可;也可以采用自动修改的方式,系统会自动产生一个数字加在名称或代码后,以区别不唯一的名称或代码。有些错误只能手工修改,而不能采用自动修改,例如循环依赖错误必须手工删除循环。

(5) 选择结果列表中需要修改的致命错误或者警告错误,右击该项错误,在快捷菜单中选择更正(Correct)选项,对错误进行修改。错误修改可以借助 Check

工具栏中的工具完成。逐项修改结果列表中的错误,直至没有问题为止。

6.4 逻辑数据模型设计

Power Designer 中支持的数据模型包括概念数据模型、逻辑数据模型和物理数据模型。逻辑数据模型是概念数据模型的延伸,比概念数据模型更易于理解,同时又不依赖于具体的数据库。在某些数据模型的设计过程中,概念数据模型是和逻辑数据模型合在一起进行设计的。

6.4.1 逻辑数据模型概念

逻辑数据模型(logical data modal, LDM)介于概念数据模型(CDM)和物理数据模型(PDM)之间,表示概念之间的逻辑次序,是一个属于方法层次的模型。LDM 一方面描述了实体、实体属性以及实体之间的关系,另一方面又将继承、实体关系中的引用等在实体的属性中进行展示。LDM 使得整个 CDM 更易于理解,同时又不依赖于具体的数据库实现,使用 LDM 可以生成针对具体数据库管理系统的 PDM。采用 Power Designer 完成数据建模,LDM 设计不是必需的,可以由 CDM 直接生成 PDM。

LDM 反映的是系统分析设计人员对数据存储的观点,是对 CDM 进一步的分解和细化。LDM 是根据业务规则确定的,关于业务对象、业务对象的数据项及业务对象之间关系的基本蓝图。LDM 的内容包括所有的实体和关系,确定每个实体的属性,定义每个实体的主键,指定实体的外键,需要进行范式化处理。LDM 的目标是尽可能详细地描述数据,但并不考虑数据在物理上如何实现。逻辑数据建模不仅会影响数据库设计的方向,还会间接影响最终数据库的性能和管理。如果在实现 LDM 时投入得足够多,那么在 PDM 设计时就可以有许多可供选择的方法。

6.4.2 逻辑数据模型创建

在创建 LDM 之前,与 CDM 类似,首先要根据需求分析结果,从中提取系统需要处理的数据,包括实体、联系、特殊的业务规则等,为创建 LDM 奠定基础。

创建 LDM 可以采用下面几种方法:新建 LDM,从已有 LDM 生成新的 LDM,由 CDM 生成 LDM,通过逆向工程由 PDM 生成 LDM。其中新建 LDM 方法和新建 CDM 方法是一样的,由 CDM 生成 LDM 的具体步骤如下。

(1) 打开已有 CDM,如图 6.14 所示。

(2) 使用 Tools 下面的 Generate Logical Data Model 菜单选项,打开 LDM 生成选项窗口,如图 6.15 所示。

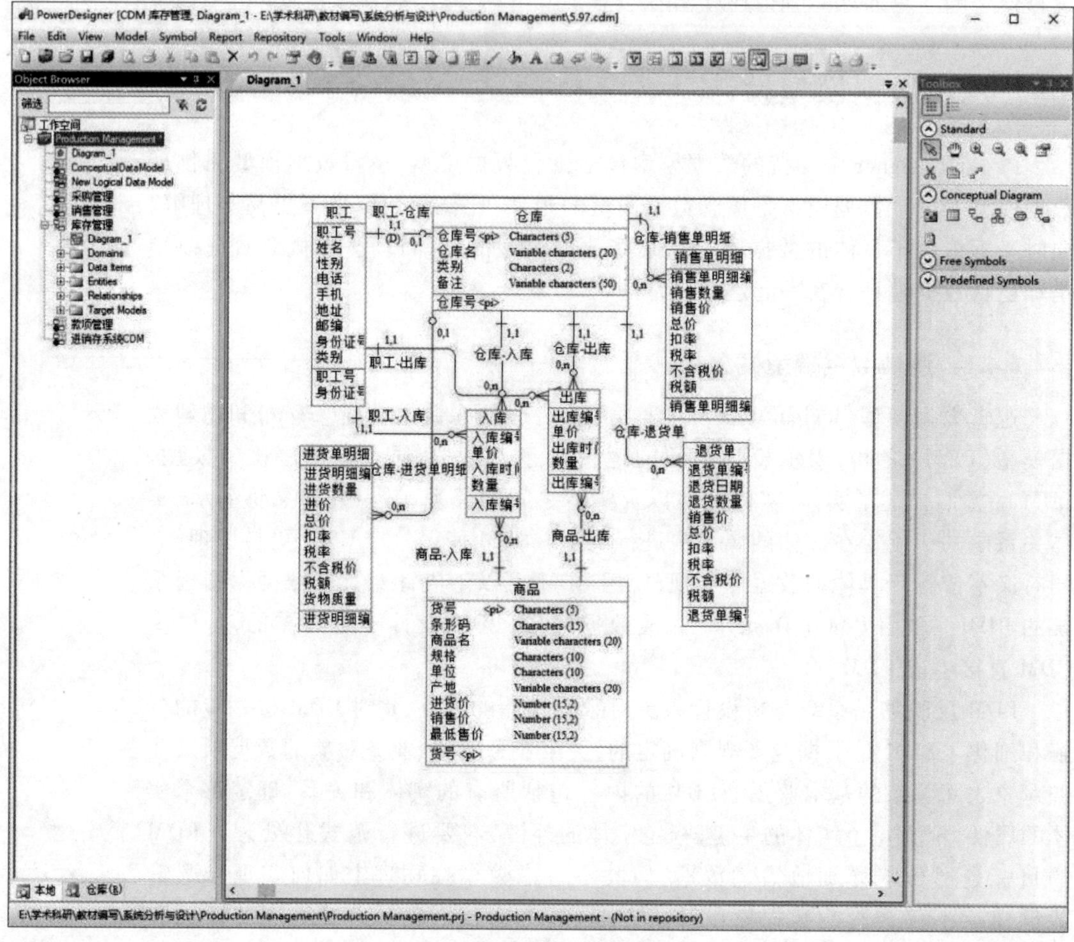

图 6.14 打开已有 CDM

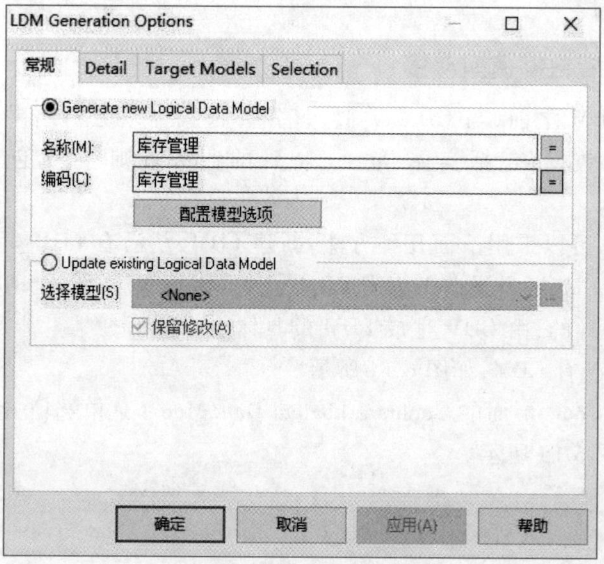

LDM Generation Options

常规 | Detail | Target Models | Selection

◉ Generate new Logical Data Model

名称(M): 库存管理

编码(C): 库存管理

配置模型选项

○ Update existing Logical Data Model

选择模型(S) <None>

☑ 保留修改(A)

确定 取消 应用(A) 帮助

图 6.15 LDM 生成选项窗口

(3) 设置各选项卡参数。其中,Detail 选项卡中的 Convent names into codes 表示生成对象的名称转换为代码; Preserve n-n relationships 表示如果 LDM 允许多对多联系,则由 CDM 生成 LDM 时保留多对多联系,否则,多对多联系将转换为一个实体。LDM 是否允许多对多联系见 LDM 选项设置一节。其余参数含义以及设置方法与生成 CDM 的设置相同。

(4) 单击"确定"按钮生成 LDM,由图 6.14 生成的 LDM 如图 6.16 所示。

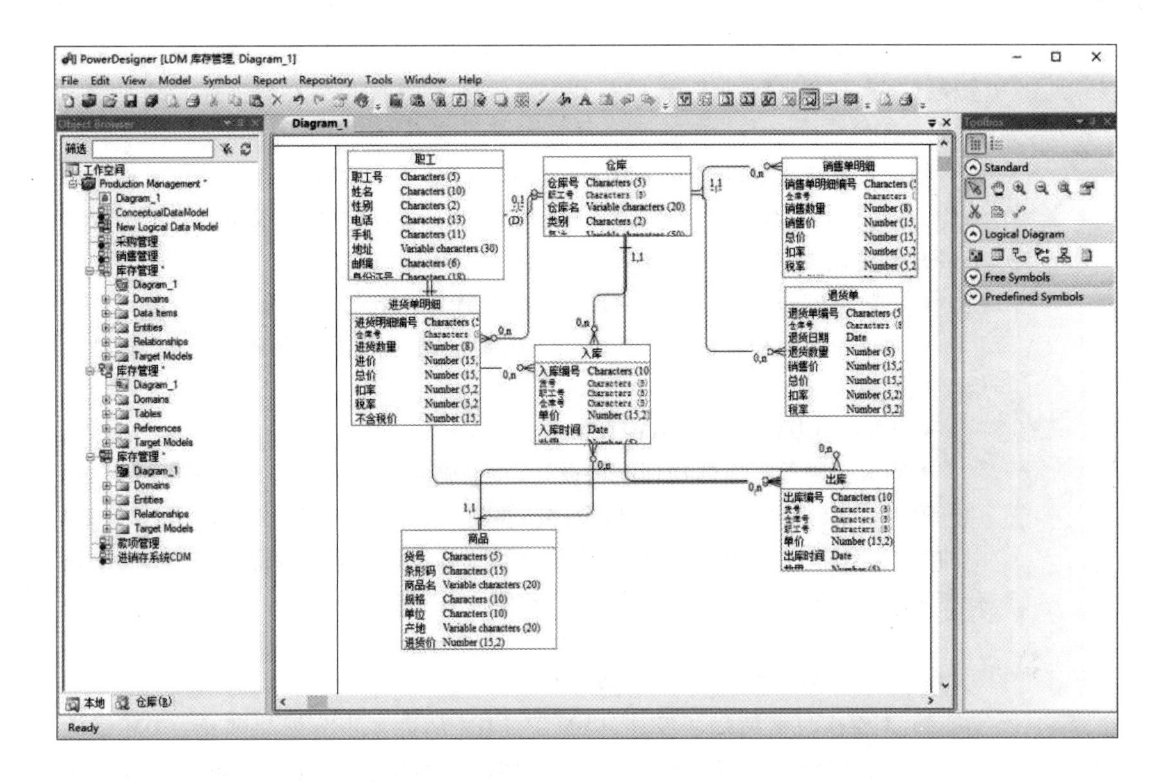

图 6.16　生成的 LDM

6.4.3 管理逻辑数据模型

在 LDM 设计过程中,同样要以规范化理论作指导,每个对象也要符合一定的规范,以保证 LDM 的有效性。与 CDM 检查功能类似,Power Designer 提供了 LDM 检查功能,用于检查 LDM 中存在的错误。

LDM 有效性检查包括包检查、业务规则检查、域检查、实体检查、实体属性检查、实体标识符检查、联系检查、继承联系检查、文件对象检查以及数据格式检查等。LDM 检查具体操作过程以及能够进行检查的选项与 CDM 基本相同,这里不再赘述。

6.5　物理数据模型设计

物理数据模型设计是指在逻辑数据模型的基础上,考虑各种具体的技术实现因素,进行数据库体系结构设计,真正实现数据在数据库中的存放。物理数据模型设计的内容包括确定所有的表和列,定义外键用于确定表之间的关系,基于用户的需求可能进行范式化等。在物理实现上的考虑,可能会导致物理数据模型和逻辑数据模型有较大的不同。物理数据模型设计的目标是指定如何用数据库模式来实现逻辑数据模型,以及真正地保存数据,并最终在数据库管理系统中实现该模型。

物理数据模型(physical data model,PDM)描述了数据在存储介质上的组织结构,与具体数据库管理系统有关,目标是为一个给定的 CDM 或 LDM 选取一个最符合应用要求的物理结构。PDM 的主要功能有:

- 将数据库的物理设计结果从一种数据库移植到另一种数据库;
- 通过逆向工程将已经存在的数据库物理结构重新生成 PDM,定制标准的模型报告;
- 转换为 CDM、LDM、OOM、XML;
- 完成多种数据库的物理结构设计,并生成数据库对象的 SQL 脚本。

PDM 中涉及的概念主要包括表、列、主键、候选键、外键、域等,分别和 CDM 中的实体、属性、主标识符、候选标识符、联系、域等相对应。除此之外,PDM 中还有参照、索引、视图、触发器、存储过程、存储函数等对象。

6.5.1　物理数据模型对象创建方法

CDM 完成数据的概要设计,LDM 是 PDM 的进一步分解和细化,PDM 则完成与具体数据库管理系统相关的详细设计,并在数据库管理系统中实现该数据模型。采用 Power Dcsigner 完成数据建模允许从构建 PDM 开始。但为了更加清晰直观地描述数据以及数据之间的相互关系,以便数据库设计人员与用户更好地沟通,通常情况下,数据库建模从 CDM 设计开始,然后将 CDM 转化为 PDM,或由 LDM 转化为 PDM,之后再对 PDM 进行优化。创建 PDM 的步骤如下。

(1) 使用 File 下的 New Model 菜单选项,打开如图 6.17 所示的新建 PDM 窗口。在新建模型窗口中选择 Physical Data Model 选项,即物理数据模型 PDM 。

(2) 输入模型名称并选择数据库管理系统,然后单击 OK 按钮,创建一个 PDM。默认情况下,新建模型将出现在 Power Designer 浏览器窗口中,同时打开用于设计选定图形对象的工具箱,如图 6.18 所示。

(3) 选择工具箱中的 Table 工具选项,光标变为表形状,然后在图形设计工作区的合适位置单击,则放置一个表。可连续放置多个表对象。

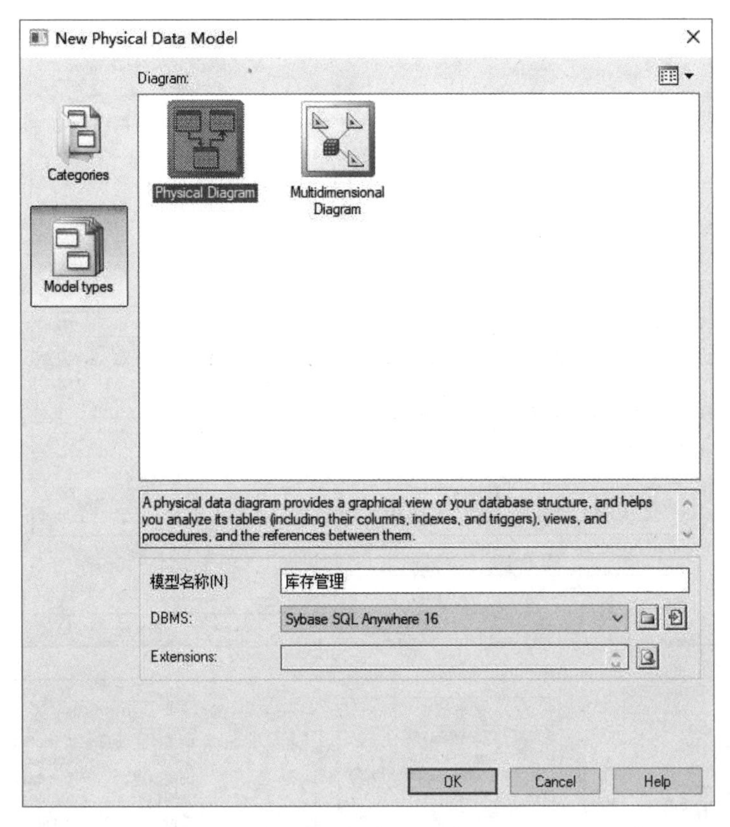

图 6.17　新建 PDM 窗口

(4) 鼠标双击表的图形符号,打开 Table Properties 表属性窗口,如图 6.19 所示,设置表属性。其中,"常规"选项卡用于设置表的基本信息,包括表名、代码以及描述信息等;"Columns"选项卡用于定义列信息;"Indexes"选项卡用于定义索引;"Keys"选项卡用于定义主键或候选键;"Rules"选项卡用于定义业务规则;"Triggers"选项卡用于定义在该表上建立的触发器;"Procedures"选项卡用于定义存储过程;"Physical Options"选项卡用于设置与该表相关的详细物理选项,该选项卡根据 PDM 所选 DBMS 的不同参数有所不同,主要用于定义表的常见物理选项,例如表的组织方式可以设置为按照聚簇来组织表数据;"Preview"选项卡用于显示 SQL 语句;"Sybase"选项卡用于创建或删除 Sybase 物化视图日志;"Notes"选项卡用于保存对象相关的附加信息,包括说明和注解两个子选项。

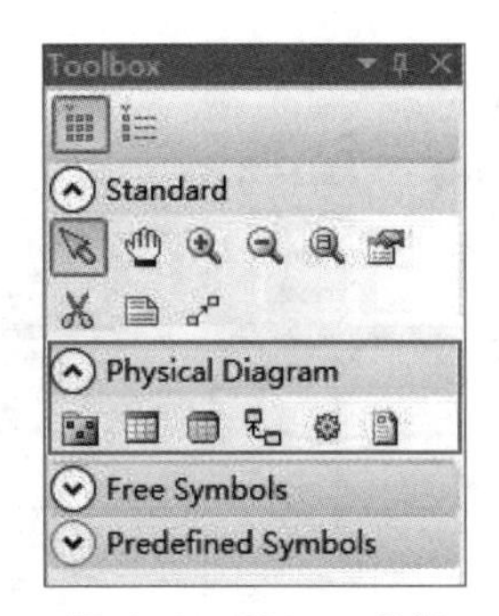

图 6.18　PDM 工具箱

由 LDM 转化为 PDM 的步骤如下。

(1) 打开如图 6.20 所示的 LDM。

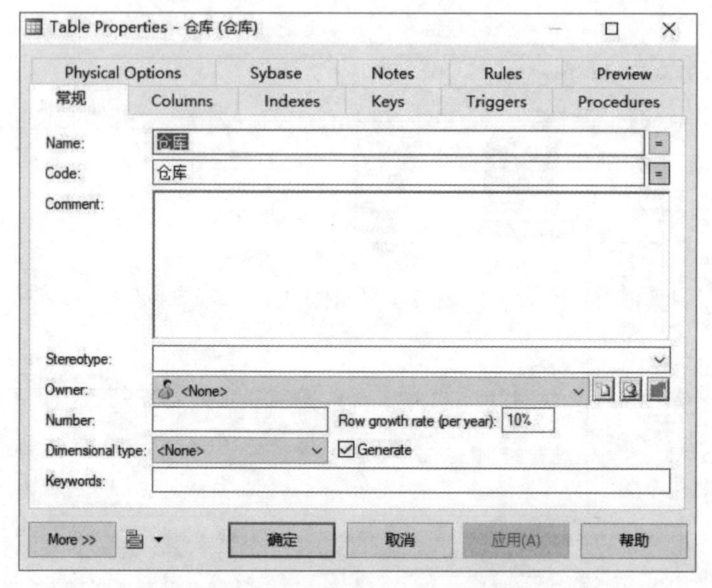

图 6.19 表属性窗口(“常规”选项卡)

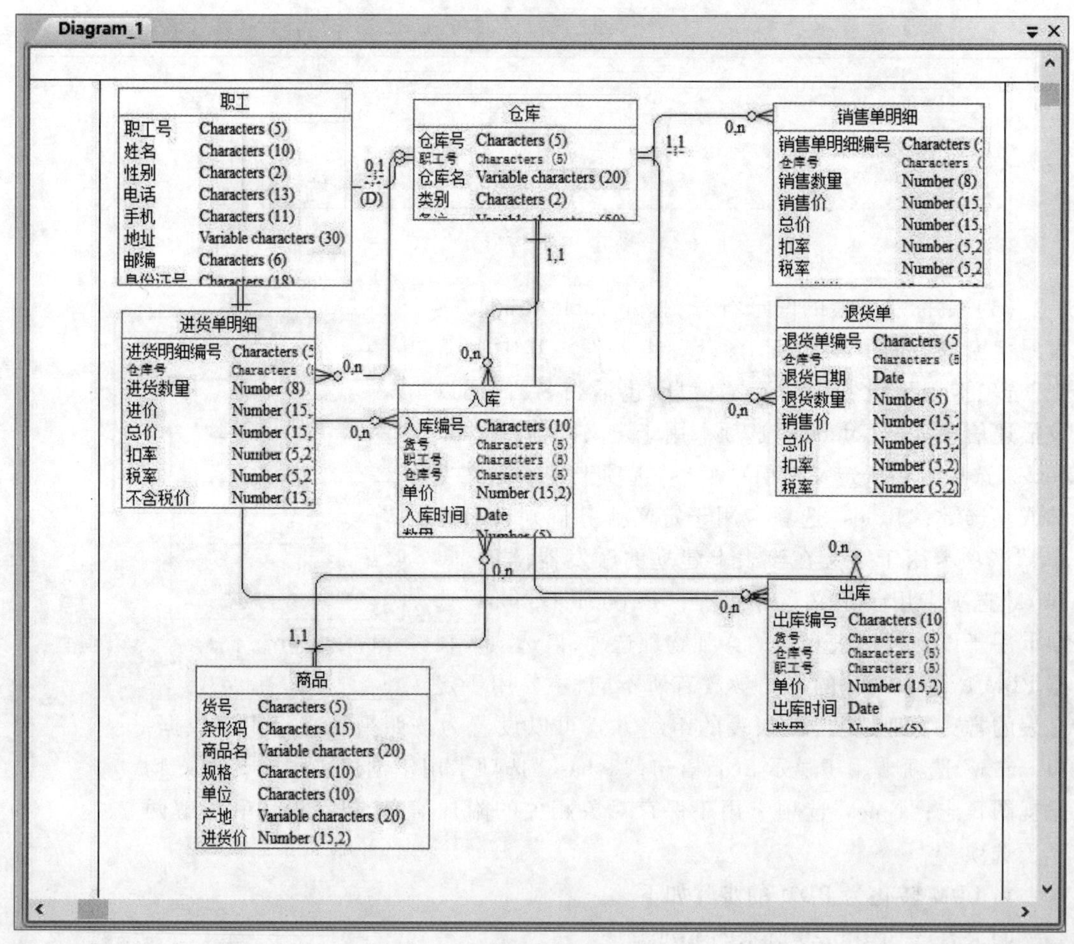

图 6.20 LDM

（2）使用 Tools→Generate Physical Data Model...打开如图 6.21 所示的 PDM 生成选项对话框。

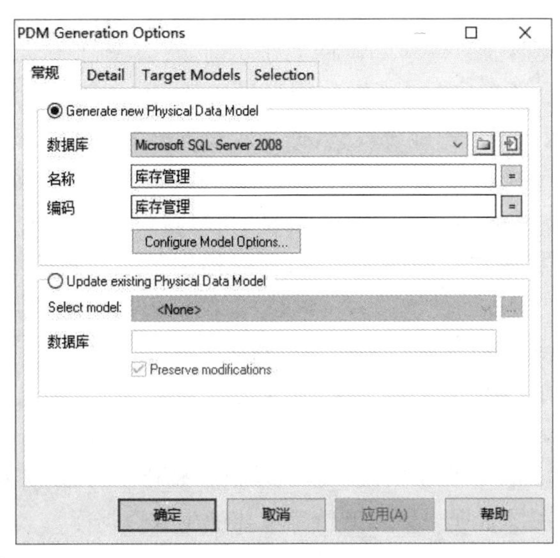

图 6.21　PDM 生成选项对话框

（3）单击“确定”按钮，生成如图 6.22 所示的 PDM。

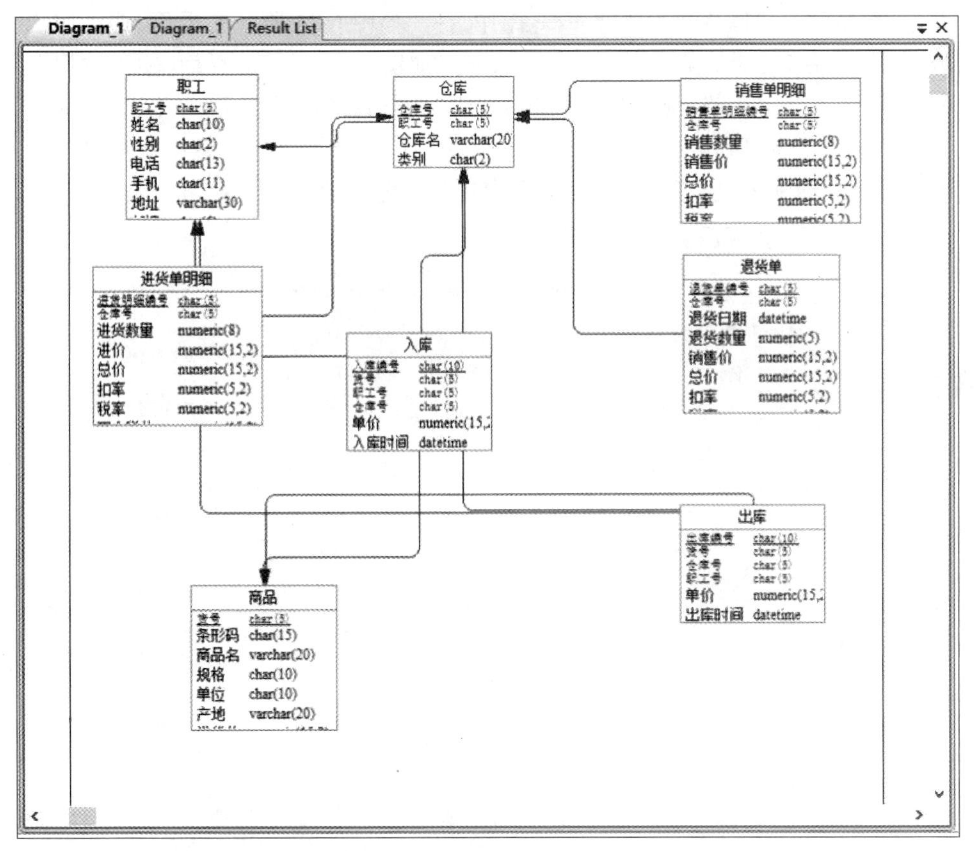

图 6.22　PDM

6.5.2　生成数据库脚本

采用 Power Designer 完成数据建模,针对数据库设计的不同阶段,每个阶段都提供了相应的模型辅助数据库设计工作。例如,CDM 主要针对数据库设计的概念结构设计阶段;LDM 针对逻辑结构设计阶段;PDM 则针对物理结构设计阶段。接下来将进入数据库实施阶段,数据库实施阶段的主要任务是根据逻辑结构以及物理结构设计的结果创建数据库结构,然后载入数据,测试数据库的性能。

Power Designer 提供了生成数据库功能,可以将设计完成的 PDM 生成到数据库中,从而完成数据库结构的创建工作;同时提供了生成测试数据的功能,能够根据数据库的特点生成测试数据,并将数据加载到数据库中,辅助完成数据库测试。将 PDM 生成到数据库的具体操作步骤如下。

(1) 确认当前 PDM 的正确性与有效性

在将 PDM 生成到数据库之前,需要检查 PDM 的正确性与有效性。检查时首先采用 Power Designer 提供的模型检查功能检查模型对象,其次根据需求确认 PDM 的有效性。在没有任何错误的情况下才能生成数据库。

(2) 配置数据源

Power Designer 提供多种方式连接数据库,例如 ODBC、OLEDB、JDBC、数据库专用接口等。选择 Database→Configure Connections...,打开如图 6.23 所示的界面,在该界面中选择 Add Data Source 操作,打开如图 6.24 所示的界面,选择用户数据源(只用于当前机器),点击下一步,显示如图 6.25 所示的界面,输入数据源命名信息,点击下一步,显示如图 6.26 所示的数据库类型选择界面,选择 Using a data source,最后得到数据源的确认信息如图 6.27 所示。ODBC 数据源可以在连接数据库之前配置,也可以在连接数据库过程中配置。

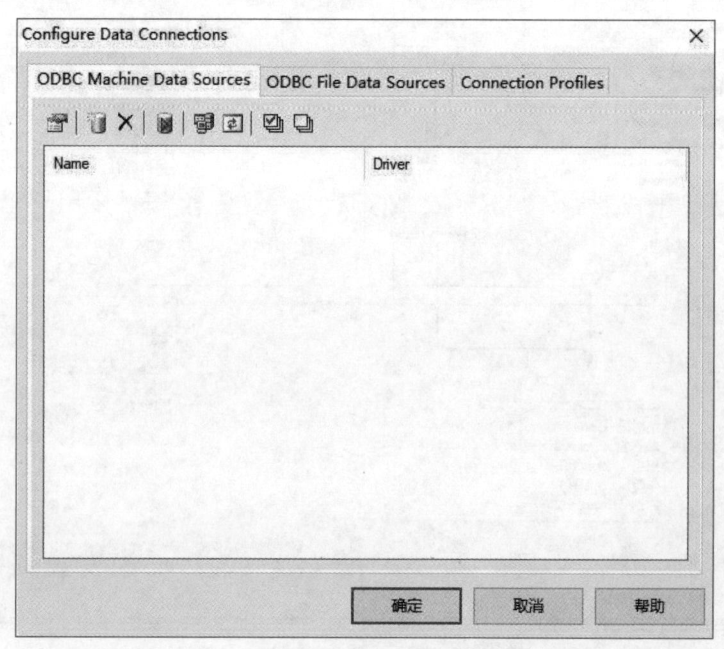

图 6.23　配置数据连接

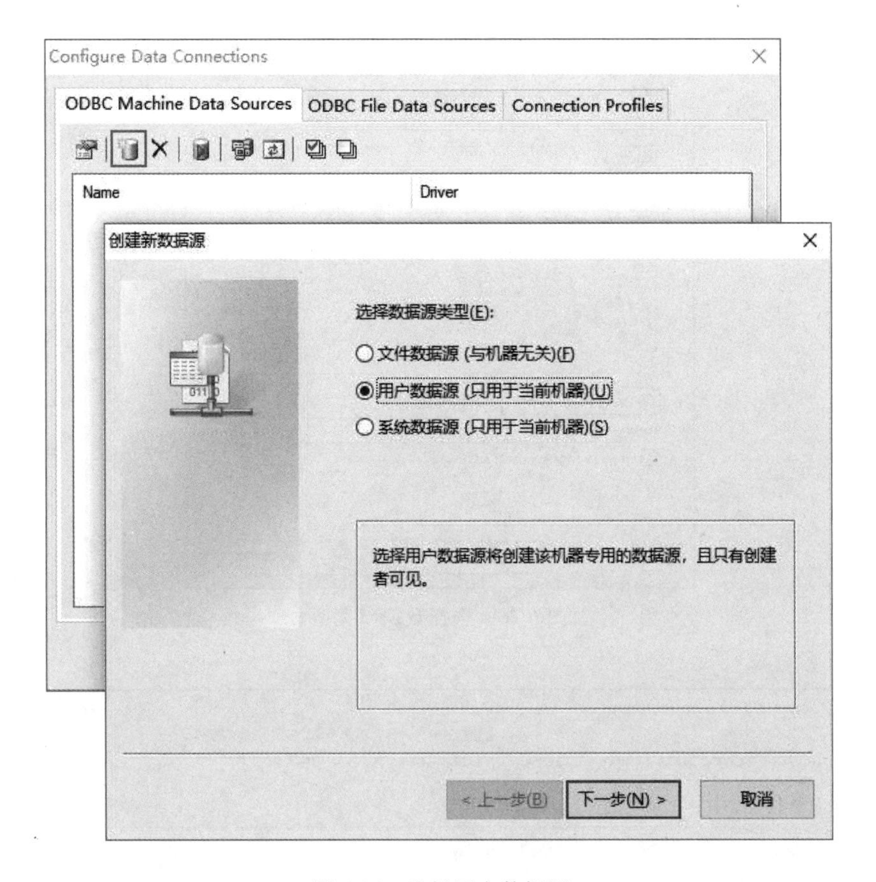

图 6.24 选择用户数据源

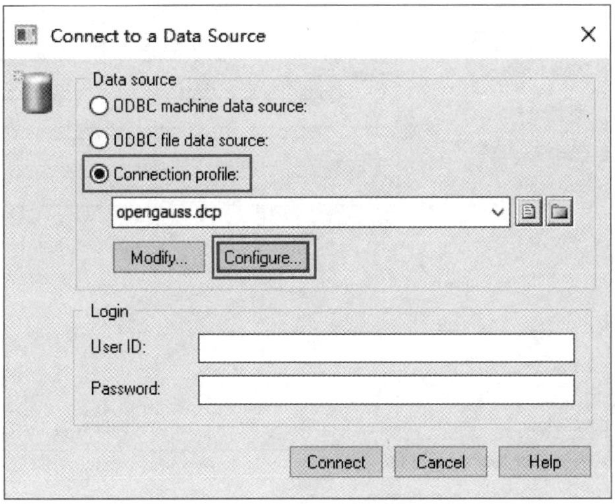

Connect to a Data Source
Data source
ODBC machine data source:
ODBC file data source:
Connection profile:
opengauss.dcp
Modify...
Configure...
Login
User ID:
Password:
Connect
Cancel
Help

图 6.25 填写数据源信息

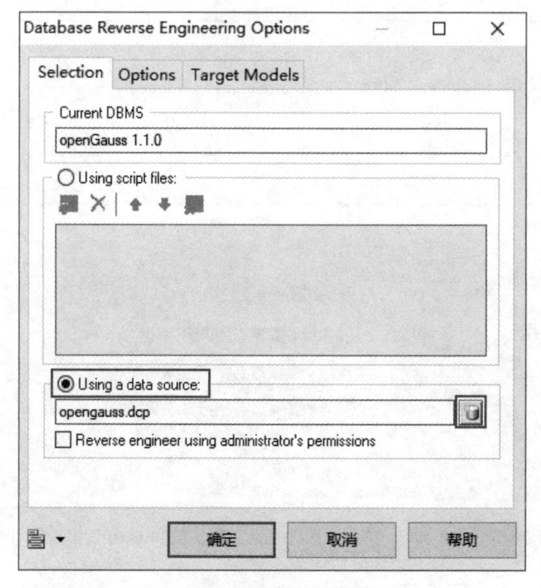

图 6.26　选择数据库类型

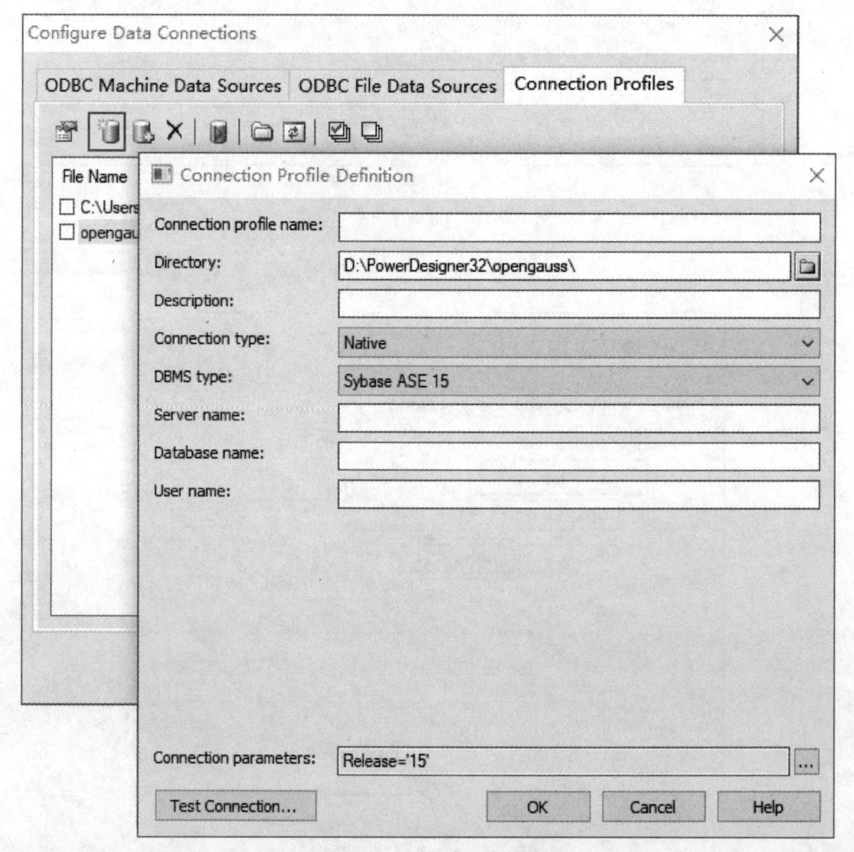

图 6.27　确认并保存新建的数据源

(3) 连接数据库

在 Power Designer 中选择 Database→Connect 菜单选项,打开连接数据库窗口,如图 6.28 所示。

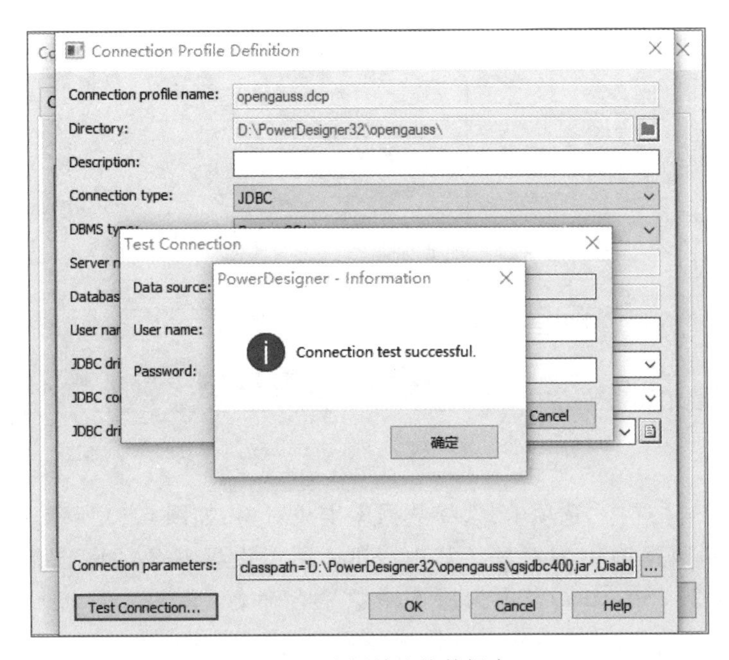

图 6.28 选择并连接数据库

选择第一种连接方式,然后在下拉列表框中选择配置完成的 ODBC 数据源,或者单击 Configure 按钮,配置新的数据源,也可以单击 Modify 按钮修改已经存在的数据源;之后输入用户名和密码;最后单击 Connect 按钮,连接数据库。

如果数据库连接成功,则没有提示信息。数据库连接成功后,可以在 Power Designer 中查看数据库连接信息,方法是:选择 Database → Connection Information 菜单选项,打开数据库连接信息窗口,查看连接信息。

6.5.3 创建数据库

将 PDM 生成到数据库中,既可以生成数据库脚本(Database Creation Script),也可以直接生成到数据库中,生成数据库的具体操作步骤如下。

(1) 在 Power Designer 中选择 Database→Gennerate Database 菜单选项,打开生成数据库窗口。针对当前 PDM,采用数据源 localDB 与 openGauss 数据库进行连接,直接将 PDM 生成到数据库中;同时生成脚本文件 crebas,并可以在生成结束后对其进行查看和修改;在生成过程中需要检查 PDM,如果存在错误,则停止生成,并且生成过程自动归档。

(2) 单击 Options 选项卡,定义数据库对象的生成选项,如图 6.29 所示。左侧窗格显示 PDM 中对象的类型,右侧窗格显示不同对象的生成选项,从右侧窗格中选择需要的选项即可。

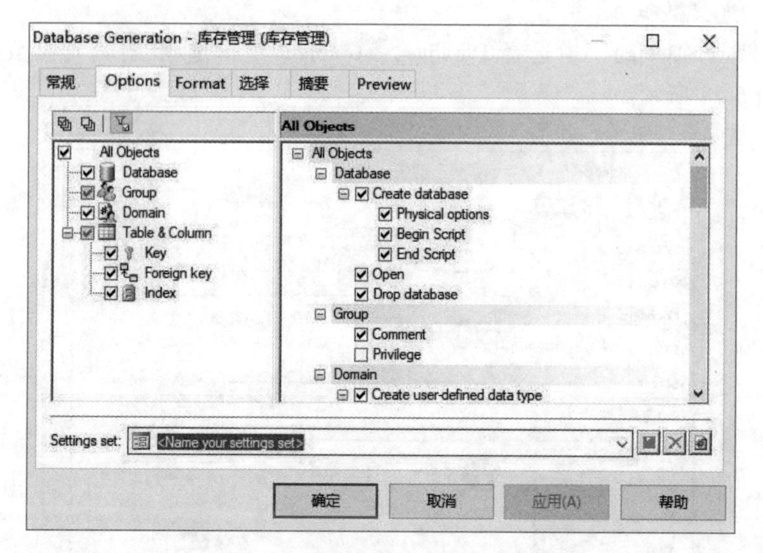

图 6.29　生成数据库(Options 选项卡)

(3) 单击“选择”选项卡,选择数据库生成对象,如图 6.30 所示。从中选择需要生成到数据库中的对象。其中,Filter 用于设置对象的筛选条件,例如,“Name= ＊2”;Selection 表示为所选对象集合命名,形成 Selection 对象,便于重用。

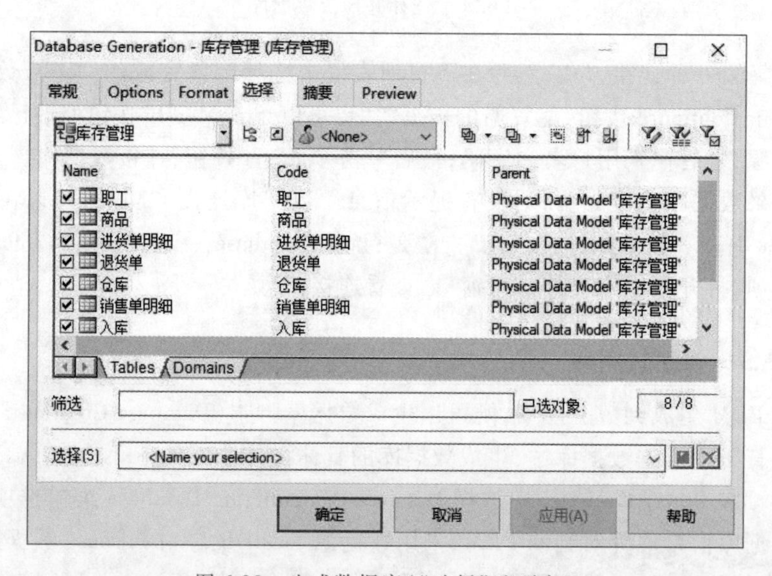

图 6.30　生成数据库(“选择”选项卡)

(4) 单击“摘要”选项卡,查看生成选项的汇总,如图 6.31 所示。该窗口中的代码不可以编辑,但可以保存、打印和复制。

(5) 单击“确定”按钮,生成数据库或脚本。共生成 8 个表,分别为仓库、出库、进货单明细、入库、商品、退货单、销售单明细、职工。

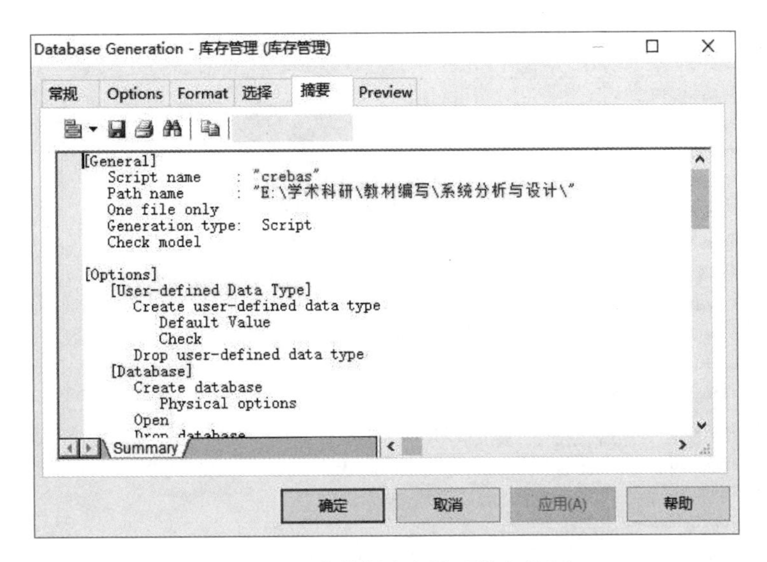

图 6.31 生成数据库（“摘要”选项卡）

6.5.4 逆向工程数据库

数据模型能够加强设计人员与用户之间的沟通，有助于用户更好地了解系统；同时，数据模型能够帮助设计人员从全局角度更好地把握数据库的结构。

Power Designer 不仅提供了正向模型生成功能，能够将 CDM 转换为 LDM 和 PDM，最终生成到数据库中；同时也提供了逆向工程，能够通过已经存在的数据库或 SQL 文件直接生成 PDM，然后转换为 LDM 和 CDM，供设计人员和用户参考使用。逆向工程对于数据库重组、重用以及改善性维护具有重要意义。另外，Power Designer 不仅提供数据库的逆向工程功能，还提供了从面向对象语言逆向生成面向对象模型、从 XML 定义文件逆向生成 XML 模型等功能。

数据库的逆向工程是指从一个已经存在的数据库或 SQL 文件生成一个 PDM 的过程。具体操作步骤如下。

（1）选择 File→Reverse Engineer→Database 菜单选项，打开数据库逆向工程新建 PDM 窗口，如图 6.32 所示，输入 PDM 名称，并选择 DBMS。

（2）单击“确定”按钮，打开数据库逆向工程选项窗口，如图 6.33 所示，其中，Selection 选项卡用于选择逆向工程方式。一种方式是 Using script files，即采用 SQL 文件生成 PDM，通过 Add Files、Clear All、Delete File 等工具添加或删除 SQL 文件；另一种方式是 Using a data source，即采用已经存在的数据库生成 PDM，通过 Connect to a Data Source 工具，选择或新建一个数据源。Options 选项卡用于设置逆向工程选项。Target Models 选项卡用于设置 PDM，如果选择一个已经存在的 PDM，则逆向工程生成的 PDM 将与选定的 PDM 合并为一个 PDM；如果不选择，则逆向工程生成一个新的 PDM。

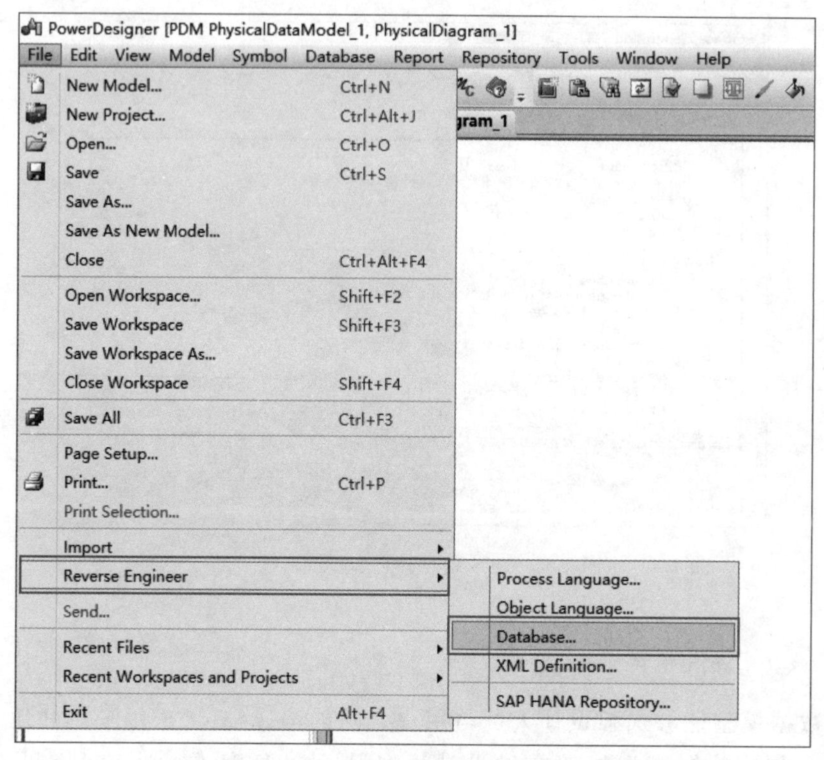

图 6.32　逆向工程新建 PDM 窗口

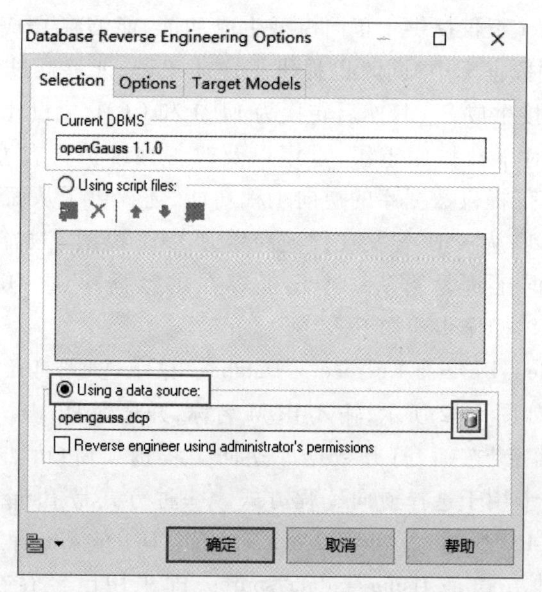

图 6.33　逆向工程选项窗口(Selection 选项卡)

(3) 如果选择采用 SQL 文件的方式生成 PDM,则单击“确定”按钮后开始逆向工程过程;如果选择根据已经存在的数据库生成 PDM,则单击“确定”按钮后打开数据库对象选择窗口,如图 6.34 所示。

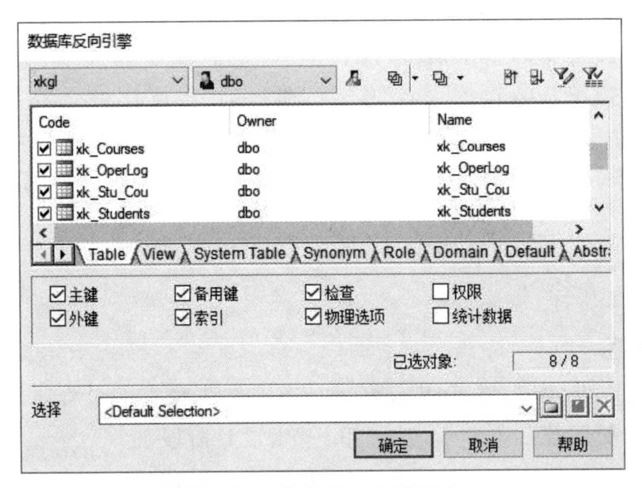

图 6.34　选择逆向工程对象

（4）选择需要生成到 PDM 中的数据库对象。单击 OK 按钮，开始逆向工程过程，根据图 6.34 中选择的结果生成的 PDM 如图 6.35 所示。

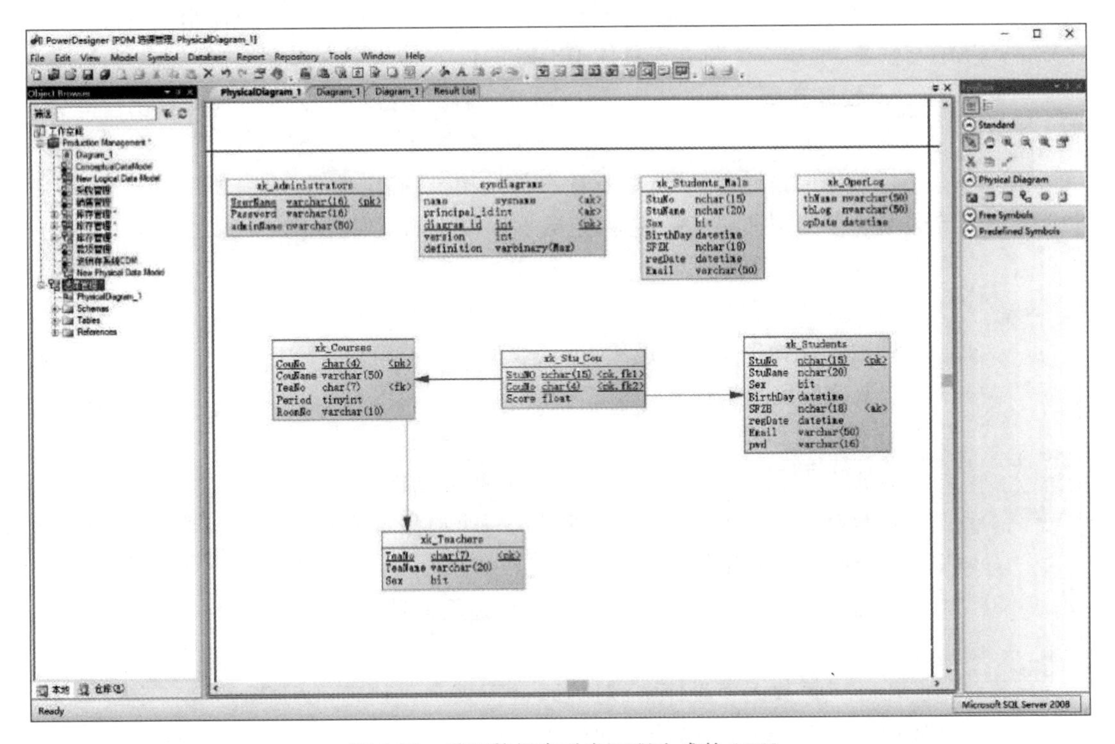

图 6.35　采用数据库逆向工程生成的 PDM

本章小结

本章概述了数据库的基本概念，并通过对数据管理技术发展过程进行介

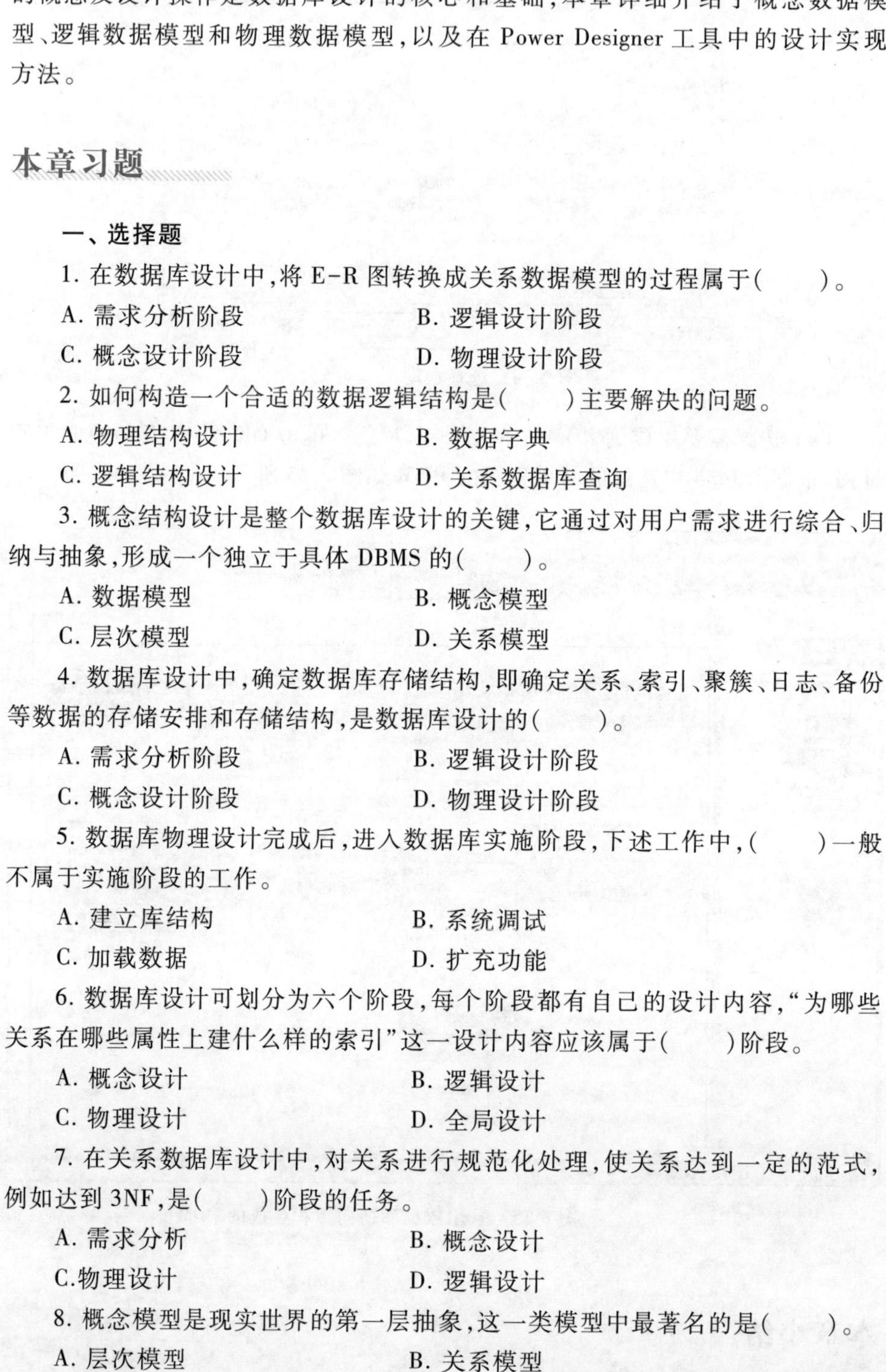

绍,阐述了数据库技术产生和发展的背景。随后简要介绍了组成数据模型的三个要素和三种主要的数据模型:层次模型、网状模型和关系模型。数据模型的概念及设计操作是数据库设计的核心和基础,本章详细介绍了概念数据模型、逻辑数据模型和物理数据模型,以及在 Power Designer 工具中的设计实现方法。

本章习题

一、选择题

1. 在数据库设计中,将 E-R 图转换成关系数据模型的过程属于(　　)。

A. 需求分析阶段　　B. 逻辑设计阶段

C. 概念设计阶段　　D. 物理设计阶段

2. 如何构造一个合适的数据逻辑结构是(　　)主要解决的问题。

A. 物理结构设计　　B. 数据字典

C. 逻辑结构设计　　D. 关系数据库查询

3. 概念结构设计是整个数据库设计的关键,它通过对用户需求进行综合、归纳与抽象,形成一个独立于具体 DBMS 的(　　)。

A. 数据模型　　B. 概念模型

C. 层次模型　　D. 关系模型

4. 数据库设计中,确定数据库存储结构,即确定关系、索引、聚簇、日志、备份等数据的存储安排和存储结构,是数据库设计的(　　)。

A. 需求分析阶段　　B. 逻辑设计阶段

C. 概念设计阶段　　D. 物理设计阶段

5. 数据库物理设计完成后,进入数据库实施阶段,下述工作中,(　　)一般不属于实施阶段的工作。

A. 建立库结构　　B. 系统调试

C. 加载数据　　D. 扩充功能

6. 数据库设计可划分为六个阶段,每个阶段都有自己的设计内容,“为哪些关系在哪些属性上建什么样的索引”这一设计内容应该属于(　　)阶段。

A. 概念设计　　B. 逻辑设计

C. 物理设计　　D. 全局设计

7. 在关系数据库设计中,对关系进行规范化处理,使关系达到一定的范式,例如达到 3NF,是(　　)阶段的任务。

A. 需求分析　　B. 概念设计

C.物理设计　　D. 逻辑设计

8. 概念模型是现实世界的第一层抽象,这一类模型中最著名的是(　　)。

A. 层次模型　　B. 关系模型

C. 网状模型　　D. 实体-联系模型

9. 在概念模型中客观存在并可相互区别的事物称为(　　)。

A. 实体　　B. 元组　　C. 属性　　D. 节点

10. 关系数据库中,实现实体之间的联系是通过关系与关系之间的(　　)。

A. 公共索引　　B. 公共存储

C.公共元组　　D. 公共属性

二、填空题

1. 数据模型应具有描述数据和__________两方面的功能。

2. __________模型是现实世界到__________的中间桥梁。

3. 设关系表R(A,B)中包含2个元组,S(C,D,E)中包含3个元组,R和S做自然连接后得到关系的基数为__________。

4. 若关系 R ∈ 2NF,且 R 消除了非主属性对键的__________依赖,则称R ∈ 3NF。

5. 1NF的关系消除非主属性对候选键的__________函数依赖后,可将范式等级提高到2NF。

三、问答题

1. 试述数据、数据库、数据库管理系统、数据库系统的概念。

2. 使用数据库系统有什么好处?

3. 试述文件系统与数据库系统的区别和联系。

4. 举出适合用文件系统而不是数据库系统的应用例子,以及适合用数据库系统的应用例子。

5. 数据库管理系统的主要功能有哪些?

6. 什么是概念模型? 试述概念模型的作用。

7. 定义并解释概念模型中以下术语:实体、实体型、实体集、实体之间的联系。

8. 试述数据模型的概念、数据模型的作用和数据模型的三个要素。

9. 试述层次模型的概念,举出三个层次模型的实例。

10. 试述网状模型的概念,举出三个网状模型的实例。

11. 试述关系模型的概念,定义并解释以下术语:关系、属性、域、元组、码、分量、关系模式。

四、思考与实践

请在CentOS 7操作系统中安装openGauss 3.1.1数据库,创建数据库db_student,并在创建的数据库中创建一个数据表(数据表及字段名称,字段类型):students(stuNo char(20),stuName varchar(20),mobile char(11))。然后在这个表中实现数据记录的增、删、改、查等操作。

综合实验三

一、实验目标

创建概念数据模型和逻辑数据模型。

二、实验学时

6 学时。

三、实验步骤

1. 建立概念数据模型

对需求分析阶段收集的需求描述文本进行归纳和综合，运用抽象的方法对数据进行分类、聚集，分别建立实体、实体属性以及联系等模型元素，从而为设计概念数据模型奠定基础。

以 JPetStore 宠物商店项目为例，可以从需求描述文本中抽象出用户、宠物、商店和订单等数据类来描述当前业务环境中主要类别数据，建立相应的实体及属性，定义实体之间的联系。图 6.36 是 JPetStore 宠物商店的概念数据模型。

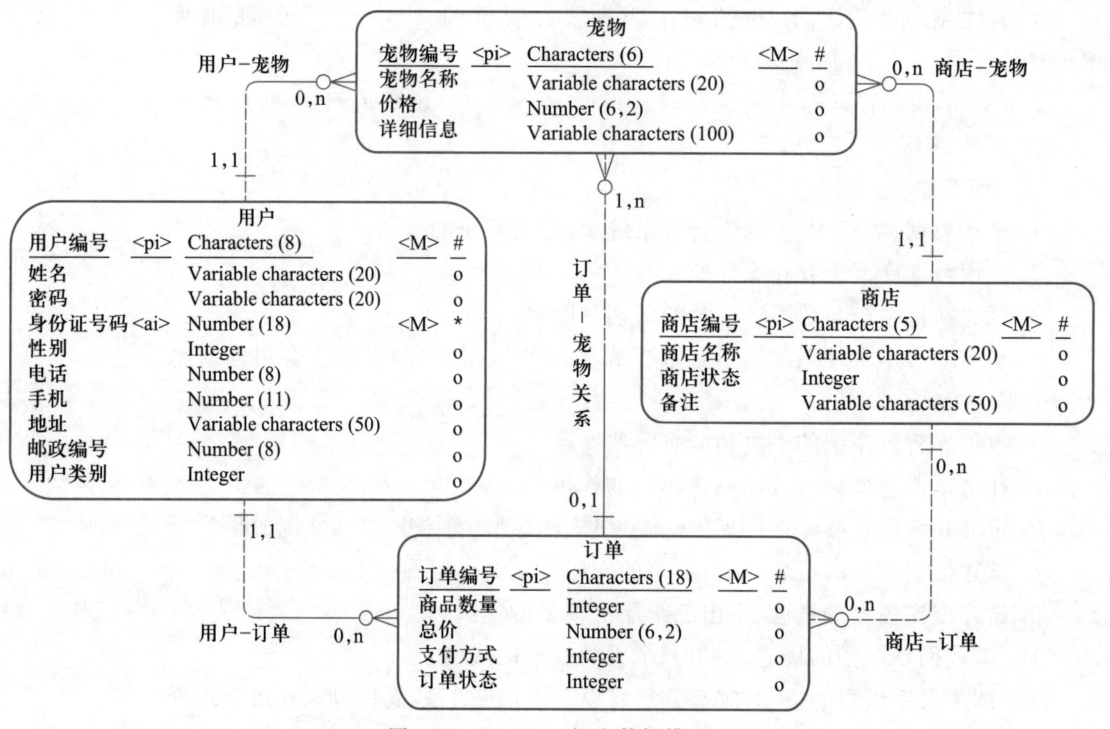

图 6.36　JPetStore 概念数据模型

2. 生成逻辑数据模型

使用 Power Designer 软件中的 Generate Logical Data Model 功能生成逻辑数据模型，如图 6.37 所示。其中，为反映系统分析设计人员对数据存储的设计内容，概念数据模型进一步分解和细化：部分实体和关系指定了外键，如“订单”“宠物”实体；个别关系创建了新实体，如“商店-订单”关系。

四、实验作业

对于所选目标系统，选用 Power Designer 工具软件，每个项目小组完成以下工作：

1. 创建概念数据模型、逻辑数据模型；

2. (选做)生成物理数据模型并创建到 openGuass 数据库中。

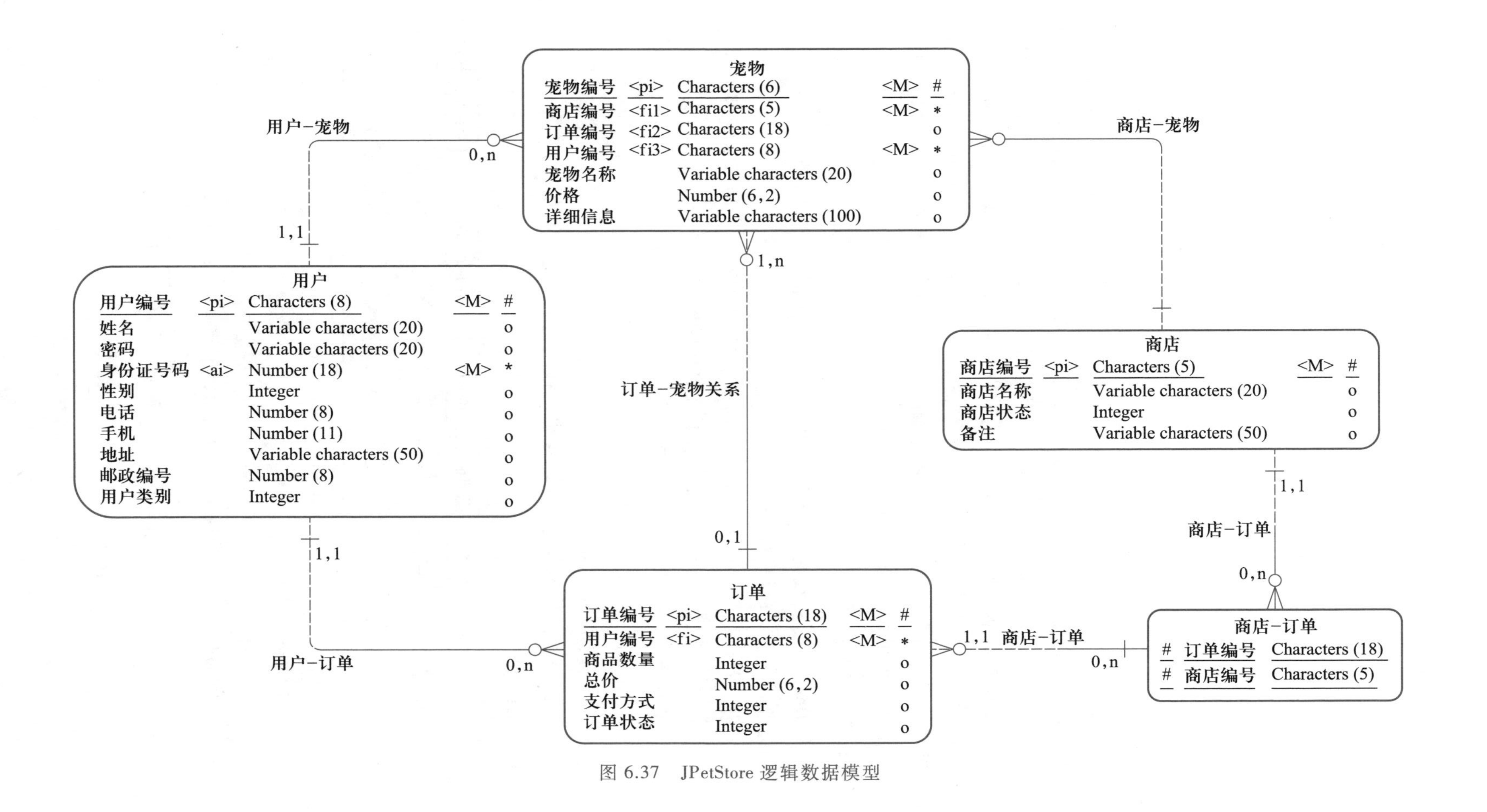

图 6.37 JPetStore 逻辑数据模型

第七章　面向 DevOps 的系统开发

DevOps 是软件开发、运维和质量保证三个部门之间沟通、协作和集成所采用的流程、方法和体系的一个集合。在方法论方面，DevOps 脱胎于敏捷开发，一些敏捷开发的理念、方法和实践在 DevOps 知识体系中都有所体现。关于 DevOps 的方法论知识本章不再赘述，而是以华为软件开发生产线(CodeArts)为例介绍支撑 DevOps 实践的工具链在软件开发流程各个环节的工作原理和操作方式。整个开发流程分为需求管理、开发与集成、测试管理、部署与交付四个部分，针对每个部分阐述当前工作的内在逻辑，并介绍所涉及工具的具体操作步骤。

【学习目标】

具备 DevOps 的实践能力，包括理解 DevOps 的流程和操作实践：

(1) 理解基于用户故事的需求管理；

(2) 理解代码托管和代码版本管理的基本逻辑，熟悉主流的版本管理工具；

(3) 理解代码编译构建过程，熟悉主流的编译构建工具；

(4) 了解测试管理的基本流程，掌握测试案例的设计；

(5) 理解流水线的工作原理及作用；

(6) 理解基于配置管理、自动化和云建立的 CodeArts 平台的工作模式，熟悉需求管理、代码托管、代码检查、编译构建、测试、流水线等工具的操作。

【学习导图】

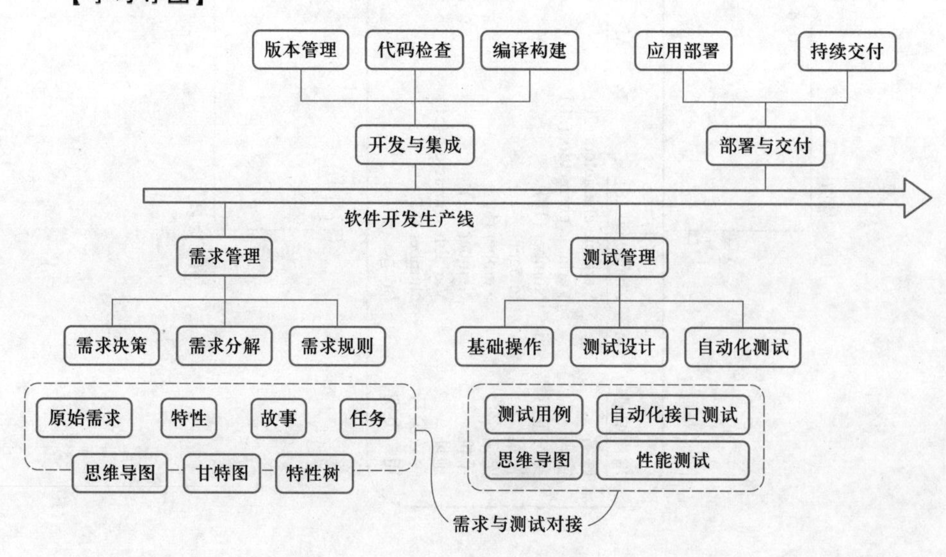

7.1 软件开发生产线

软件开发生产线(CodeArts)是华为面向开发者提供的一站式云端 DevOps 平台,贯穿需求下发、代码提交与构建、测试与验证、部署与运维全过程,打通软件交付的完整路径,提供软件研发托管运维端到端支持。如图 7.1 所示,软件开发生产线主要包含需求管理、代码托管、云集成开发环境(CodeArts IDE Online)、代码检查、编译构建、测试计划、部署、流水线等服务。

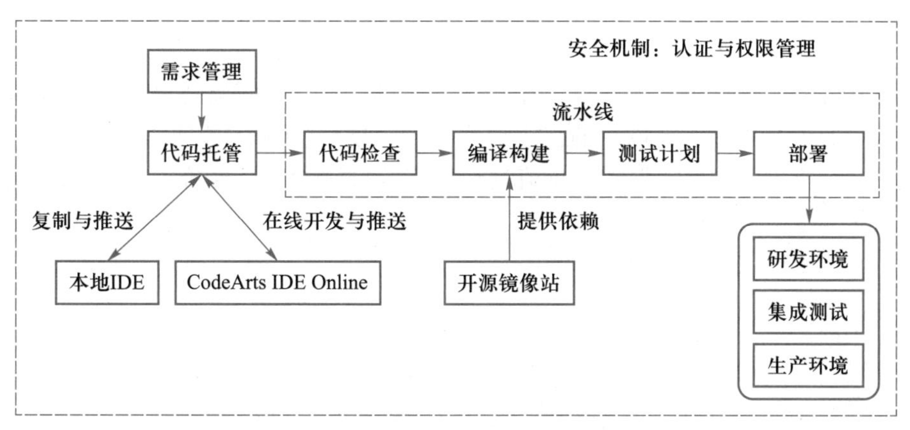

图 7.1 软件开发生产线流程

7.2 需求管理

需求管理主要包含需求决策、需求分解、需求规划等方面。根据事物理解和分析规律,将需求分为宏观、中观和微观三个层次,在需求管理中一般对应原始需求、特性和故事三种具体表示。本节通过介绍思维导图、甘特图、特性树等工具,对需求规划的理念和实践方法进行阐述,详细操作请参考华为需求管理用户指南。

7.2.1 需求决策

原始需求(raw requirement,RR)是来自企业内部和外部客户以客户视角描述的原始诉求。原始需求要经需求分析团队分析评审后决定是否接纳,其过程包含收集、分析、决策、实现和验收五个阶段。

1. 原始需求的收集

针对客户痛点、应用场景等信息,通过主动或被动的方式进行原始需求的收集。例如针对“凤凰商城”客户收集图片管理、数据统计等原始需求(见表 7.1)。收集的原始需求要有统一的进入渠道,并通过一个全局视图全面地展示,这样才能很好地规划一个各功能之间紧密结合的完整产品,而不是零散功能的简单堆砌。

表 7.1　原始需求描述举例

编号	描述
1	【客户声音】希望凤凰商城能够支持商品图片管理
2	【客户声音】希望凤凰商城的数据统计更智能化
3	【客户声音】希望凤凰商城能增加重要信息的推送功能
4	【客户声音】希望凤凰商城能支持商品数据的导出

2. 原始需求的分析

从各渠道收集的原始需求往往存在笼统、模糊等问题，需要进一步提炼，并以规范的语言描述。提炼后的需求应当达到可度量、可验证的程度。经需求分析团队分析后的需求依据需求价值进行排序，通过需求的“性价比”大小来判断需求是否接纳（见图 7.2）。

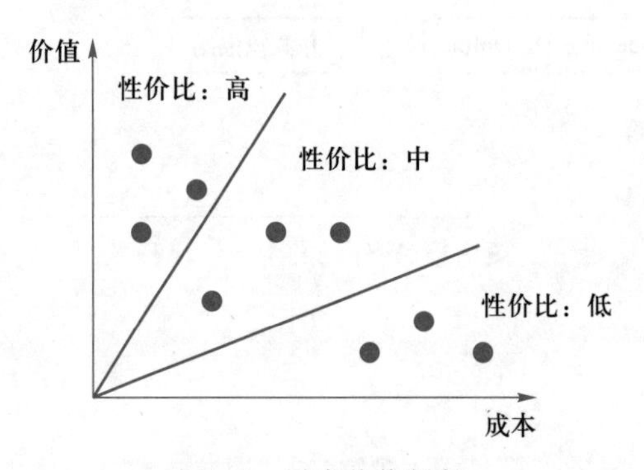

图 7.2　需求价值判断

3. 原始需求的决策

原始需求的决策以分析结论为重要参考依据，决策结论要明确、可执行。如图 7.3 所示，决策要素通常包括交付时间、交付的需求范围以及其他重要说明事项。

4. 原始需求的实现

需求实现的过程就是指根据开发流程产出结果对原始需求状态进行更新。如图 7.4 所示，原始需求分解的用户故事（US）全部完成，则需求自动流转至下一状态。同时，需求实现要开展严谨的需求实现跟踪，以保证需求理解不会出现偏差，避免出现无法达成客户承诺和期望的情况。

5. 原始需求的验收

原始需求的验收由提交人代表客户来进行。提交人通过评审测试报告、需求报告等方式开展验收流程，如图 7.5 所示。

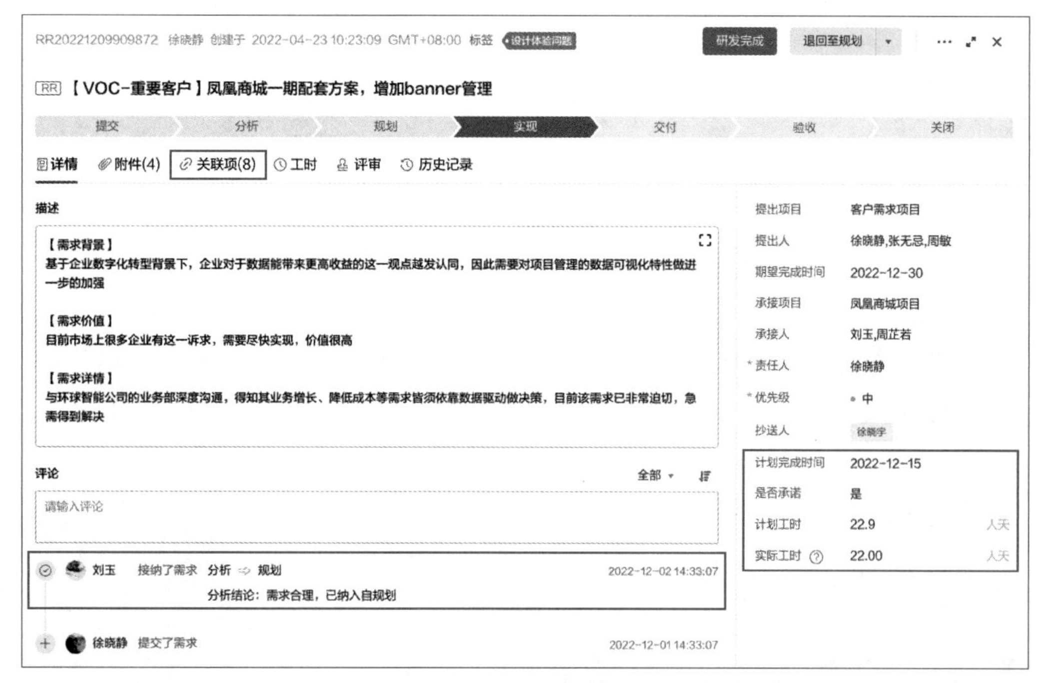

图 7.3 原始需求的决策

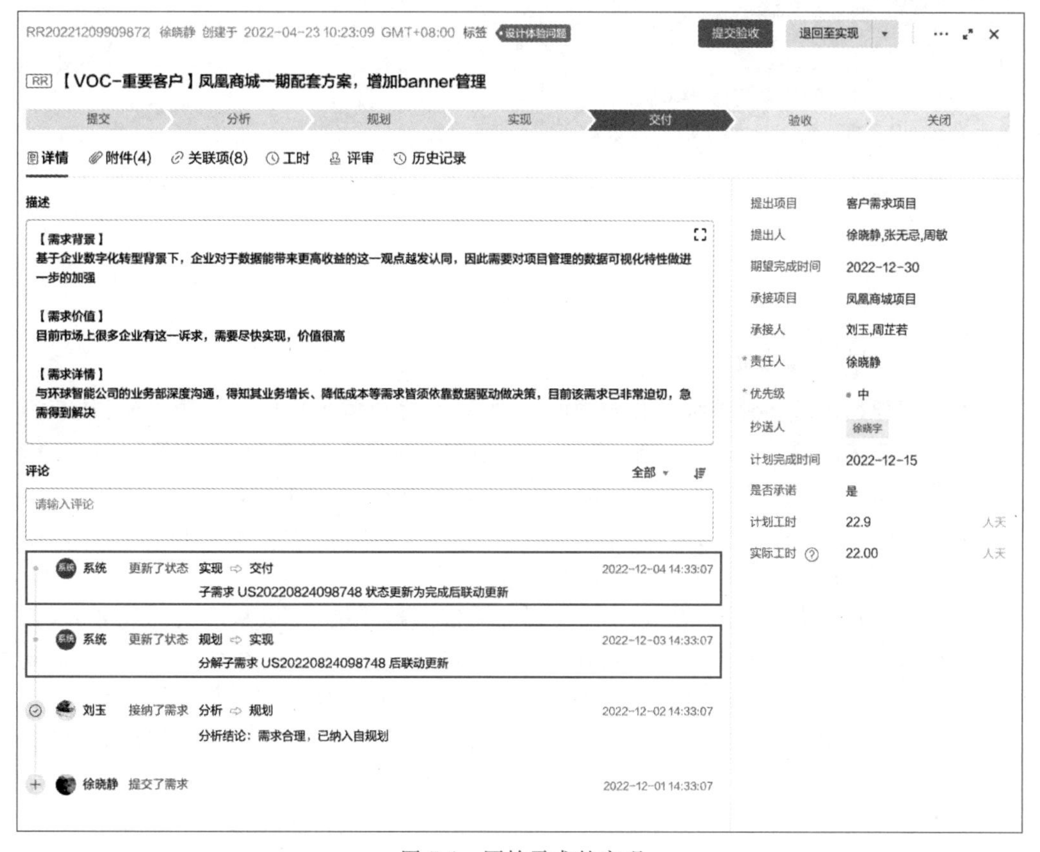

图 7.4 原始需求的实现

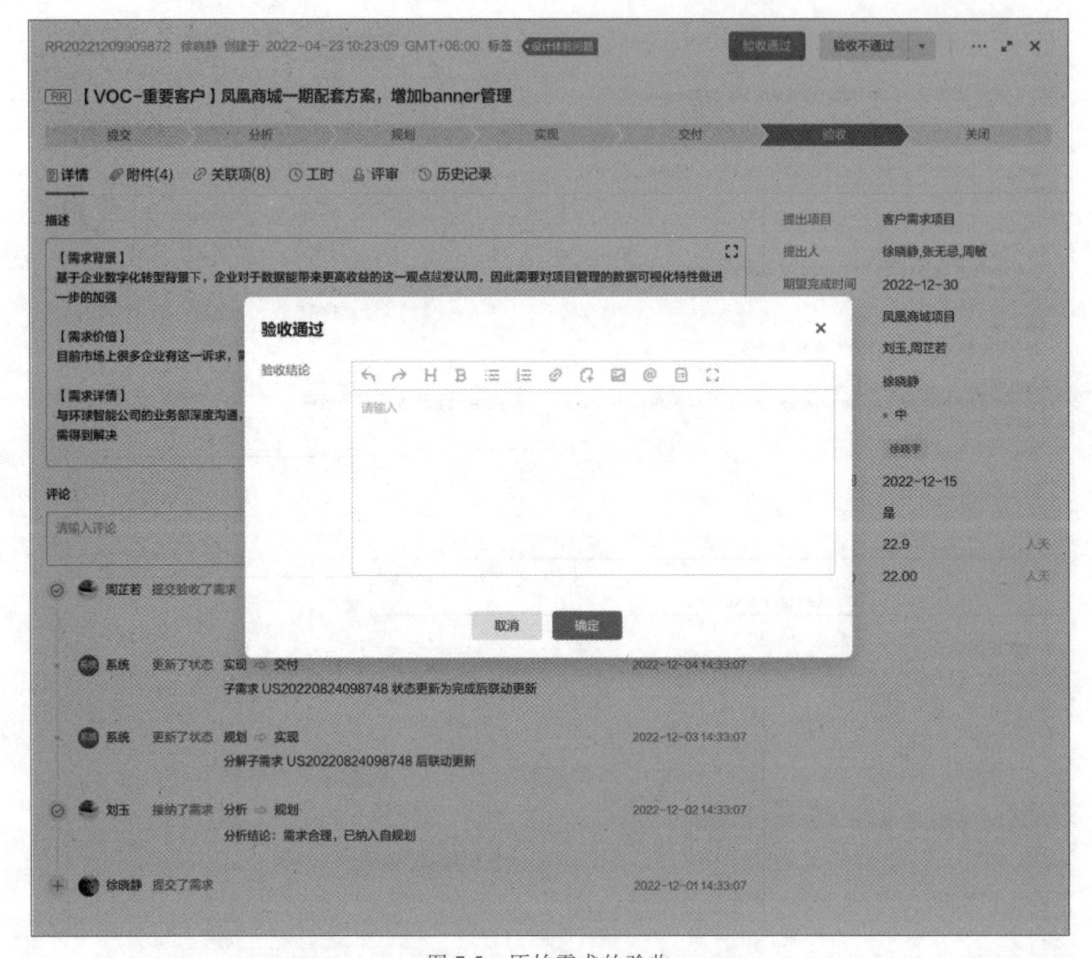

图 7.5　原始需求的验收

7.2.2　需求分解

原始需求通常是抽象和宏观的，需要理解客户需求背后的问题本质，从而将客户需求或原始需求进行规划和分解，最终分解为每个迭代可交付的最小工作项。CodeArts 的 Scrum 项目模板采用“Epic > Feature > Story > Task”四层需求模型，从原始抽象宏观的需求 Epic(战略举措)，经过分解为多个 Feature(特性)，继而逐步分解为 Story(故事)和 Task(任务)。

Epic 通常翻译为“史诗”，指公司的关键战略举措，可以是重大的业务方向，也可以是重大的技术演进。企业通过对 Epic 的发现、定义、投资和管理，使企业的战略投资主题得以落地，并获得相应的市场地位和回报。Epic 的粒度较大，需要分解为 Feature，并通过 Feature 继续分解细化为用户故事来完成最终的开发和交付。Epic 通常持续数月，需要多个迭代才能完成最终的交付。Epic 应该对所有研发人员可见，这样可以让研发人员了解交付的 Story 承载怎样的战略举措，让研发人员更好地理解其工作的价值。Epic 通常和公司的经营、竞争力和市场环境等因素紧密相关,举例如表 7.2 所示。

表 7.2 Epic 描述举例

编号	描述
1	市场差异化:用户体验全面超越竞争对手
2	更好的解决方案:新增支持工业互联网的解决方案
3	增加收入:产品需要在下个财季增加 100 万个付费用户
4	重大技术方向:产品需要全部切换为容器

Feature 代表可以给用户带来价值的产品功能或特性。Feature 向上承接 Epic,向下分解为 Story。相比于 Epic,Feature 更加具体形象,用户可以直接感知,通常在产品发布时作为 ReleaseNotes 的一部分发布给用户。Feature 通常持续数个星期,需要多个迭代完成交付。Feature 应该对用户都有实际的价值,其描述通常需要说明对用户的价值,这与产品的形态、交付模式有关。Feature 的描述方式一般采用“用户<角色> …希望<结果>…以便于<目的>”模板,如表 7.3 所示,其中列举了四个特性描述案例。

表 7.3 Feature 描述举例

编号	描述
1	用户 A 希望提供导入、导出功能,以便于用户批量整理数据,更加高效
2	用户 B 希望提供超期的通知,以便于用户及时处理任务
3	用户 C 希望优化鼠标拖动的体验,以便于用户操作更快捷
4	用户 D 希望增加昵称功能,以便于用户更加个性化

Story 是 User Story(用户故事)的简称,是从用户角度对产品需求的详细描述。Story 承接 Feature,并放入有优先级的 backlog,持续规划、滚动调整优先级,始终让高优先级的 Story 更早地交付给用户。Story 应遵循如下 INVEST 原则。

- Independent:每个用户故事应该是独立的,可独立交付给用户。
- Negotiable:不必非常明确地阐述功能,细节应带到开发阶段与程序员、用户共同商议。
- Valuable:对用户有价值。
- Estimable: 能估计工作量。
- Small:要小一点,但不是越小越好,至少在一个迭代中能完成。
- Testable:可测试。

Story 的描述也采用“用户<角色>…希望<结果>…以便于<目的>”模板,见表 7.4 中的案例。

表 7.4　Story 描述举例

编号	描述
1	作为项目经理，希望通过过滤处理人，以便于快速查询指定人的需求
2	作为开发人员，希望将无用的信息进行折叠，以便于减少视觉干扰
3	作为测试人员，希望将测试用例和需求关联，以便于跟踪需求的验证

在迭代计划会议中，将纳入迭代的 Story 指派给具体成员，并分解成一个或多个 Task，填写“预计工时”。如表 7.5 所示，Task 的描述中明确了处理具体任务的人员。

表 7.5　Task 描述举例

编号	描述
1	开发人员 A 需要在今天准备好类生产环境
2	开发人员 B 需要在本周内完成项目组的权限设定
3	开发人员 C 需要进行代码 Review

分解后的需求对应一个工作项，在 CodeArts 平台上，形式上以工作项为基本单元进行开发流程管理，可以在工作项页面填写详细的信息，例如描述信息、处理人、优先级、重要程度、父工作项、附件等（如图 7.6 所示）。

图 7.6　工作项页面

如图 7.7 所示，通过工作项列表视图能查看工作的层次结构和状态，也能方便地进行工作项的批量管理。

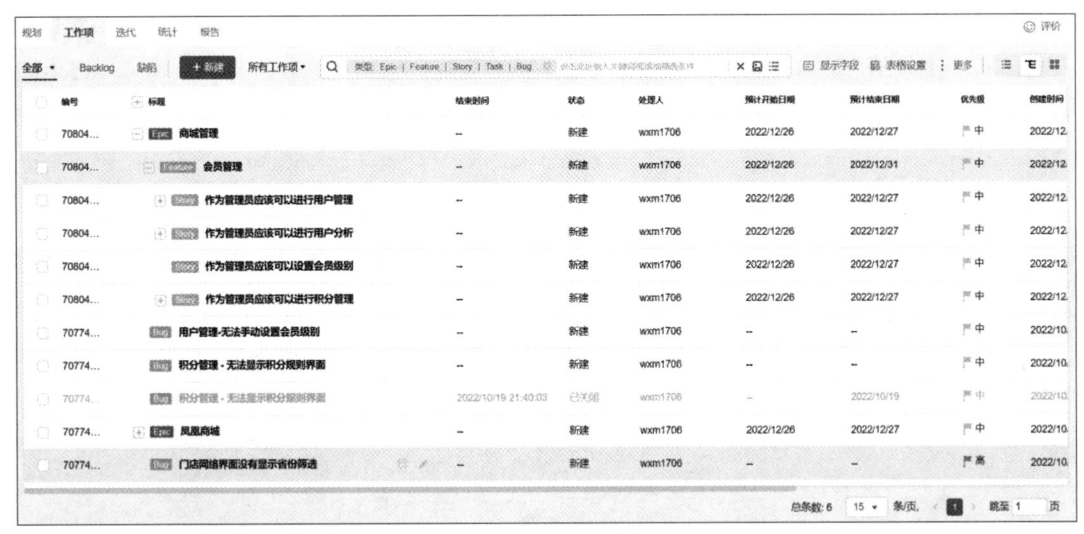

图 7.7 工作项列表

7.2.3 需求规划

在 Scrum 项目过程中,需求分解准备完毕后,通过思维导图进行规划,将工作项的层级结构展示出来,以便更直观地展示父子关系。下面介绍在 CodeArts 平台上如何创建和管理思维导图。

(1) 创建思维导图。如图 7.8 所示,首先进入项目界面,选择“规划”栏,点击“思维导图规划”创建并命名。

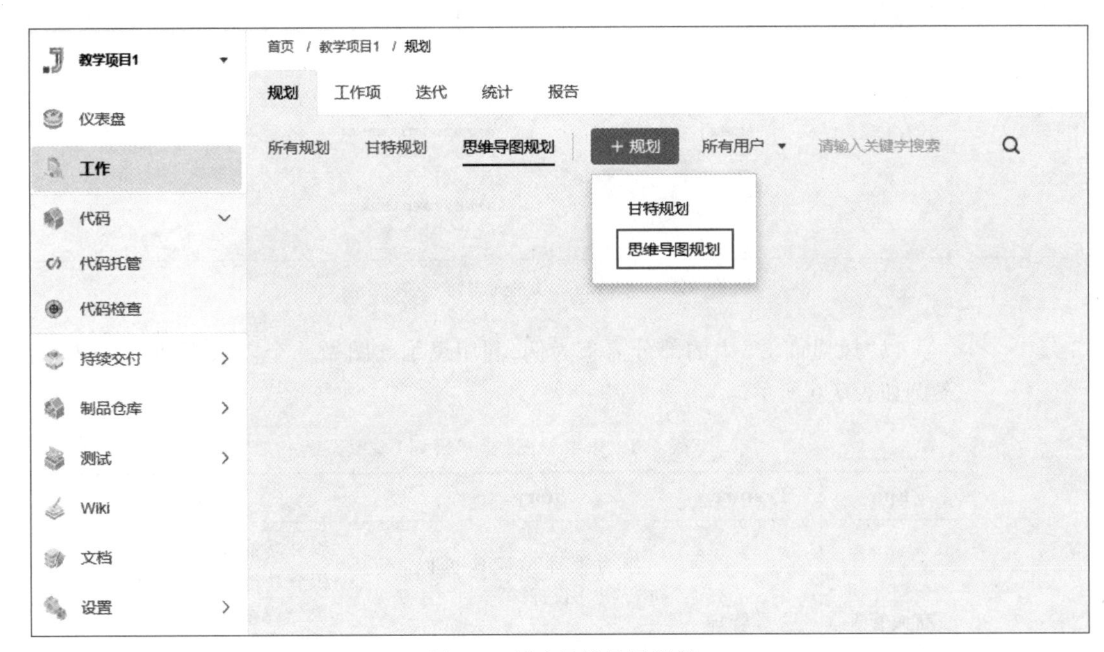

图 7.8 创建思维导图规划

（2）添加和管理节点。如图 7.9 所示，进入思维导图规划界面后，每个节点下面有“删除”“添加兄弟节点”“添加子节点”三个节点管理功能。注意，这里的节点管理与工作项对应，若删除节点，对应的工作项也会被删除。

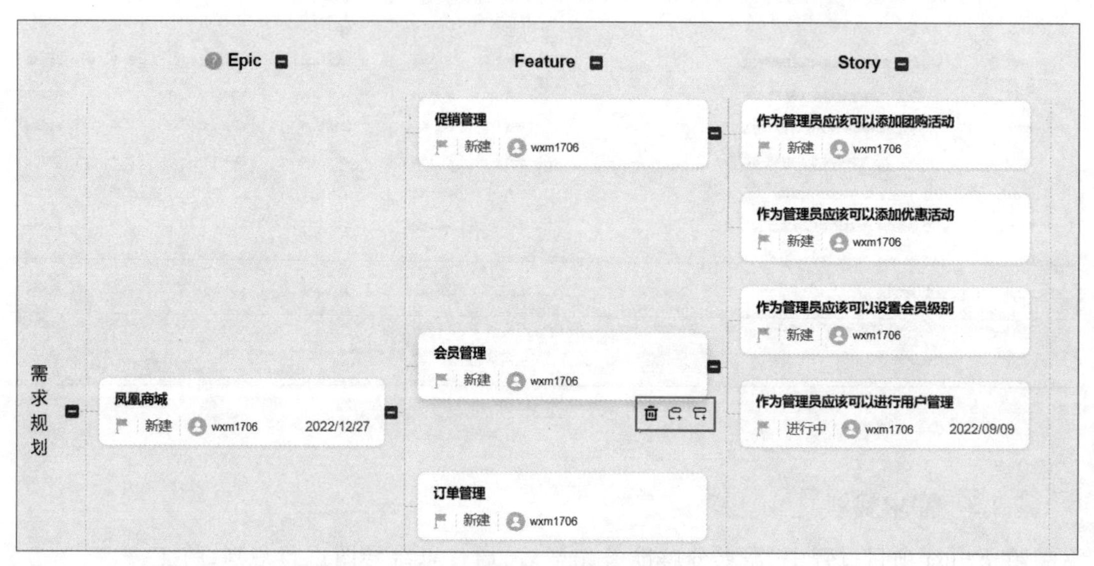

图 7.9　思维导图规划界面

（3）批量添加工作项。可以直接通过“添加 Epic”功能将所有 Epic 下的工作项导入思维导图，如图 7.10 所示。

图 7.10　将 Epic 添加到思维导图

以“凤凰商城”中的部分需求为例，利用思维导图做一个需求规划方案，模拟案例如表 7.6 所示。

表 7.6　思维导图（需求规划）模拟案例

Epic	Feature	Story	Task
商城管理	会员管理	作为管理员应该可以进行积分管理	· 积分功能业务逻辑开发 · 积分功能数据库设计、实现 · 积分规则设计
		作为管理员应该可以设置会员级别	—

续表

Epic	Feature	Story	Task
商城管理	会员管理	作为管理员应该可以进行用户分析	用户数据库结构设计
		作为管理员应该可以进行用户管理	· 用户权限数据库结构设计 · 管理前端页面开发

根据以上需求分解情况，创建思维导图，并添加相应的节点，最终效果如图7.11所示。

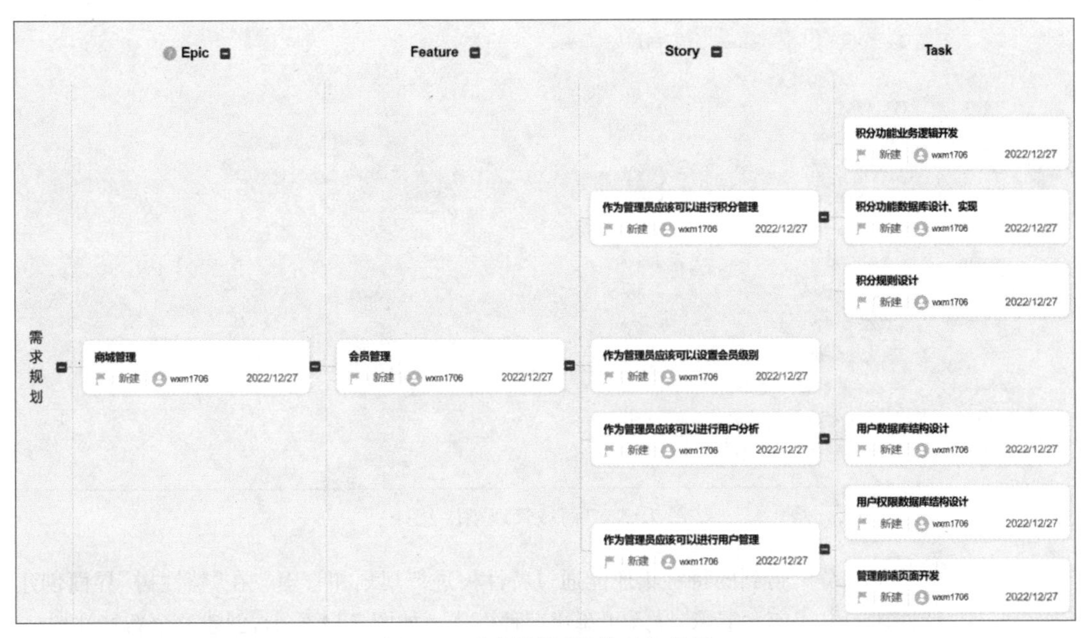

图 7.11 “商城管理”的思维导图

在思维导图界面新建工作项后，可以在工作项列表中同步显示。项目中已创建的工作项，根据所从属的 Epic 根节点，会自动同步到工作项页面，如图 7.12 所示。

规划 工作项 迭代 统计 报告 评价

全部 Backlog 缺陷 + 新建 所有工作项 类型 Epic | Feature | Story | Task | Bug 显示字段 表格设置 更多

编号	标题	结束时间	状态	处理人	预计开始日期	预计结束日期	优先级
70804...	Epic 商城管理	–	新建	wxm1706	2022/12/26	2022/12/27	中
70804...	Feature 会员管理	–	新建	wxm1706	2022/12/26	2022/12/27	中
70804...	Story 作为管理员应该可以进行用户管理	–	新建	wxm1706	2022/12/26	2022/12/27	中
70804...	Story 作为管理员应该可以进行用户分析	–	新建	wxm1706	2022/12/26	2022/12/27	中
70804...	Story 作为管理员应该可以设置会员级别	–	新建	wxm1706	2022/12/26	2022/12/27	中
70804...	Story 作为管理员应该可以进行积分管理	–	新建	wxm1706	2022/12/26	2022/12/27	中

图 7.12 “商城管理”的工作项列表

除了使用思维导图绘制全局的、分层的需求规划视图外,还可以使用甘特图。甘特图是一种常用的需求规划工具,也被称为条形进度表,以图示通过活动列表和时间刻度表示出特定项目顺序与持续时间。甘特图中,横轴表示时间(里程碑),纵轴表示要安排的活动(工作项),线条表示期间计划和实际完成情况,可以直观呈现工作项的时间规划、项目进展,便于管理者弄清项目的剩余任务,评估工作进度。项目支持创建多个甘特图。在甘特图中,可根据实际情况灵活添加"里程碑",同时工作项支持添加已有工作项和新建。如图 7.13 所示,创建甘特图后,可以通过"添加已有工作项"将之前创建的"商城管理"Epic 导入进来,根据实际需求修改每个工作项的时间信息,形成"商城管理"甘特图。

编号	标题	完成度	处理人	优先级
708048332	Epic 商城管理	0%	wxm1706	中
708048333	Feature 会员管理	0%	wxm1706	中
708048335	Story 作为管理员...	0%	wxm1706	中
708048344	Task 积分功能...	0%	wxm1706	中
708048345	Task 积分功能...	0%	wxm1706	中
708048347	Task 积分规则...	0%	wxm1706	中
708048336	Story 作为管理员...	0%	wxm1706	中
708048341	Story 作为管理员...	0%	wxm1706	中
708048349	Task 用户数据...	0%	wxm1706	中
708048342	Story 作为管理员...	0%	wxm1706	中
708048350	Task 用户权限...	0%	wxm1706	中
708048352	Task 管理前端...	0%	wxm1706	中

图 7.13 "商城管理"甘特图

需求分解得到的特性集还能通过特性树进行规划和管理。在"特性树"界面创建特性树的方式包含继承、导入和新建三种模式。如图 7.14 所示,创建一个新特性树。

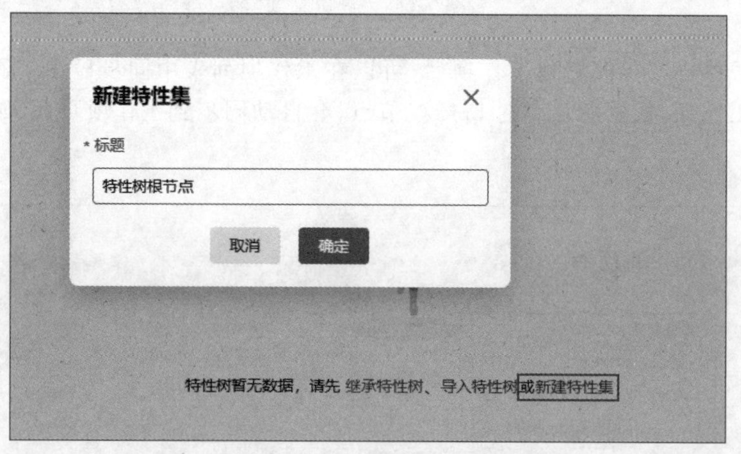

图 7.14 创建新特性树

在当前特性树节点可以导入相应的特性,如图 7.15 所示。在特性树视图中,可以对节点以及节点对应的特性进行管理。

图 7.15 在当前节点导入已有特性

7.3 开发与集成

持续开发与集成主要体现在迭代开发、代码检查和编译构建三个方面，细节如图 7.16 所示。

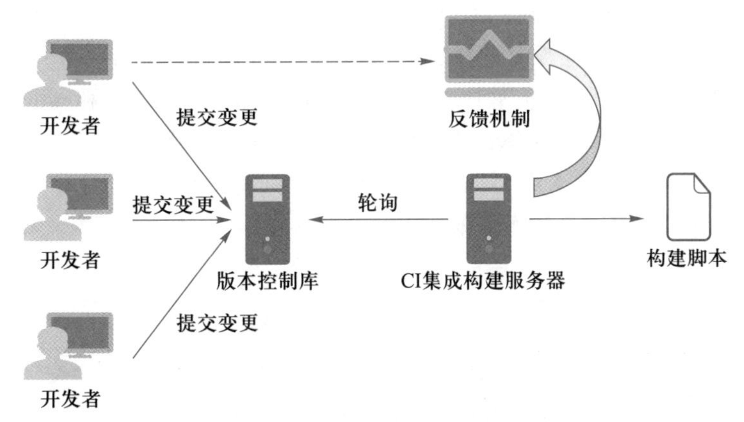

图 7.16 持续开发与集成流程

7.3.1 版本管理

软件版本管理作为持续开发与集成的基础，不仅对自动化的研发流程起到支撑作用，也对交付团队内部的协同工作起到巨大的促进作用。版本控制系统是软件版本管理的主要工具，本质是保存文件多个版本的一种机制。当修改某个文件后，仍然可以访问该文件之前的任意一个修订版本，版本管理也是人们共同合作交付软件时所使用的一种机制。如图 7.17 所示，本节以华为代码托管服务(CodeArts Repo)为例介绍代码托管和版本管理流程，其流程包含环境准备、日常开发和合并评审三大步骤。

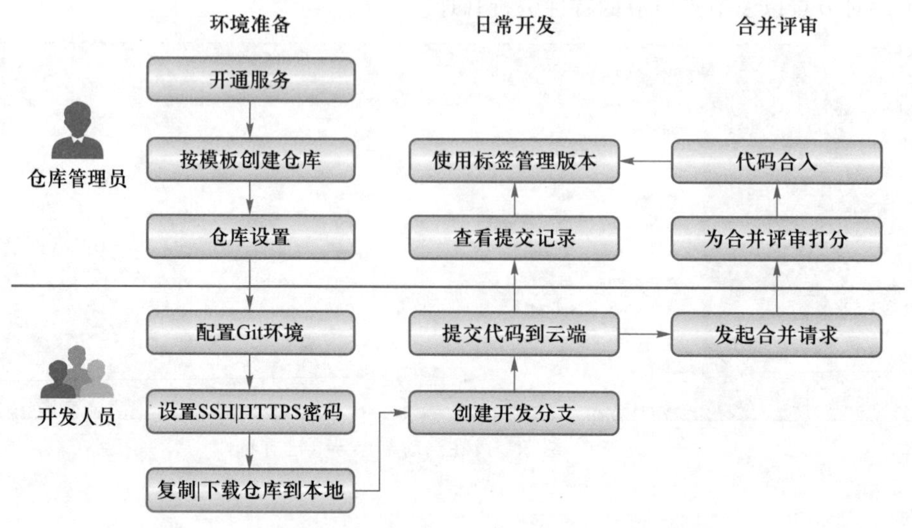

图 7.17 代码托管和版本管理流程

1. 创建代码仓库

CodeArts Repo 提供了多种仓库创建方式,包括创建空仓库、按模板新建仓库和导入外部仓库等。若本地已有仓库,则适合创建一个空仓库并将本地仓库同步到云端的场景;若本地没有仓库,则适合按模板新建并初始化一个仓库。导入外部仓库是指将其他云端仓库导入 CodeArts Repo,例如将 gitee 和 github 的仓库迁移过来,又如将 CodeArts Repo 的仓库迁移到另一个区域。

以按模板新建仓库为例,只需要在代码托管页面点击"普通新建"进入,根据模板填写相关参数即可,具体参数如表 7.7 所示。

表 7.7 新建仓库模板参数

参数名称	是否必填	说明
仓库名称	是	以字母、数字、下画线开头,名称还可包含点和连字符
归属项目	是	仓库必须属于一个项目
描述	否	仓库描述信息
权限设置	否	允许项目内人员访问仓库,例如将项目经理设置为仓库管理员,将开发人员设置为仓库普通成员 允许生成 README 文件,记录项目的架构、编写目的等信息 允许自动创建代码检查任务后,仓库会与代码检测模块进行关联
是否公开	是	

进入仓库设置与管理界面能对仓库进行参数设置和管理(见图 7.18),包括基础设置、仓库管理和安全管理三个方面。基础设置包括代码语言、可见性、合并请求、提交规则、通知和锁定等方面;仓库管理包括默认分支、保护分支、子模块、备份等方面;安全管理包括部署密钥、IP 白名单、风险操作、操作日志等方面。

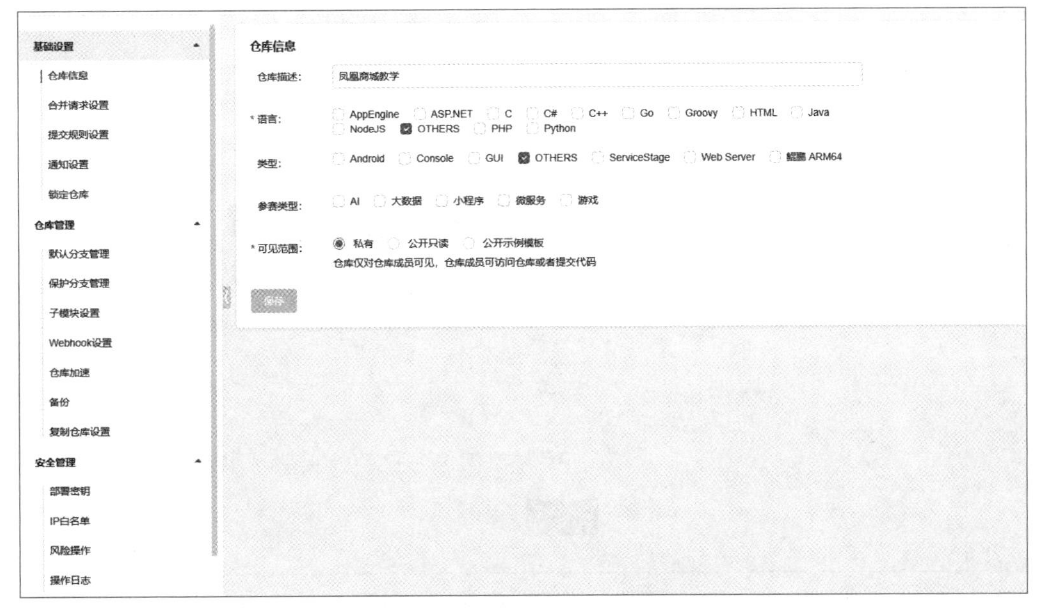

图 7.18　仓库设置与管理界面

2. 设置密钥与密码

开发过程中通常要在本地客户端执行代码仓库的复制和推送操作，而 SSH 密钥和 HTTPS 密码是客户端和服务端交互的凭证，需要先对它们进行设置。

设置 SSH 密钥包括两个步骤：一是通过 Git 客户端(git bash)生成密钥文件私钥(id_rsa)和公钥(id_rsa.pub)两个文件；二是复制公钥文件中的信息，在 CodeArts Repo 的 SSH 密钥管理界面(见图 7.19)中添加公钥。

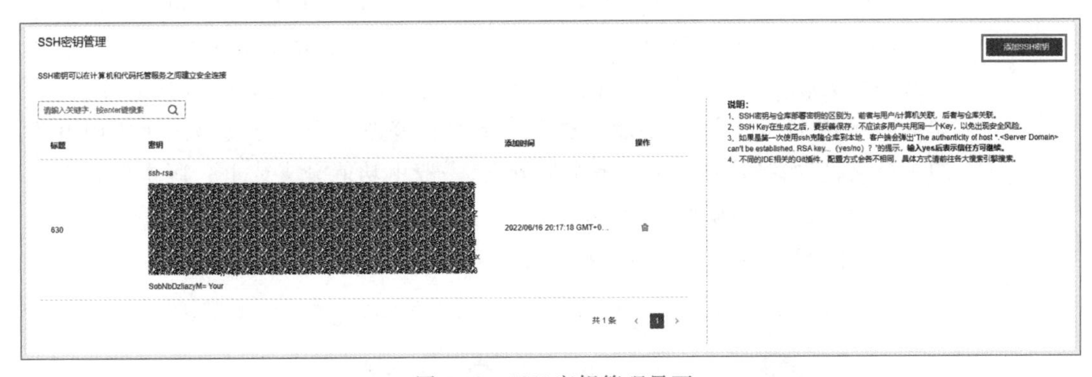

图 7.19　SSH 密钥管理界面

HTTPS 密码是使用 HTTPS 协议和代码托管服务端交互的凭证。进入代码托管首页，单击“设置我的 HTTPS 密码”，显示“HTTPS 密码管理”界面(见图 7.20)。如果是第一次进行设置，则输入两次 HTTPS 密码保存即可；如果不是第一次进行设置，单击“修改”，需要输入邮箱验证码，重新设置新密码后单击“保存”即可。

通用设置

代码托管

SSH密钥管理

HTTPS密码管理

HTTPS密码管理

如您需要修改 HTTPS密码，请您在下方进行设置

用户名　wxm1706/wxm1706

邮箱验证码为6位数字和大写字母的组合

* 邮箱验证码：root　发送邮箱验证码

* 新密码：••••••••••

* 确认密码：请输入您的HTTPS密码

我已阅读并同意《隐私政策声明》和《软件开发服务使用声明》

保存　取消

图 7.20　HTTPS 密码管理界面

3. 分支管理

分支是版本管理工具中最常用的一种管理手段,使用分支可以将项目开发中的几项工作彼此隔离使其互不影响,当需要发布版本之前再通过分支合并将其进行整合。在代码仓库创建时都会默认生成一条名为“master”的分支,一般作为最新版本分支使用,开发者可以随时手动创建自定义分支以应对实际开发中的个性场景。在基于分支管理的工作模式中,“Git-Flow”在业界被广泛应用,它提供了一组分支使用建议,可以帮助团队提高效率、减少代码冲突。如图 7.21 所示,“Git-Flow”分支设置包含核心分支(master)、开发分支(develop)、功能分支(feature)、发布分支(release)、补丁分支(hotfix)。核心分支是仓库的主分支,用于归档历史版本,包含最近发布到生产环境的代码,该分支只能从其他分支(例如 release 或 hotfix)合并,不能在这个分支直接修改。开发分支是用于平时开发的主分支,应始终是功能最新最全的分支,一般由功能分支或上一版本的发布分

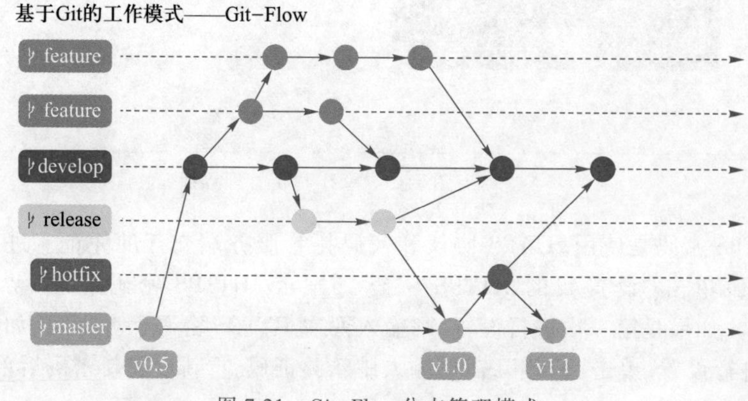

图 7.21　Git-Flow 分支管理模式

支合入。功能分支用于开发某个新功能，可以多条并行存在，每条对应一个或一组新功能。发布分支用于检查某个要发布的版本，当需要发布一个版本时，被开发分支合入。当生产环境发现新的 Bug 时，需要基于核心分支创建一个补丁分支，在该分支上修复 Bug，完成后再将补丁分支合并回核心分支和开发分支。

在 CodeArts Repo 的分支界面（见图 7.22）可以进行分支创建、查看和管理操作。

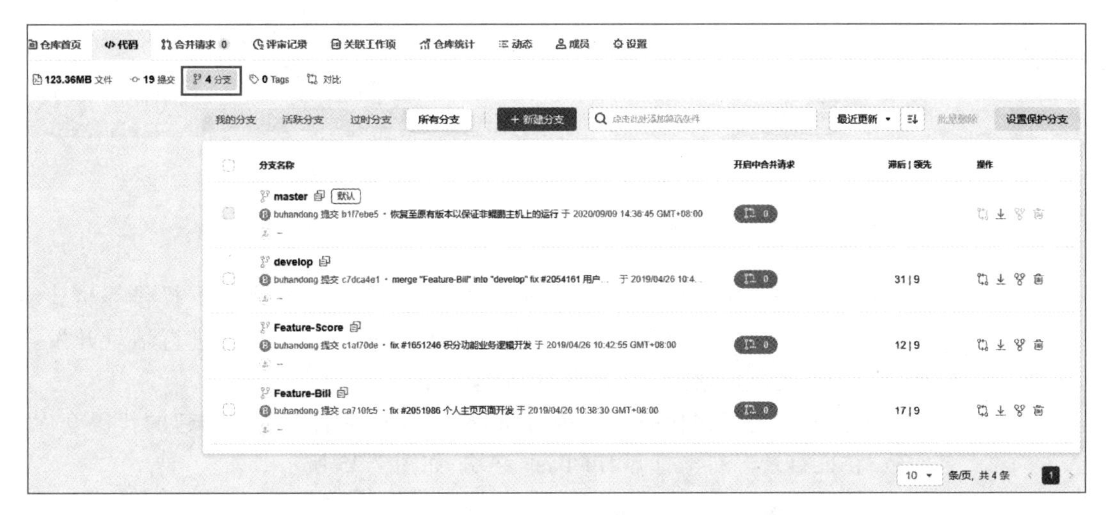

图 7.22 分支界面

在 CodeArts Repo 的合并请求界面（见图 7.23）可以进行分支合并操作。

仓库首页　代码　合并请求 0　评审记录　关联工作项　仓库统计　动态　成员　设置

状态　+ 新建　点击此处添加筛选条件

开启中 0

已合并 0

已关闭 0

所有 0

过滤器

我创建的　待我合并的　待我检视的　待我审核的

图 7.23 分支合并界面

在 CodeArts Repo 的保护分支界面（见图 7.24）可以进行保护分支管理，设置分支操作权限。

图 7.24　保护分支界面

4. 代码开发

代码开发一般包括推送架构代码、复制代码、代码提交和分支操作等步骤。仓库创建之初需要先推送架构代码，然后在此基础上建立分支进行增量开发。架构代码的推送可以通过 Git 客户端，步骤如下。

（1）打开本地架构代码所在根目录，确保根目录名与云端创建的代码仓库名一致，在根目录下右击打开 Git Bash 终端，如图 7.25 所示。

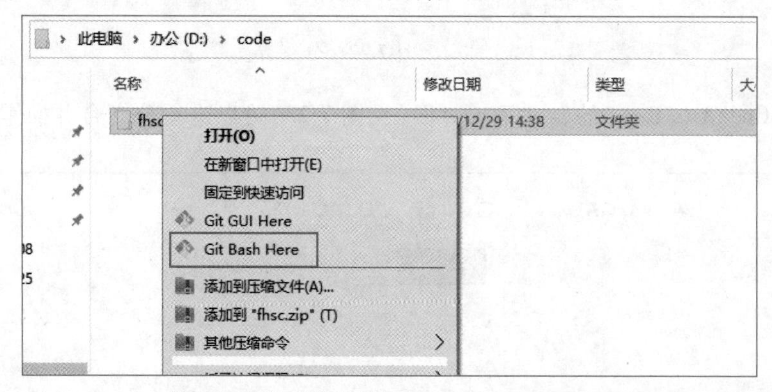

图 7.25　在架构代码根目录下打开 Git Bash

（2）推送代码到云端。在当前 Git Bash 终端依次输入如表 7.8 所示的命令。

表 7.8　架构代码推送命令

顺序	命令	说明
1	$ git init	初始化本地代码仓库，本地仓库根目录多了一个“.git”文件夹
2	$ git remote add origin 仓库地址	关联云端代码仓库，仓库地址在 CodeArts Repo 管理界面获取

续表

顺序	命令	说明

3	\$ git add.
	\$ git commit -m "init project"
	\$ git branch --set-upstream-to=origin/master master
	\$ git pull --rebase
	\$ git push
		推送代码到云仓库

当云端代码准备完毕后，开发人员可以在本地复制云端代码仓库。具体操作为在复制代码的目标文件夹下右击打开 Git bash 终端，输入复制命令：

```
$ git clone 仓库地址
```

一次修改被成功提交到远端仓库会历经四个区域："本地工作区→暂存区→版本库→远端版本库"。通过执行相应的 Git 命令，文件在这四个区域跳转，并呈现不同的状态，如图 7.26 所示。

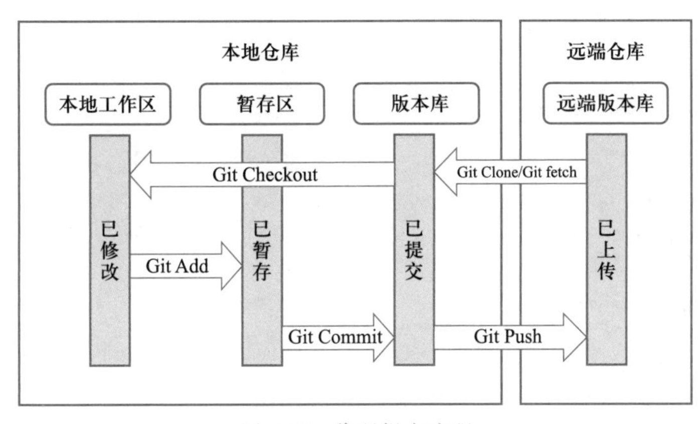

图 7.26 代码提交流程

如表 7.9 所示，代码提交主要涉及 add、commit 和 push 三个操作。

表 7.9 代码提交命令

序号	命令	说明
1	\$ git add/rm filename	将新增、修改或者删除的文件增加到暂存区
2	\$ git commit -m "commit message"	将已暂存的文件提交到本地仓库
3	\$ git push	将本地仓库修改推送到远端仓库

在代码开发过程中需要进行分支操作对工作进行切分，使开发人员能够方便地切换到不同开发环境中工作。Git 分支的创建不是复制版本库的内容，仅仅是新建了一个指针，指向最后一次提交。分支操作主要涉及的命令如表 7.10 所示。

表 7.10　分支操作命令

序号	命令	说明
1	$ git branch	列出已有分支
2	$ git branch branchName	基于当前分支创建新分支
3	$ git checkout branchName	切换到目标分支
4	$ gitmerge branchName	将目标分支合并到当前分支
5	$ git branch -d branchName	删除目标分支

除了通过 Git Bash 客户端进行代码开发和版本管理，本地开发还能通过 IDE 的 Git 插件进行操作，例如 Eclipse 的 EGit 插件。另外，CodeArts 平台提供了 CodeArts IDE Online 支持在线代码开发和版本管理功能。

如图 7.27 和图 7.28 所示，在 CodeArts Repo 的文件界面，可以查看代码的修改历史和具体的修改内容。

图 7.27　代码文件修改历史查看

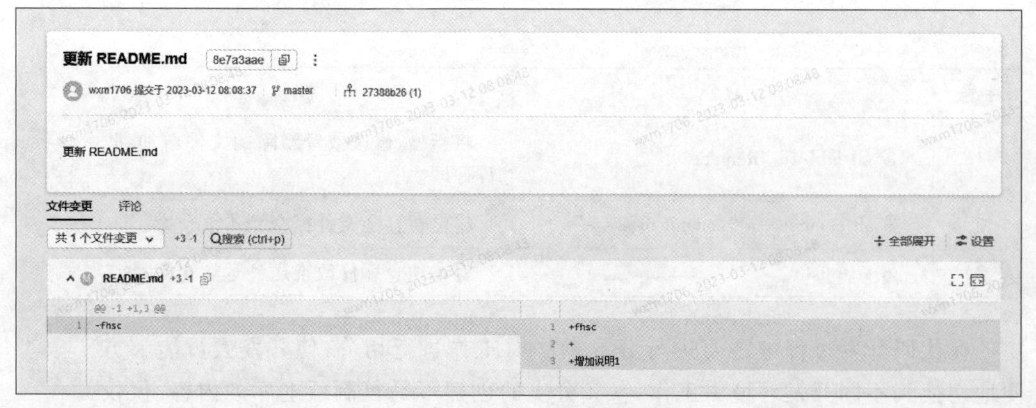

图 7.28　代码文件修改细节查看

7.3.2 代码检查

持续集成是一种软件开发实践,即团队开发成员经常集成他们的工作,通常每个成员每天至少集成一次,也就意味着每天可能会发生多次集成。持续集成过程中,加快代码质量反馈速度至关重要,在代码进入代码库后能够立即确认代码处于可用状态,这样才能确保在需要时可以快速获取可交付的版本。无论对于开发和测试的配合,还是开发人员自己进行功能验证都非常重要。华为 CodeArts Check 提供代码检查服务,支持代码静态检查(包括代码质量、代码风格等)和安全检查,并提供缺陷的改进建议和趋势分析。

代码检查主要包含准备工作、任务创建、规则集设置、任务设置、任务执行和检查结果查看等步骤。准备工作主要包括项目创建、代码仓库创建、代码准备等工作。任务可以针对不同的源码源进行创建,包括 GitHub、码云 Git、Repo 等。以“凤凰商城”项目中的 Python 代码为例:首先要创建检查任务,设置对应的代码仓库和分支(例如 master);然后在规则集中选择对应的语言,并配置规则,如图 7.29 所示。

图 7.29 配置代码检查规则集

启动代码检查任务,当页面提示“分支最近一次检查成功!”,表示任务执行成功。代码检查服务提供检查结果统计(见图 7.30),并对检查出的问题提供修改建议,可以根据修改建议优化项目代码。在代码检查任务中,选择“概览”页签,即可查看任务执行结果统计。单击“代码问题”页签,即可看到问题列表。单击问题框中的“修改建议”,可以查看系统对此问题的修改建议。可以根据需要在代码仓库中找到对应文件及代码位置,参考修改建议优化代码。

7.3.3 编译构建

编译构建是持续集成的一个核心步骤,支持灵活地构建软件包进行发布。CodeArts 平台的编译构建服务(CodeArts Build)提供配置简单的混合语言构建平台,支持任务一键创建、配置和执行,实现获取代码、构建、打包等活动自动化。

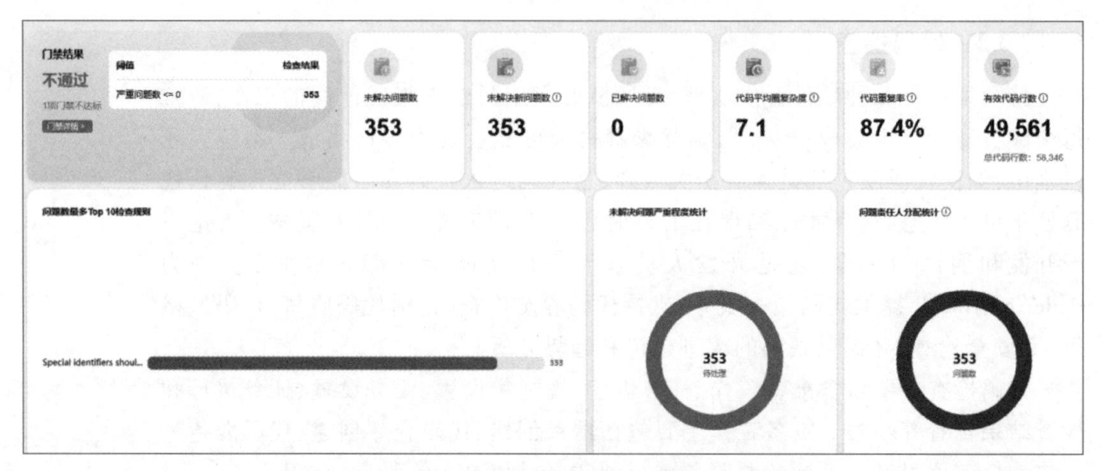

图 7.30　代码检测报告界面

编译构建服务支持 Web 应用(例如 Java)、桌面端应用(例如 C++)和移动端应用(例如 Android)等多种场景。如图 7.31 所示,创建并下发构建任务后,代码仓库的代码和依赖包将被拉取到编译构建环境中生成对应的软件包到版本库中。

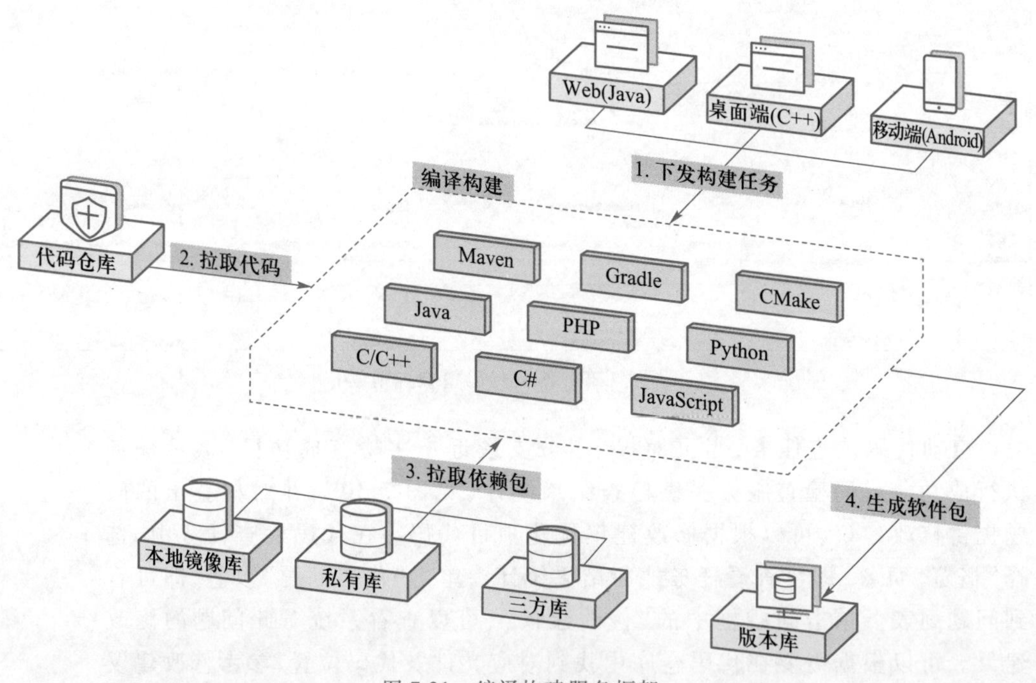

图 7.31　编译构建服务框架

如图 7.32 所示,编译构建的基本操作流程包括新建任务、执行任务和查看构建结果三个主要步骤。

新建任务主要是编译环境的配置工作,包括配置源码源、选择构建模板、配置构建步骤和配置参数信息。如图 7.33 所示,新建编译构建任务的第一步要配置源码源,可选择 CodeArts Repo、GitHub、通用 Git、码云或来自流水线。

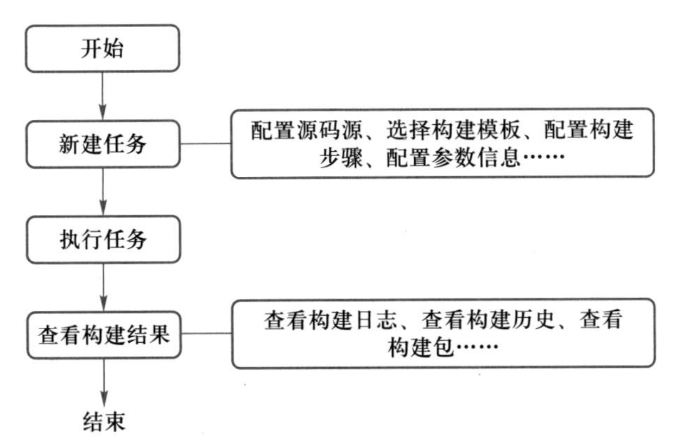

图 7.32　编译构建流程

基本信息

* 任务名称

phoenix-sample-01976926

* 归属项目

教学项目1

* 源码源

CodeArts Repo　GitHub　通用Git　码云　来自流水线

* 源码仓库

phoenix-sample

* 分支

master

任务描述

教学测试

图 7.33　选择源码源

CodeArts Build 支持 Maven、Ant、Gradle、CMake 等主流构建标准，预置了对应的构建模板（见图 7.34），可根据需要选择工具版本；如果默认的工具版本满足不了用户需求，编译构建支持用户自定义构建环境，通过自定义制作镜像或者使用公共镜像进行构建，实现用户的特殊构建需求。

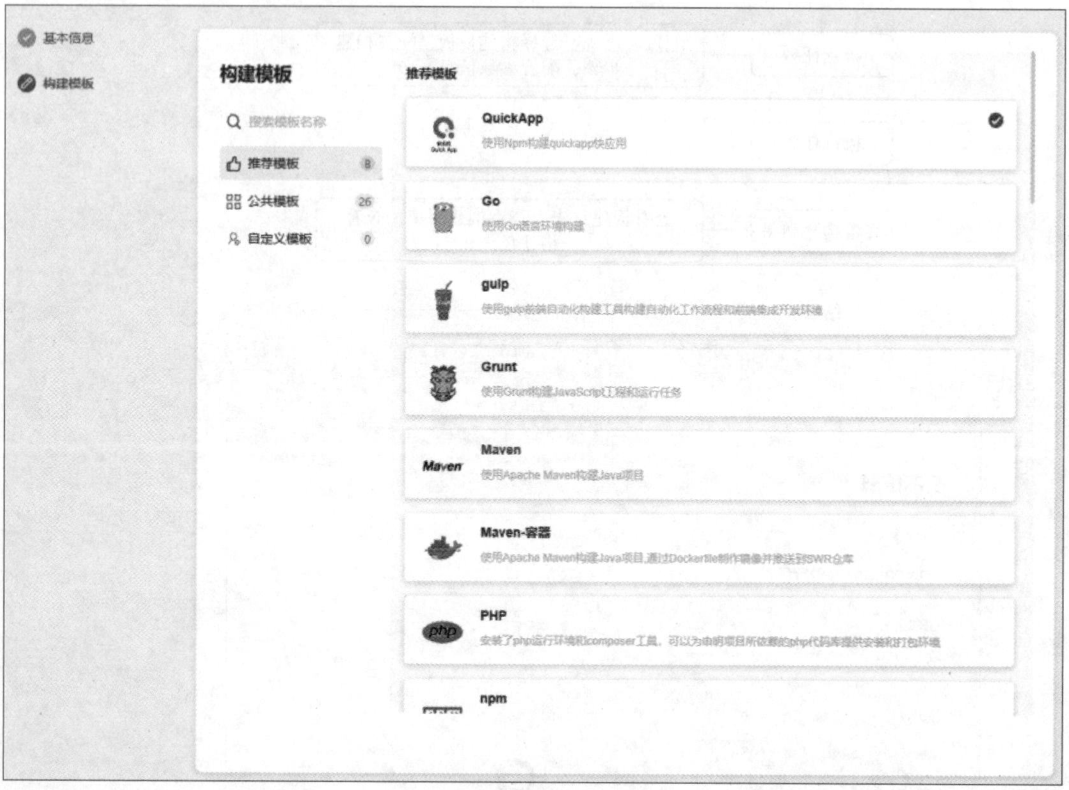

图 7.34 选择构建模板

编译构建预置了丰富的构建步骤，用户可以根据需要自定义组合。如图 7.35 所示，Maven 构建模板包含 Maven 构建和上传软件包到软件发布库两个步骤。每个构建步骤预设了一些构建工具，例如 Maven 构建内置了 maven、jdk 等工具，根据构建场景选择工具版本。如果预置的工具版本满足不了用户需求，则可通过自定义 Docker 镜像，加入项目需要的依赖和工具，将所需环境打包制作成 Docker 镜像并推送至 SWR 镜像仓库。这样可以随用随取，快速构建部署，减少项目对运行环境的依赖，详情请参考制作镜像并推送到 SWR 仓库和使用 SWR 公共镜像。

在配置编译构建任务过程中需要填写大量信息，这些信息可以通过参数方式获取。如图 7.36 所示，在配置界面的“参数设置”中可以查看系统预定义参数和定义自己的参数，例如创建编译任务后会默认创建一个“codeBranch”参数，其值表示代码分支。参数的使用方式为“${参数名}”。

如图 7.37 所示，执行构建任务后可以查看构建日志，针对失败的任务分析原因。

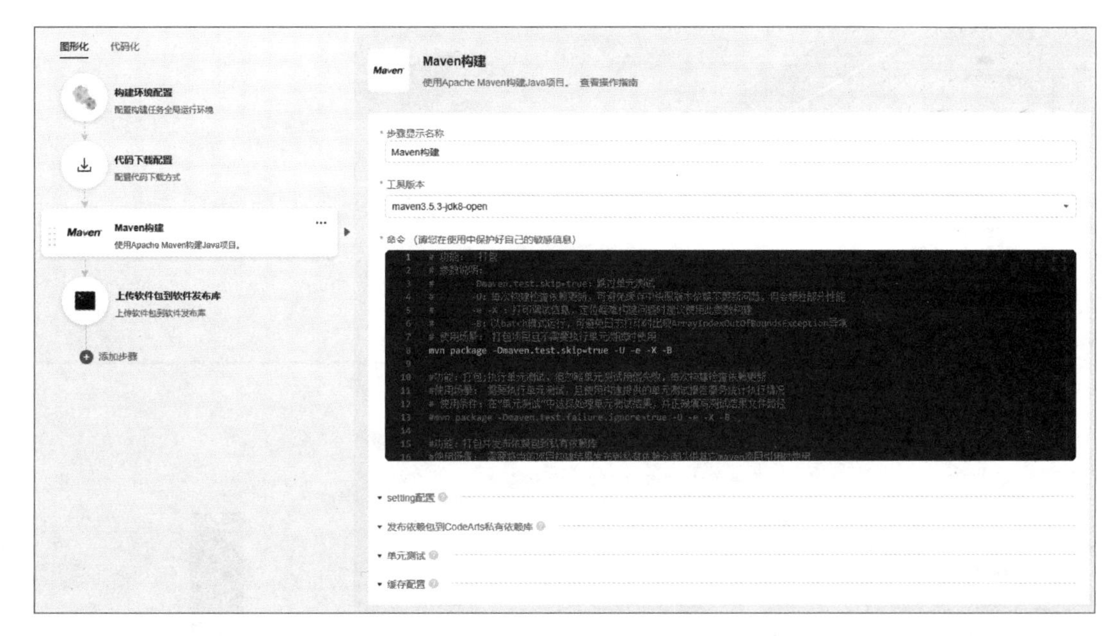

图 7.35 配置构建步骤

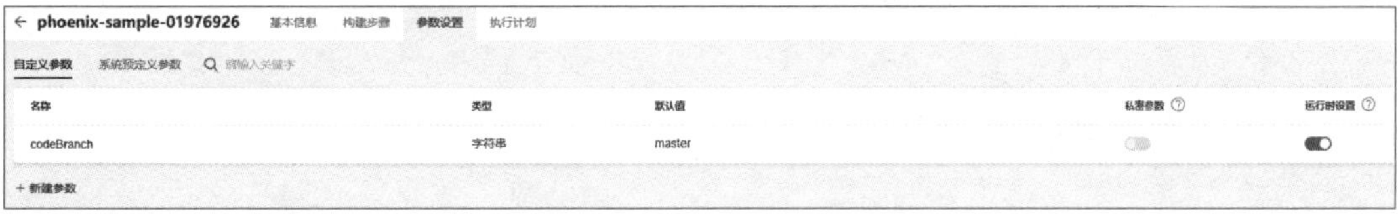

← phoenix-sample-01976926 基本信息 构建步骤 参数设置 执行计划

自定义参数 系统预定义参数

名称	类型	默认值	私密参数	运行时设置
codeBranch	字符串	master		

+ 新建参数

图 7.36 参数设置界面

图 7.37 构建任务执行日志

如图 7.38 所示，针对项目编译构建管理，CodeArts Build 提供了构建报告，能够分析构建任务的成功率和性能。

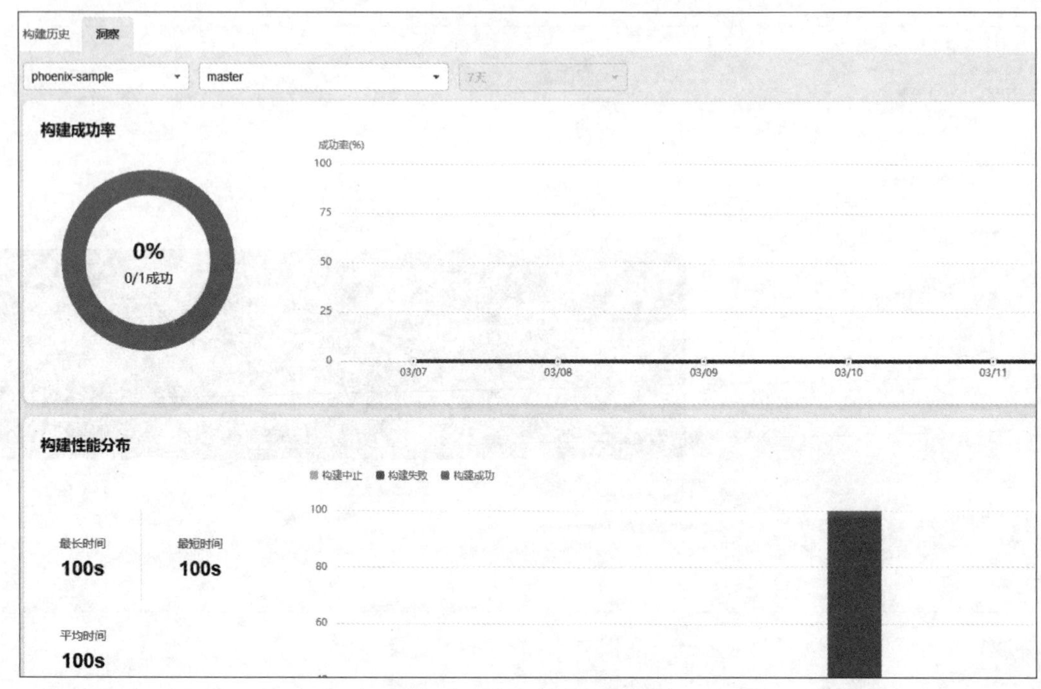

图 7.38　项目编译构建报告

7.4　测试管理

7.4.1　基础操作

本节以华为测试工具 TestPlan 为例介绍如何使用测试服务管理项目的测试周期,包括创建测试计划、执行测试计划和测试进度跟踪三个方面。在管理项目规划步骤确定迭代计划后,测试人员即可在开发人员进行代码开发的同时编写测试用例。如表 7.11 所示,测试计划基本信息与迭代方案保持一致。

表 7.11　测试计划的配置参数

配置项	子配置项	配置建议
基本信息	名称	建议和迭代计划同名,例如“迭代 X”
	处理者	测试计划执行人
	计划周期	与“迭代 X”周期一致
	关联迭代	“迭代 X”
高级配置	测试类型	包括手动测试、接口测试等
	测试需求	选择计划在“迭代 X”中完成的用户故事(Story)

新建测试计划后，进入测试案例设计界面，选择对应的测试计划，选择需求目录中的需求点新建测试用例（见图 7.39）。

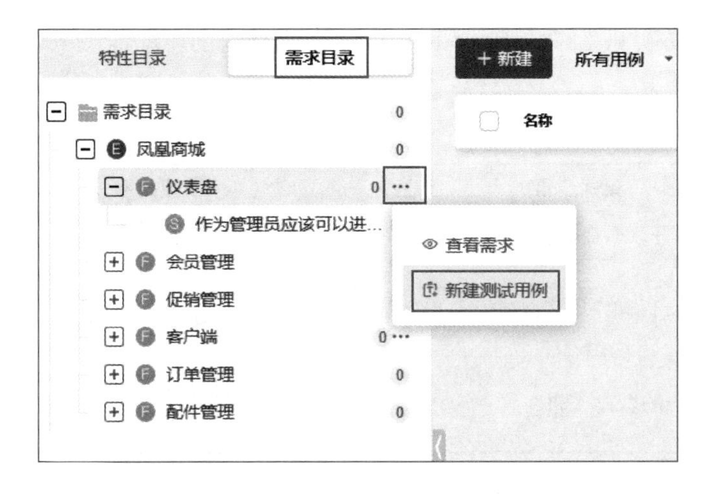

图 7.39　根据需求新建测试用例

在测试用例设计界面填写名称、执行方式、描述、前置条件和测试步骤等信息（见图 7.40）。

图 7.40　测试用例设计界面

当开发人员完成 Story 的代码开发，并将应用部署到测试环境后，可将 Story 的状态设置为“已解决”，并将 Story 的处理人设置为测试人员，开始执行 Story 对应的测试用例。本节以“门店网络查询”功能为例，介绍如何执行测试用例，以及测试用例执行失败如何反馈 Bug 信息。测试用例的三个主要步骤如表 7.12 所示。

表 7.12　“门店网络查询”测试用例

序号	测试步骤	预期结果
1	打开凤凰商城首页	页面正常显示
2	单击菜单“门店网络”	进入“门店网络”界面，其中存在省份筛选，界面最下方显示推荐门店信息
3	省份选择“A 市”	列出 A 市的门店信息列表，门店信息包括地址和电话

首先在迭代管理中将“作为用户应该可以查询所有门店网络”Story 设置为“测试中”，同时在测试用例编辑界面将对应的测试用例状态调整为“测试中”（见图 7.41）。

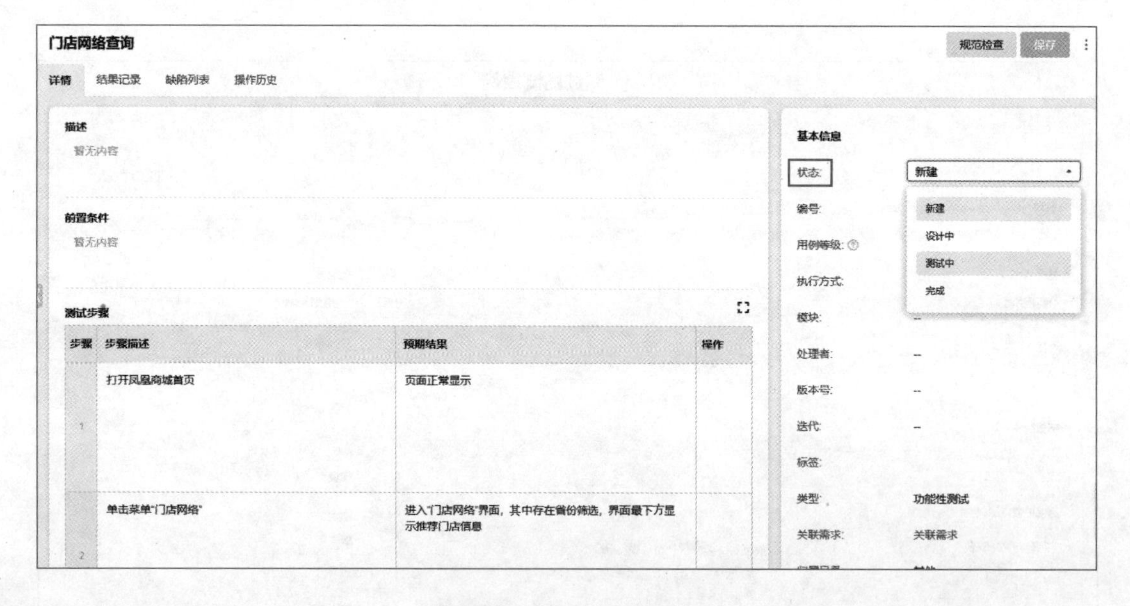

图 7.41　测试用例列表界面

在“操作”栏单击“执行”按钮执行测试用例，若每个步骤均测试通过，则先将每个步骤的实际结果状态选择为“成功”，再将整个用例结果设置为“成功”，最后将用例状态设为已完成并保存（见图 7.42）。

图 7.42　测试用例成功结果示意图

若第二个步骤测试失败，则在失败步骤后的实际结果中填写“失败”，在整个用例结果中填写“失败”，测试用例状态继续保持为“测试中”并保存结果（见图 7.43）。

对于测试失败的情况，可以新建关联缺陷作为一个工作项由开发人员处理，缺陷填写界面如图 7.44 所示。

在“测试计划”页面，单击对应测试计划的“报告”选项，即可查看此迭代质量报告（见图 7.45）。

图 7.43　测试用例失败结果示意图

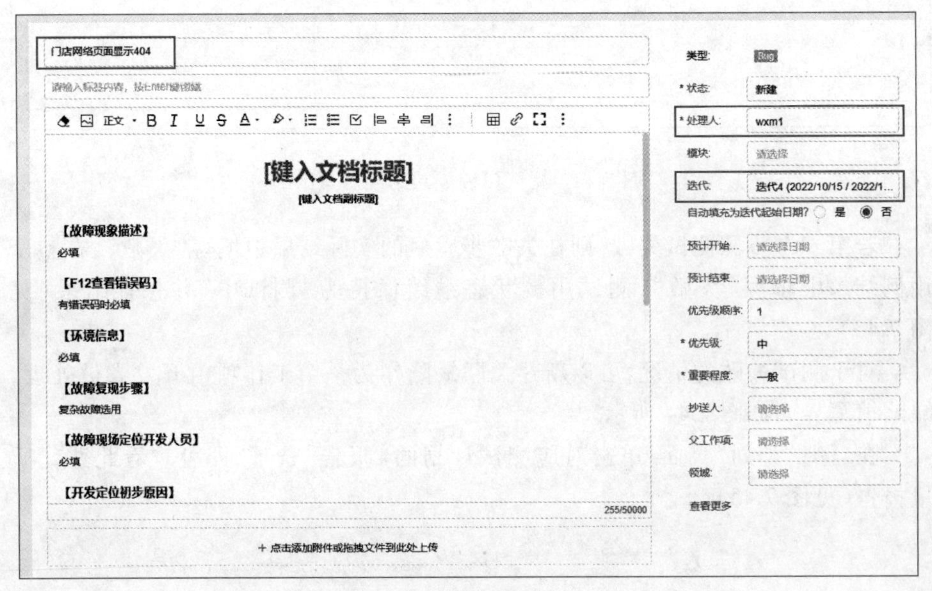

图 7.44　缺陷填写界面

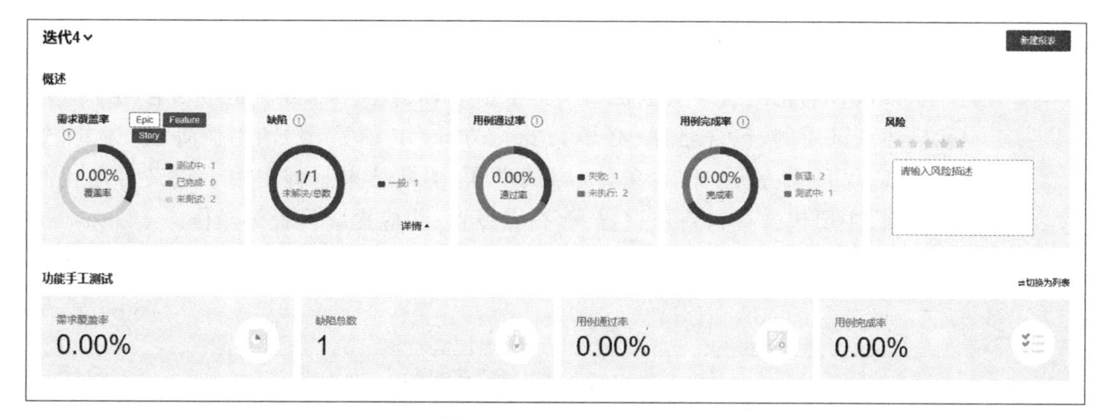

图 7.45　测试报告界面

7.4.2　测试设计

缺陷越早发现,修复成本越低。遗留到产品发布后的缺陷不仅会大量增加企业的研发修复成本,还会影响产品的口碑和客户满意度。因此,如何提升测试的完备性,提前拦截产品缺陷,是企业产品质量面临的首要问题。针对这一研发痛点,华为 TestPlan 提供了多维度测试策略和设计工具。如图 7.46 所示,借助思维导图可以进行启发式测试设计并可视化承载设计过程,根据设计输入的不同,分为“需求>场景>测试点>用例”与“特性>场景>测试点>用例”两种流程,最终输出测试方案和测试用例。

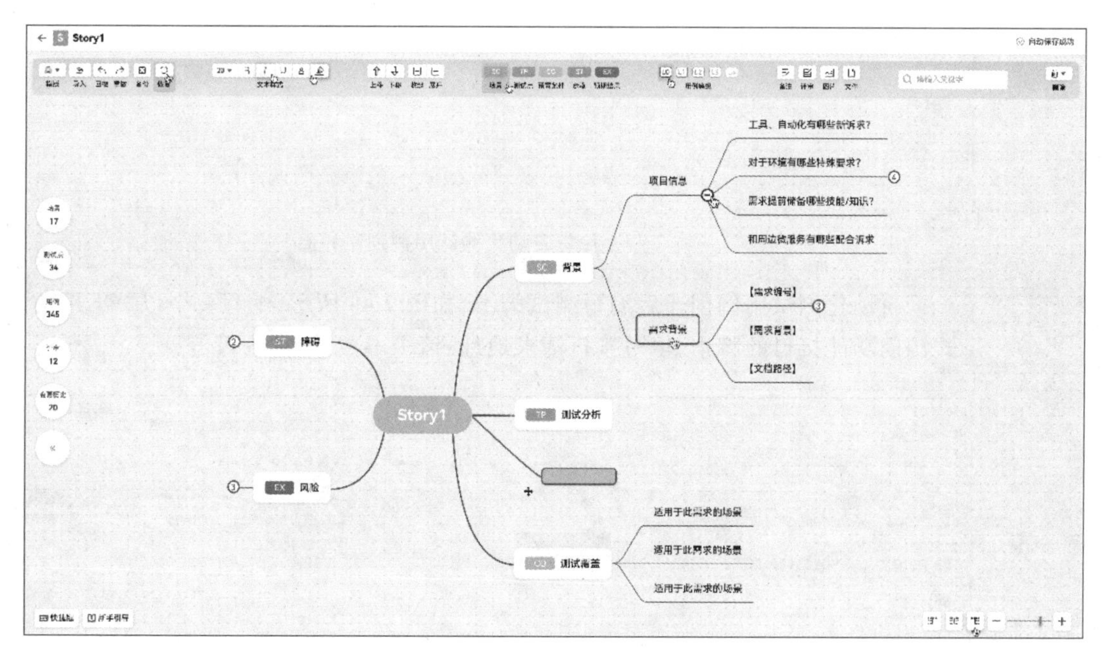

图 7.46　测试设计思维导图

7.4.3　自动化测试

接口自动化测试用例包含用例基本信息和脚本两部分。基本信息用于管理和描述测试用例,包含名称(必填)、执行方式(必填)、编号、用例等级、标签、处理者、归属目录、描述、前置条件、测试步骤、预期结果。脚本用于定义自动化测试步骤,主要包含接口请求设置、检查点设置、响应提取设置等操作。

如图 7.47 所示,与手动测试用例不同的是在用例信息创建界面要选择“接口自动化”。

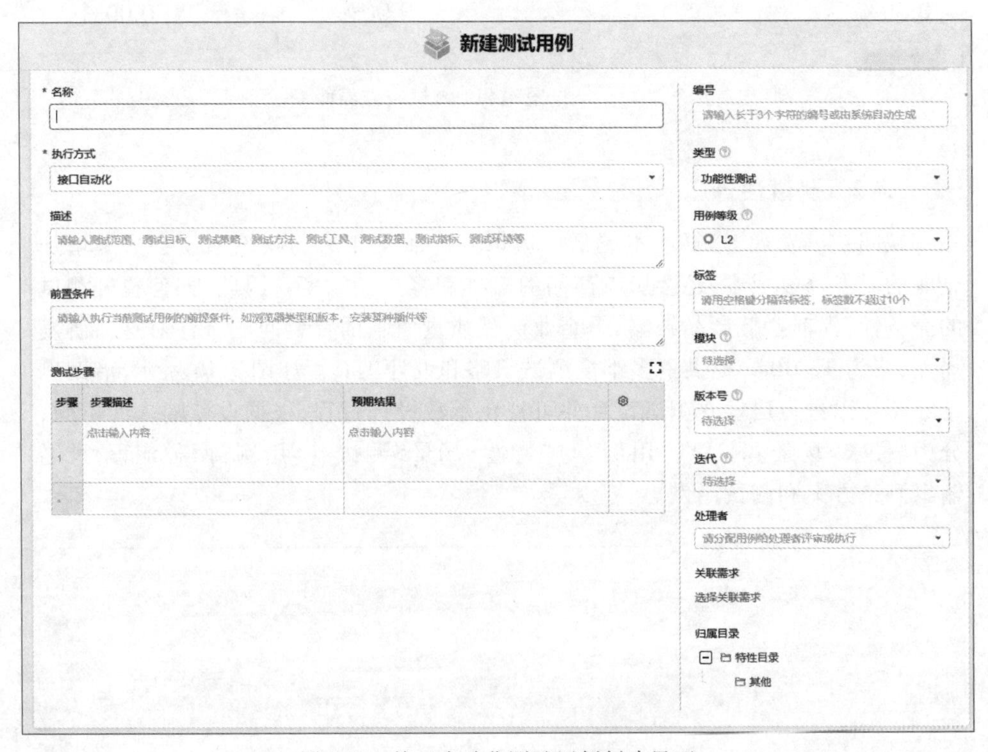

图 7.47　接口自动化测试用例创建界面

自动化测试用例创建后编写测试脚本,如图 7.48 所示,编写一个以“GET”方式访问功能接口的脚本,填写接口请求地址、请求参数、请求头等信息。

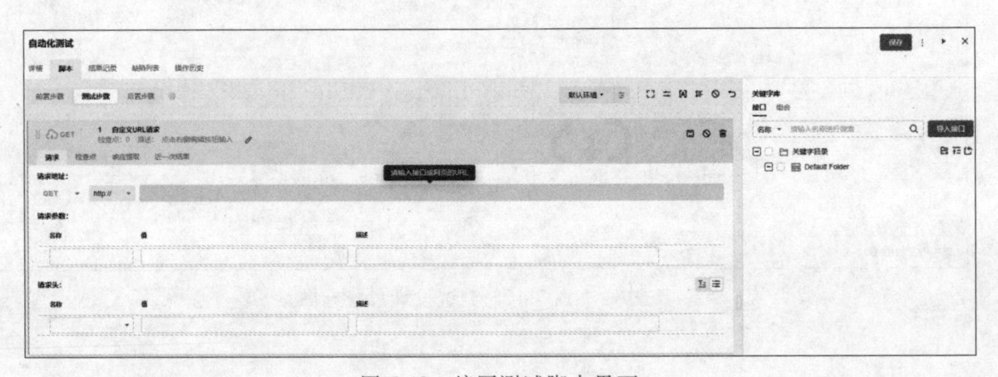

图 7.48　编写测试脚本界面

7.5 部署与交付

持续交付(continuous delivery ,CD)是指所有开发人员都在主干上进行小批量工作,或者在短时间存在的特性分支上工作,并且定期向主干合并,同时始终让主干保持可发布状态,并能做到在正常的工作时段内按需进行一键式发布。开发人员在引入任何回归错误(包括缺陷、性能问题、安全问题、可用性问题等)时,都能快速得到反馈。一旦发现这类问题,则立即加以解决,从而保持主干始终处于可部署状态。持续交付是持续集成的延伸,将集成后的代码部署到类生产环境,确保能够以可持续的方式快速向用户发布新的更改。如果代码没有问题,则可以继续手动部署到生产环境中。

从理论上讲,通过持续交付,可以决定每日、每周、每两周发布一次,或者满足业务需求的任何频率。在 Scrum 敏捷开发流程中,通过迭代(或称冲刺)的方式持续交付,从用户需求到用户反馈实现每一个闭环的软件开发过程。通过最重要的迭代计划会议、每日站会、迭代回顾、验收会议来进行简单高效的管理。迭代与持续交付流程如图 7.49 所示。

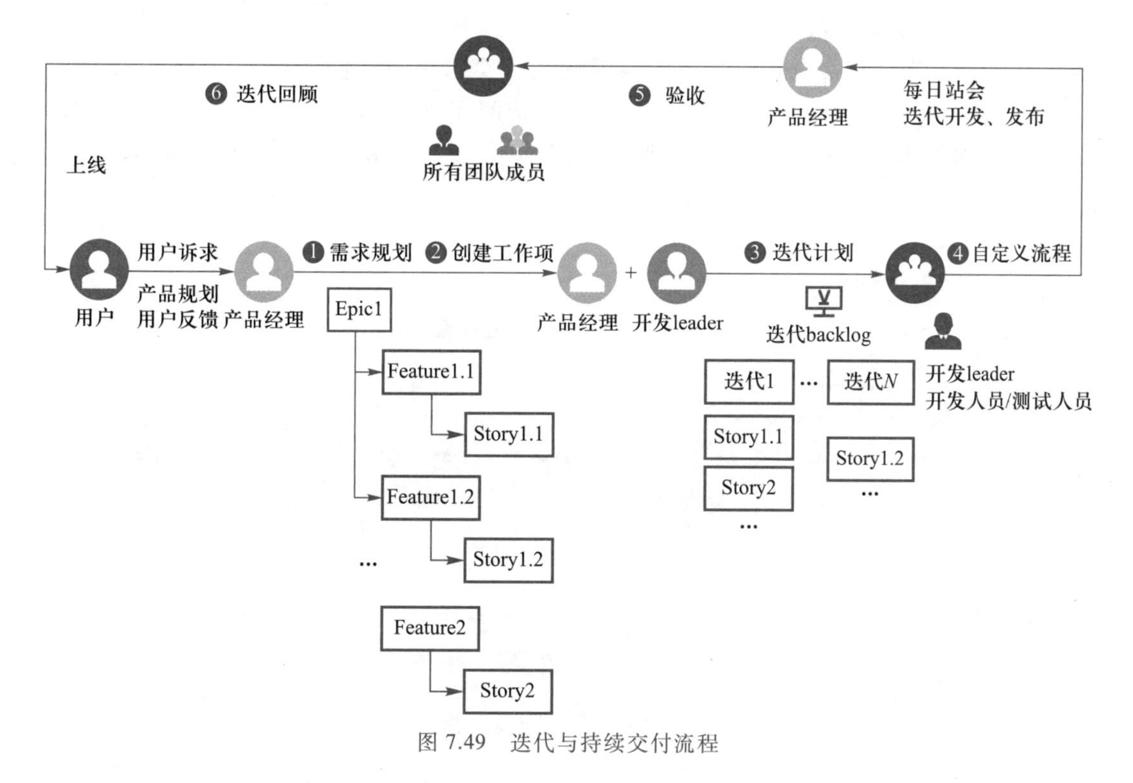

图 7.49 迭代与持续交付流程

持续部署(continuous deployment, CD)是指在持续交付的基础上,由开发人员或运维人员自助式地定期向生产环境部署优质的构建版本,这通常意味着每人每天至少做一次生产环境部署,甚至每当开发人员提交代码变更时,就触发一次自动化部署。持续交付是持续部署的前提,就像持续集成是持续交付的前提一样。持续部署则是在持续交付的基础上,将部署到生产环境的过程自动化。持续部署更适用于交付线上的 Web 服务,而持续交付几乎适用于任何对质量、交付速度和结果的可预测性有要求的低风险部署和发布场景,包括嵌入式系统、商用现货产品和移动应用。这意味着除了自动化测试之外,还可以自动完成发布过程,并且可以通过单击按钮随时部署应用程序。

随着开发模式日益成熟,软件开发过程中的每个环节已经越来越标准化,但是各个环节都相对独立,需要将其连接成一个整体。只有将每一个环节(构建、发布、测试、部署)有效地串联起来形成一套完整的持续交付流水线,才能真正提高软件的发布效率与质量,持续不断地创造业务价值。

7.5.1　应用部署

CodeArts 提供云容器引擎和弹性云服务器两种类型的部署服务,本节以基于云服务器的部署为例进行介绍。

(1) 准备服务器

购买云服务器(例如弹性云服务器 ECS)或准备自己的 Linux 主机。根据业务量配置服务器参数,包括基础硬件配置、网络配置等。另外要选择服务器登录凭证为密码登录,并配置密码。

若要正常访问服务器,还需要配置安全组规则。假设项目的验证需要用到端口 5000 与 5001,因此添加一条允许访问 5000 以及 5001 端口的入方向规则。如图 7.50 所示,具体操作为通过“弹性云服务器控制台”进入“安全组”页面,在“入方向规则”中添加一条规则。

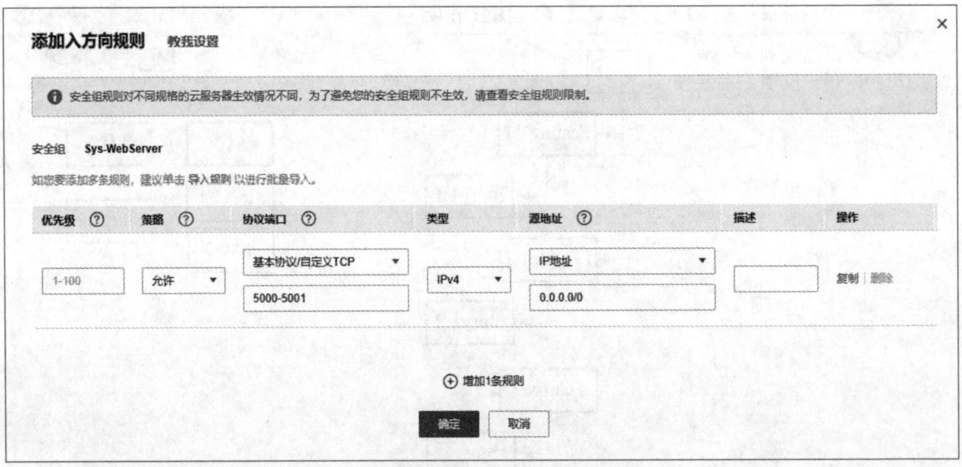

图 7.50　添加入方向规则页面

(2) 添加授信主机至项目

部署应用到弹性云服务器之前,需要先对服务器授信,以保证部署服务能够访问服务器,具体分为创建主机组和向主机组添加主机两个步骤。在“部署”页面的“主机管理”子页面下创建主机组,填写主机组名、操作系统和描述等信息

（见图 7.51）。

图 7.51　主机组信息界面

创建主机组后将已购买的弹性云服务器添加至新创建的主机组中，并填写主机参数信息。如图 7.52 所示，主机名、IP、操作系统、认证方式、用户名、密码等主机信息可在主机页面获取详细信息，ssh 端口一般为“22”。

图 7.52　添加主机信息界面

如果需要为当前服务器设置代理服务器，则需要如图 7.53 所示填写代理机信息。

添加代理机 ⑦ ×

○ 主机 ● 代理机

* 主机名：可输入中英文，数字和符号(-_.),长度介于3~128之间

如果没有虚拟机，请到华为云ECS 购买虚拟机，并同时购买弹性IP

* IP：请输入IPv4格式的公网IP地址，e.g: 161.17.101.12

如果没有弹性IP，请依照 弹性IP帮助文档 到华为云购买弹性IP

* 操作系统：linux

请依照 Linux代理机配置 帮助文档对代理机进行配置，避免连通性认证失败

* 认证方式：● 密码 ○ 密钥

* 用户名：必须以字母开头，仅支持英文、数字和符号(-_.),长度介于2~32之间

* 密码：请输入密码

* ssh端口：请输入端口，如：22。

☑ 免费启用应用运维服务（AOM），提供指标监控、日志查询、告警功能（勾选后自动安装数据采集器 ICAgent，仅支持华为云 Linux 主机，且与此部署任务在同一region下）

☐ 我已阅读并同意《隐私政策声明》《软件开发服务使用声明》，允许CodeArts使用相关信息进行主机业务的操作

添加　取消

图 7.53　主机对应的代理机信息界面

如图 7.54 所示，通过主机列表界面查看添加的主机状态，当列表中主机的“连通性验证”显示“验证成功”时，表示主机添加成功。

主机名	类型	IP	用户名	端口	SSH代理机	连通性验证	ICAgent状态	ICAgent版本	创建者	操作
testserver	主机	140.210.1...	root	22	--	验证成功	--	--	wxm1706	

图 7.54　主机列表界面

（3）向授信主机中安装依赖工具

服务器作为项目运行的环境，需要安装项目运行的依赖工具，安装通过部署步骤的配置来执行。假设项目运行需要 Docker 及 Docker-Compose 环境，则需要在部署任务的部署步骤中添加“安装/卸载 Docker”和“执行 shell 命令”。如图 7.55 所示，在“安装/卸载 Docker”步骤页面填写步骤显示名称、主机组、操作类型和工具版本号。

在“执行 shell 命令”步骤需要填写步骤显示名称、主机组和需要执行的

图 7.55 部署步骤“安装/卸载 Docker”配置界面

shell 命令。例如,如果需要安装 docker-compose,则需要填写如图 7.56 所示的命令。

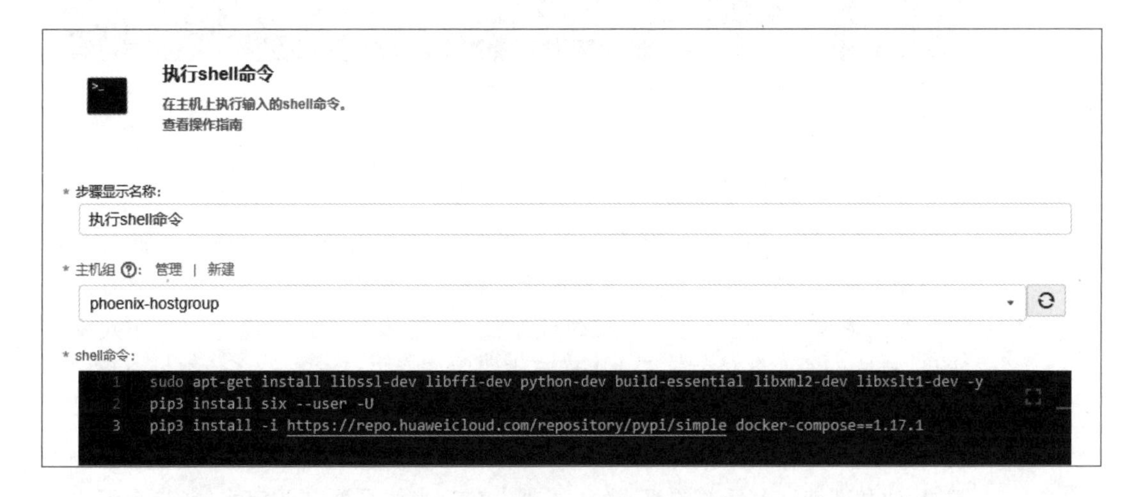

图 7.56 部署步骤“执行 shell 命令”配置界面

部署任务配置完成后,单击“保存并执行”按钮启动部署任务。当出现页面提示“部署成功”时,表示任务执行成功。部署成功后可以登录弹性云服务器,执行“docker -v”和“docker-compose -v”版本查看命令检测依赖工具是否安装成功。

(4) 配置并执行部署任务

与安装工具类似,创建部署任务,添加“选择部署来源”“解压文件”和“执行 shell 命令”等步骤,逐一配置后执行部署任务。如图 7.57 所示,以“凤凰商城”为例,验证部署是否成功的方式为在浏览器中输入“http://主机地址:5000”,查看是否正常显示站点页面。

图 7.57　“凤凰商城”项目主页

7.5.2　持续交付

随着项目的进行，各个环节（构建、发布、部署）越来越标准化。然而每个环节都相对独立，产生的半成品不能直接交付业务价值。需要将每个环节有效地串联起来形成一套完整的持续交付流水线，才能够真正提高软件的发布效率与质量，持续创造业务价值。CodeArts 流水线服务通过可视化的自动交付流程定制功能将代码检查、构建、部署等多种任务串联起来，进而实现持续交付。

流水线分为多个阶段，每个阶段又包含多个任务。例如，构建一个包含代码检查、构建和部署三个任务的流水线，需要先在流水线页面新建流水线，选择流水线源和模板，其中流水线源对应具体的代码分支，模板可以选择空白模板并定义自己的流水线。如图 7.58 所示，根据需求添加“代码检查”“构建”和“部署”三个阶段，每个阶段下面可以设置多个任务，任务的执行方式可以选择串行或并行，由于这里的代码检查和构建任务之间存在依赖关系，因此适合选择串行执行。

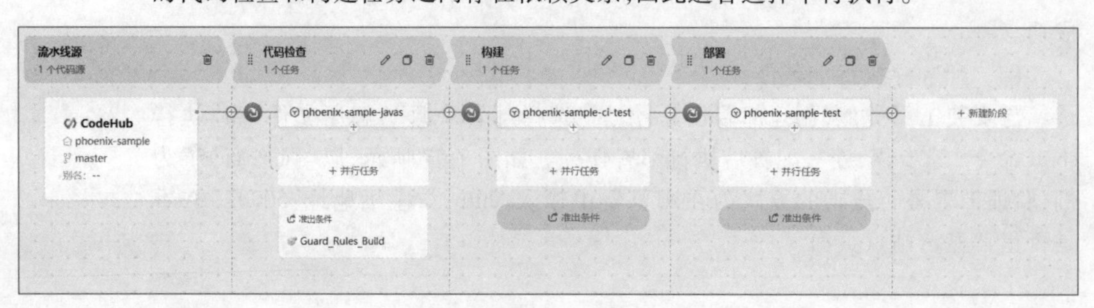

图 7.58　流水线编辑界面

如图 7.59 所示，添加任务只需要填写任务类型、名称、任务和相关参数即可，这里的任务是之前在各个环节创建的任务，例如之前创建的代码检查任务、构建任务和部署任务。

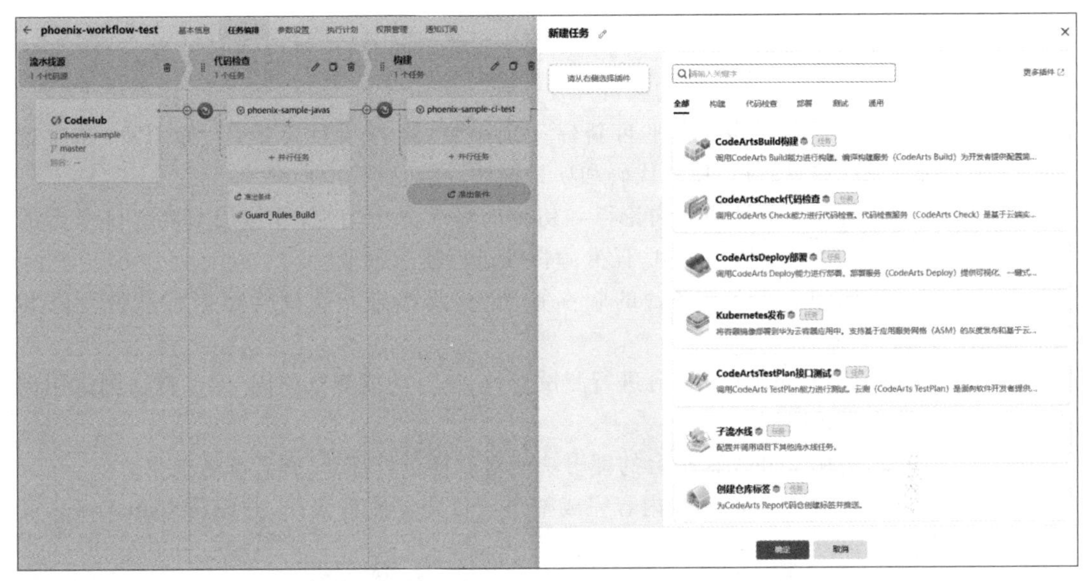

图 7.59　添加任务信息界面

如图 7.60 所示，创建流水线后，即可进入流水线列表页面启动流水线，任务执行的状态会进行可视化显示。

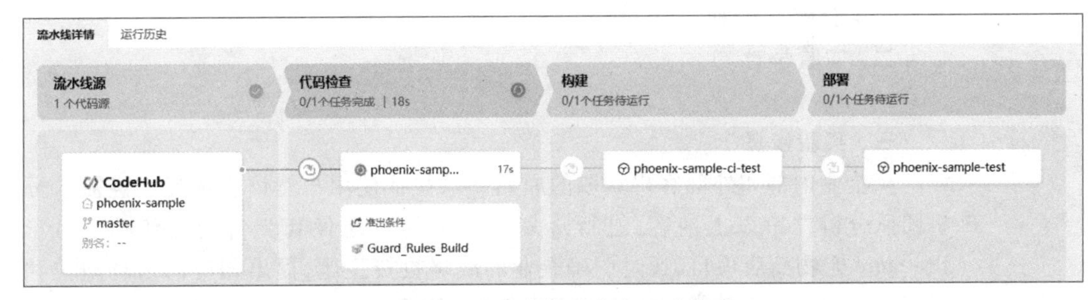

图 7.60　流水线执行状态显示界面

本章小结

本章主要以华为软件开发生产线(CodeArts)为例介绍支撑 DevOps 实践的工具链在软件开发流程各个环节的工作原理和操作方式。整个开发流程分为需求管理、开发与集成、测试管理和部署与交付四个部分，针对每个部分不仅阐述当前工作的内在逻辑，也介绍了工具的具体操作步骤。如果读者希望获取使用示例中的工具，可通过华为云官网访问 CodeArts 等系统开发生产力工具。

本章习题

一、思考与实践

以小组为单位，自定选题进行一个简单的 Web 软件项目开发，要求基于 CodeArts 完成一个简单的项目开发流程。

1. 尝试在 CodeArts 平台新建一个项目，选择项目模板（例如 IPD-独立软件），完成项目名称、项目代码和项目描述等信息填写。

2. 通过充分调研和讨论得到初步的需求分析结果，并应用 CodeArts 平台的原始需求、特性、用户故事、任务等特性进行需求管理。

3. 应用 CodeArts 平台的版本管理、代码检查和编译构建进行软件开发和实现。

4. 应用 CodeArts 平台进行测试设计，编写功能测试用例、接口自动测试用例和性能测试用例。

5. 应用 CodeArts 平台的部署功能对软件进行部署，查看部署效果。

6. 针对 1~5 的实践内容完成整个项目开发流程实践，并编写 CodeArts 开发实践报告。

综合实验四

一、实验目标

需求分解与规划。

二、实验学时

6 学时。

三、实验步骤

从企业内部和外部客户获取的原始诉求往往使用自然语言描述。经需求分析团队分析评审以上内容，进行规划和分解为可迭代和交付的工作项。对于 JPetStore 宠物商店项目，通过明确企业的战略投资主题，提出相应的市场地位和回报。从原始诉求抽象出宏观的需求 Epic（战略举措）如表 7.13 所示。

表 7.13　JPetStore 宠物商店 Epic 描述

编号	描述
1	市场差异化：宠物在线交易模式超越竞争对手
2	更好的解决方案：新增可信交易方式的解决方案
3	增加社会价值：减少流浪宠物对社会秩序、公共环境的破坏
4	重大技术方向：商用密码技术应用于在线交易认证、加密

以上描述粒度巨大，客户难以直接感知价值，需要分解为多个 Feature（特性），向上承接 Epic 宏观目标，提供具体形象的产品功能，说明对客户的价值。

对于 JPetStore 宠物商店项目,采用“用户<角色>…希望<结果>…以便于<目的>”的叙述方式表示的部分 Feature 如表 7.14 所示。

表 7.14　JPetStore 宠物商店 Feature 描述

编号	描述
1	用户 A 希望提供注册功能,以便于用户在线交易宠物,更加高效、安全
2	用户 B 希望提供多个物流地址,以便于用户根据需要选择投递地点
3	用户 C 希望优化购物车的体验,以便于用户操作更直观
4	用户 D 希望增加推荐功能,以便于浏览商品的过程更个性化

为了高效地组织开发过程,Feature 向下分解为 Story(故事),从用户角度对产品需求进行详细描述,并持续规划、滚动调整优先级。类似地,对于 JPetStore 宠物商店项目的部分 Story 表示如表 7.15 所示。

表 7.15　JPetStore 宠物商店 Story 描述

编号	描述
1	作为商店管理员,希望通过角色管理,以便于快速分配不同用户权限
2	作为注册用户,希望将无用的商品进行删除,以便于减少下单干扰
3	作为游客,希望注册成为网站用户,以便于进行在线交易

计划开发迭代时,将待迭代的 Story 指派给程序员,并分解成一个或多个 Task(任务)。对于 JPetStore 宠物商店项目,注册用户添加购物车 Task 的描述如表 7.16 所示。

表 7.16　JPetStore 宠物商店 Task 描述

编号	描述
1	前端人员 A 需要在后天前准备好网页框架配置文件
2	开发人员 B 需要在本周内完成购物车管理功能
3	开发人员 C 需要在下周三前完成支付管理功能
4	开发人员 D 需要进行代码 Review
…	……

在 CodeArts 平台上可以 JPetStore 宠物商店项目的工作项为基本单元进行开发流程管理,通过思维导图展示工作项的层级结构(如图 7.61 和图 7.62 所示)。其中,为尽快产生系统原型,将登录账户、浏览商品等特性和浏览商品基本信息、添加购物车等故事设置“高优先级”。限于篇幅,此处未对开发人员任务指派进行设置。

编号	标题	[illegible]	状态	处理人	预计开始日期	预计结束日期	优先级	创建时间		实际工时	完成度	操作
708614866	JPetStore宠物商店	--	新建	cqw	20..	20..	中	202	34 G...	0.00	0%	
708614879	登录账户	--	新建	cqw	--	--	高	202	39 G...	0.00	0%	
708614876	处理支付	--	新建	cqw	--	--	中	2023	36 G...	0.00	0%	
708614870	管理订单	--	新建	cqw	--	--	中	202	57 G...	0.00	0%	
708614956	作为注册用户提交订单	--	新建	cqw	--	--	中	202	7:35 G...	0.00	0%	
708614953	作为注册用户填写物流信息	--	新建	cqw	--	--	高	2023	7:50 G...	0.00	0%	
708614954	更换默认物流信息	--	新建	cqw	--	--	中	202	14 G...	0.00	0%	
708614949	作为注册用户填写支付信息	--	新建	cqw	--	--	中	2023	24 G...	0.00	0%	
708614873	管理购物车	--	新建	cqw	--	--	中	2023	50 G...	0.00	0%	
708614868	浏览商品	--	新建	cqw	--	--	中	2023	14 G...	0.00	0%	
708614910	作为注册用户可添加商品到购物车	--	新建	cqw	--	--	高	2023	09 G...	0.00	0%	
708614899	作为游客可浏览商品描述和单价等基本信息	--	新建	cqw	--	--	高	2023	8 G...	0.00	0%	

图 7.61　JPetStore 宠物商店工作项列表

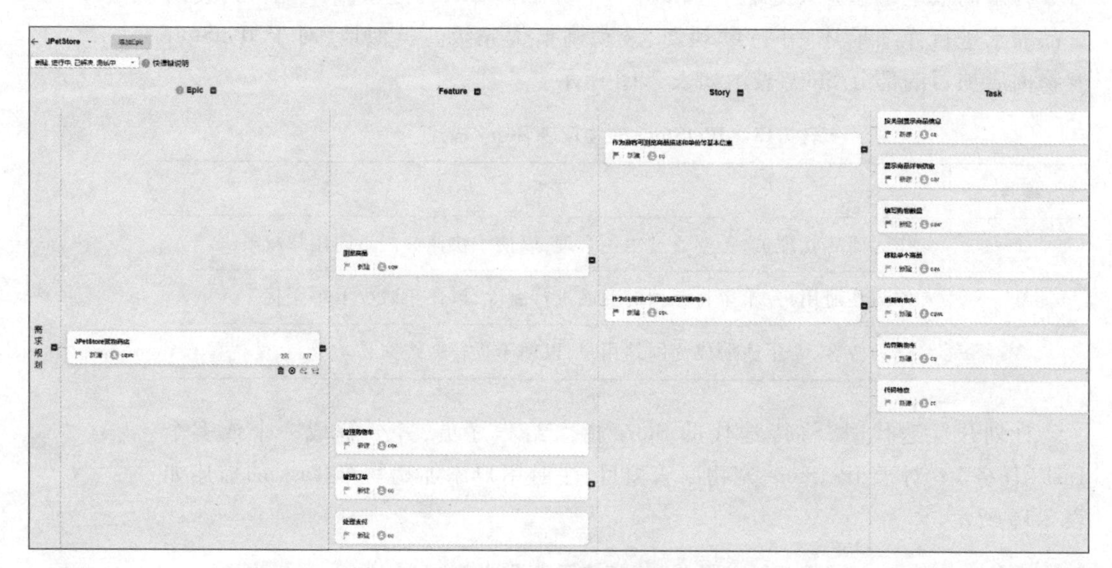

图 7.62　JPetStore 宠物商店思维导图界面

四、实验作业

对于所选目标系统，通过收集、分析、决策、实现和验收得到需求分析结果，选取一个工具软件(如 CodeArts 平台)从战略举措、特性、故事、任务等特性进行需求分解和规划。

参考文献

[1] 汤小丹, 梁红兵, 哲凤屏, 等. 计算机操作系统[M]. 西安:西安电子科技大学出版社, 2007.

[2] 陈志泊,许福,韩慧,等. 数据库原理及应用教程[M].北京:人民邮电出版社, 2017.

[3] TOOL B A. Ada, the enchantress of numbers: Poetical science[M]. Betty Alexandra Toole, 2010.

[4] STEIN D, ADA A. A Life and a Legacy[M]. Cambridge: MIT Press, 1985.

[5] RANDELL B. The 1968/69 nato software engineering reports[J]. History of software engineering, 1996: 37.

[6] ROYCE W W. Managing the development of large software systems: concepts and techniques[C]//Proceedings of the 9th International Conference on Software Engineering, 1987: 328-338.

[7] BOEHM B W. A spiral model of software development and enhancement [J]. Computer, 1988, 21(5): 61-72.

[8] KRUCHTEN P. The rational unified process: an introduction[M]. MA: Addison-Wesley Professional, 2004.

[9] BEYDEDA S, BOOK M. Model-driven software development[M]. Heidelberg: Springer, 2005.

[10] BROOKS F, KUGLER H. No silver bullet[J]. Computer, 1987, 20(4): 10-19.

[11] LINGER R C, MILLS H D, WITT B I. Structured programming: theory and practice[J]. Addison-Wesley, 1979.

[12] SCHWABER K. Scrum development process[C]//Business Object Design and Implementation: OOPSLA'95 Workshop [1-13] Proceedings 16 October 1995, Austin, Texas. Springer London, 1997: 117-134.

[13] BECK K. Extreme programming explained: embrace change[M]. MA: Addison-Wesley professional, 2000.

[14] HIGHSMITH J. Adaptive software development: a collaborative approach to managing complex systems[M]. MA: Addison-Wesley, 2013.

[15] STAPLETON J. DSDM, dynamic systems development method: the method in practice[M]. England: Cambridge University Press, 1997.

[16] AMBLER S. Agile modeling: effective practices for extreme programming and the unified process[M]. New York: John Wiley & Sons, 2002.

[17] GUIDE A. Project management body of knowledge (pmbok ® guide) [C]//Project Management Institute, 2001, 11: 7-8.

[18] KARL W,JOY B.软件需求[M].李忠利,李淳,孔晨辉,译.3 版.北京:清华大学出版社,2016.

[19] 李鸿君.大话软件工程——需求分析与软件设计[M].北京:清华大学出版社,2020.

[20] 杨长春.软件需求分析实战[M].北京:清华大学出版社,2020.

[21] [美]莱芬韦尔.敏捷软件需求:团队、项目群与企业级的精益需求实践[M].刘磊,等译.北京:清华大学出版社,2015.

[22] LARMAN C . Applying UML and Patterns: An Introduction to Object-Oriented Analysis and Design and Iterative Development[M].NJ: Prentice Hall, 2004.

[23] JACOBSON, IVAR. Object-oriented development in an industrial environment[J]. ACM SIGPLAN Notices, 1987, 22(12):183-191.

[24] HOARE, C.A.R.Unified Theories of Programming. In: Broy, M., Schieder, B. (eds) Mathematical Methods in Program Development. NATO ASI Series, vol 158. Springer, Berlin, Heidelberg.